21世纪高等学校计算机规划教材

21st Century University Planned Textbooks of Computer Science

Visual Basic 程序设计基础

Visual Basic Programming Foundation

朱斌 主编

张瑾 汪青 刘玉秀 编著

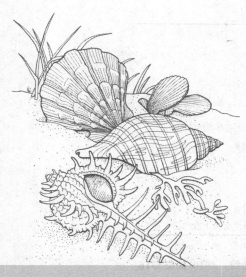

高校系列

人民邮电出版社

北京

图书在版编目（CIP）数据

Visual Basic程序设计基础 / 朱斌主编；张瑾，汪青，刘玉秀编著． -- 北京 ：人民邮电出版社，2015.2
21世纪高等学校计算机规划教材. 高校系列
ISBN 978-7-115-38098-2

Ⅰ. ①V… Ⅱ. ①朱… ②张… ③汪… ④刘… Ⅲ. ①BASIC语言—程序设计—教材 Ⅳ. ①TP312

中国版本图书馆CIP数据核字(2015)第001362号

内 容 提 要

本书根据教育部制定的《高等学校计算机基础教学发展战略研究报告暨计算机基础课程教学基本要求》，并结合目前计算机的发展和高校新生的现状编写而成。

全书共分 10 章，主要内容包括：Visual Basic 程序开发环境、Visual Basic 的程序设计概述、数据类型及运算、程序的基本控制结构、数组、过程、用户界面、图形处理、数据文件和数据库技术等。本书内容翔实，结构合理，注重理论和实践相结合，具有通俗易懂、实用性强、操作性强的特点。

本书适合作为高等学校非计算机专业的教材，也可作为高等学校成人教育的培训教材或自学参考书。

◆ 主　　编　朱　斌
　　编　著　张　瑾　汪　青　刘玉秀
　　责任编辑　吴宏伟
　　执行编辑　王志广
　　责任印制　张佳莹　焦志炜

◆ 人民邮电出版社出版发行　　北京市丰台区成寿寺路 11 号
　　邮编　100164　电子邮件　315@ptpress.com.cn
　　网址　http://www.ptpress.com.cn
　　北京艺辉印刷有限公司印刷

◆ 开本：787×1092　1/16
　　印张：16.25　　　　　　　　2015 年 2 月第 1 版
　　字数：428 千字　　　　　　2015 年 2 月北京第 1 次印刷

定价：38.00 元

读者服务热线：(010)81055256　印装质量热线：(010)81055316
反盗版热线：(010)81055315

前　言

随着计算机技术与通信技术的飞速发展，计算机的应用已经渗透到国民经济的各个领域。面对不断更新的计算机技术和层出不穷的各种应用软件，如何让学生掌握最基本的计算机概念、了解最新的计算机技术、领会实用软件的操作原理、方法和思维方式，为以后的学习、工作和生活打下扎实的基础，已成为大学计算机教学需要认真研究、不断总结的重要课题。

本书根据教育部非计算机专业计算机课程指导委员会制定的《高等学校非计算机专业计算机课程基本要求》，结合目前计算机学科的发展现状，总结了多年的教学经验和体会，组织编写而成。本书从最简单的操作、最基本的概念入手，由简到繁、由浅入深地介绍 Visual Basic 程序设计方法和技巧，从实际应用的角度出发，帮助读者快速掌握程序设计的方法和思路。

笔者在多年 Visual Basic 教学的基础上，总结教学经验和教学方法，并征求了部分高校教师和学生对现有教材的建议和意见后编写了本书。由于 Visual Basic 功能强大、内容丰富，为使本书能满足不同对象的学习需要，我们在加强基础、注重实践、突出能力上下工夫，力求使本书具备可读性、适用性和先进性。

本书针对程序设计的初学者，较详细地介绍了 Visual Basic 程序设计语言基础、常用的控件，列举了一般程序设计语言教学中的常用算法，并通过实例给予说明。本书既注重计算机基础知识的传授，又注重计算思维的培养。不但让读者知道怎么做，还要让读者知道为什么这么做，体会计算机软件设计者的思想。

参加编写的作者都是长期从事计算机基础教育的教师，有着丰富的教学实践和教材编写经验。其中第 1、2、3、6 章由张瑾编写，第 4 章由汪青编写，第 5 章由刘玉秀编写，第 7、8、9、10 章由朱斌编写。全书由朱斌主编。

在本书的编写过程中，还得到了许多老师的热情支持与帮助，在此表示由衷的感谢。

由于编者水平和经验有限，书中难免有不足和错误之处，敬请读者批评指正。

编　者

2014 年 10 月

目　录

第1章
Visual Basic 程序开发环境

本章要点:

❖ 什么是 Visual Basic 6.0？它包含哪些功能？

❖ 如何使用 Visual Basic 6.0 的集成开发环境？

❖ 开发一个 Visual Basic 6.0 程序，一般步骤是什么？

Visual Basic（简称 VB）是国内、外流行的程序设计语言（Programming Language）之一，也是学习开发 Windows 应用程序首选的程序设计语言。如何才能尽快学会 Visual Basic 呢？首先要对语言有所了解，然后通过不断的编程实践，逐步领会和掌握程序设计的基本思想和方法。

熟练的编程技能是在知识与经验不断积累的基础上发展起来的。初学者可以模仿教材中的样例，然后在此基础上改写或者增加功能，逐步提高自己的编程能力，直到能独立编写较为复杂的实用程序。

1.1 VB 功能特点

为了让读者对 VB 有一个感性认识，首先来看一下一个用 VB 编写的实用程序。

1.1.1 引例

【例 1-1】屏幕上有一个时间按钮，一个日期按钮，当按下不同的按钮时，将在标签显示相应的内容，同时，时间还可以向时钟一样不停地变化，程序中还可以改变字体颜色。如图 1-1 所示。

图 1-1 【例 1-1】程序运行界面

（1）设计用户界面并设置控件属性。根据题目要求，利用左边工具箱中的 Label（标签）、CommandButton（命令按钮）、Timer（定时器）、OptionButton（单选按钮）和 Frame(框架)等控件图标，在中间的窗体上建立控件对象，如图 1-2 所示，名字分别是 Label1、Command1、Command2、Timer1、Option1、Option2、Option3 和 Frame1，并修改属性。本例中各控件对象的有关属性设置参照表 1-1。

图 1-2　【例 1-1】程序设计界面

表 1-1　【例 1-1】对象属性设置

控件名（Name）使用默认名	相 关 属 性
标签：Label1	Caption：空白　BorderStyle：1-Fixed Single
命令按钮：Command1	Caption：日期
命令按钮：Command2	Caption：时间
定时器：Timer1	Interval：1000
单选按钮：Option1	Caption：红色
单选按钮：Option2	Caption：蓝色
单选按钮：Option3	Caption：黑色
框架：Frame1	Caption：颜色

（2）编写事件过程。在代码窗口编写如下所示的程序代码。

```
Private Sub Command1_Click()        '显示日期
   Label1.Caption = Date
   Timer1.Enabled = False
End Sub
Private Sub Command2_Click()        '显示时间
   Label1.Caption = Time
   Timer1.Enabled = True
End Sub
Private Sub Form_Load()             '程序刚启动标签里显示时间
   Form1.Caption = "时钟与日期"      '窗体的标题栏显示文字
   Label1.Caption = Time
   Label1.FontSize = 20             '改变标签字体大小
End Sub
Private Sub Option1_Click()         '字体为红色
   Label1.ForeColor = vbRed
End Sub
```

```
Private Sub Option2_Click()        '字体为蓝色
    Label1.ForeColor = vbBlue
End Sub
Private Sub Option3_Click()        '字体为黑色
    Label1.ForeColor = vbBlack
End Sub
Private Sub Timer1_Timer()         '每到一秒，引发该事件
    Label1.Caption = Time          '时钟动态显示在标签里
End Sub
```

上述程序并不要求初学者能完全理解，但希望读者对 Visual Basic 有个初步的印象。该程序中的许多内容将会在以后的章节中逐步介绍。

1.1.2　功能特点

通过【例 1-1】可以归纳出 VB 的一些基本特点，具体如下。

1. 基于对象可视化的编程工具

VB 是采用面向对象的程序设计方式。把程序和数据封装起来作为一个"对象"，并赋予每个"对象"应有的属性，使"对象"成为系统中的基本运行实体。在 VB 中，集成开发环境提供了可视化的设计工具——"工具箱"，内放若干个图形控件（对象）。程序设计者只要从"工具箱"中拖出所需图形控件放到作为用户界面的窗体上，并设置这些图形对象的属性，就可以实现界面的设计。

在【例 1-1】中，用到了两个按钮分别将标题属性改为时间和日期，同时拖放一个标签来显示时间和日期的具体内容。由于题目要求动态显示时间，所以希望一秒钟显示一次时间，因此还需要拖放一个时钟控件，将其 Interval 属性设为 1000 毫秒。

2. 事件驱动的编程机制

VB 是采用事件驱动编写机制的语言，事件驱动非常适合图形界面的编程方式。用户的动作（即事件）控制着程序的运行流向，事件驱动方式贯穿于程序的执行过程。

在【例 1-1】中，单击时间按钮，执行 Command2_Click()事件过程；单击单选按钮，将执行 Option1_Click()事件过程；时间每过去一秒后，将执行 Timer1_Timer()事件过程。每个事件都能驱动一段程序的运行，程序员只需要编写响应用户动作的代码，各个动作之间不一定有联系。这样可以方便编程人员，并使得程序既易于编写又易于维护，极大地提高了程序设计效率。

3. 结构化的程序设计语言

VB 是在 Basic 和 Quick Basic 语言的基础上发展起来的，具有高级语言的优点：丰富的数据类型、大量的函数、多种控制结构、结构清晰、简单易学。

例如，所有高级语言都有的条件语句:If…Then…Else…End If，意思就是如果条件满足，则执行……否则执行……结束选择。

4. 强大的网络、数据库、多媒体功能

VB 支持各类数据库和电子表格，如 Microsoft Access、SQL Server、Oracle、Excel 等，开发人员只要设计控件与数据库的数据连接，就可以做出功能强大的数据库管理系统。VB 提供的 ActiveX 技术及 VB 的脚本语言，可以用于 Web 开发，多媒体技术开发等。Microsoft 公司不断地把最新的技术融入 Visual Basic 中，无论是网络应用程序、多媒体技术，还是数据库系统，使用 Visual Basic 都能够容易地实现。

1.2 VB 集成开发环境

Visual Basic 集成开发环境（Integrated Development Environment, IDE）提供了一组软件工具，集应用程序的设计、编辑、运行和调试等多种功能于一体，方便用户开发应用程序。VB 的集成开发环境如同一个汽车组装厂，提供了零部件、工具和工作场地等所有的条件。

1.2.1 VB 集成开发环境简介

在计算机上安装了 Visual Basic 后，单击"开始"→"所有程序"→"Microsoft Visual Basic 6.0 中文版"→"Microsoft Visual Basic 6.0 中文版"，可以启动 Visual Basic 集成开发环境。在安装目录下，有一个名为"vb6.exe"的文件，是 VB 6.0 的主文件，执行该文件也可启动 VB，还可以在桌面上或任务栏上创建该文件的快捷方式来方便启动 Visual Basic 集成开发环境。

启动 VB，出现如图 1-3 所示的窗体，提示选择要建立的工程类型。 VB 把建立一个程序的所有文件统称为一个"工程（Project）"，所以每创建一个新程序，就要新建一个工程。VB 集成开发环境的默认选项"标准 EXE"。在该窗口有 3 个选项卡：

① "新建"：建立新工程。

② "现存"：打开已经建立的工程。

③ "最新"：打开最近使用过的工程。

选择新建工程，单击"打开"按钮，进入图 1-4 所示的 Visual Basic 集成开发环境。

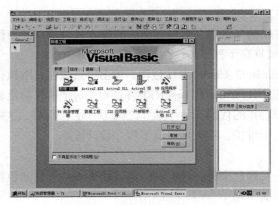
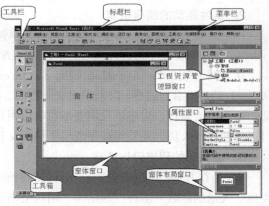

图 1-3　"工程"选项窗口　　　　　　图 1-4　VB 集成开发环境

1.2.2 VB 主窗口

主窗口位于集成环境的顶部，该窗口由标题栏、菜单栏和工具栏组成（见图 1-4）。

1. 标题栏

标题栏中的标题是"工程 1-Microsoft Visual Basic[设计]"，说明当前打开的工程文件名（默认值为"工程 1"），方括号内的文字表示当前工程所处的状态，VB 有 3 种工作状态。

● 设计状态：可进行用户界面的设计和代码的编制。

● 运行状态：正在运行所编辑的程序，此时不能编辑代码和界面。

● 中断状态：程序运行暂时中断，此时可以编辑代码，但不能编辑界面。按<F5>键或单击"继续"按钮程序继续运行；单击"结束"按钮停止程序的运行。在此模式下会出现"立即"窗口，在窗口中可输入简短的命令，并立即执行。

标题栏最左端是控制菜单栏；右端是最小化、最大化/还原、关闭按钮。

2. 菜单栏

VB 6.0 菜单栏包括 13 个下拉菜单，以下分别简述它们的用途。

● 文件（File）：提供有关工程的创建、存取、打印、显示最近编辑的工程名及生成可执行文件等命令。

● 编辑（Edit）：提供各种剪切、复制、查找和替换等源代码的编辑命令。

● 视图（View）：提供了打开集成开发环境下各窗口的命令。

● 工程（Project）：提供文件、窗体、模块和用户控件等的添加功能。

● 格式（Format）：包含用来格式化窗体控件的相关命令。

● 调试（Debug）：提供逐行、逐程序、设程序断点等测试、调试的命令。

● 运行（Run）：提供程序启动、设置中断和停止等程序运行的命令。

● 查询（Query）：VB 6.0 新增，提供 SQL 条件设定等编辑数据库的命令。

● 图表（Diagram）：VB 6.0 新增，提供关联数据表、数据库图表等编辑数据库的命令。

● 工具（Tools）：提供添加程序、制作菜单及设定集成环境状态的功能。

● 外接程序（Add-Ins）：列出各项目前可使用的 VB 6.0 程序设计辅助工具。

● 窗口（Windows）：提供工作区各窗口的排列方式，以及列出所有打开窗口名称。

● 帮助（Help）：提供在线帮助，可用来查询有关 VB 的使用方法及程序设计方法。

3. 工具栏

工具栏提供了许多常用命令的快速访问按钮。单击某个按钮，即可执行对应的操作。VB 集成开发环境中默认工具栏是"标准"工具栏，见表 1-2，此外还有编辑、工具栏窗体编辑器、调试等专用的工具栏。要显示或隐藏某个工具栏，可以选择"视图"菜单下的"工具栏"命令，或用鼠标在标准工具栏处单击右键，进行所需工具栏的选取。

表 1-2　"标准"工具栏按钮

图　标	名　称	功　能
	添加标准工程	用来添加新的工程到工作组中。单击其右边的箭头，在弹出的下拉菜单中可以选择所要添加的工程类型
	添加窗体	用来添加新的窗体到工程中。单击其右边的箭头，在弹出的下拉菜单中可以选择所要添加的窗体类型
	菜单编辑器	显示菜单编辑器对话框
	打开工程	用来打开一个已经存在工程文件
	保存工程（组）	用来保存当前的工程（组）文件
	剪切	把选择的文字或控件剪切到剪贴板
	复制	把选择的文字或控件拷贝一份到剪贴板中
	粘贴	将剪贴板上的内容复制到当前的插入位置
	查找	查找指定的字符串在程序代码窗口中的位置
	撤销	撤销上一次的编辑操作

续表

图　标	名　称	功　　能
⌐	重复	将上一次的撤销命令取消
▶	启动	启动目前正在设计的程序
Ⅱ	中断	暂时中断正在运行的程序
■	结束	结束目前正在运行的程序，回到设计窗口
▨	工程资源管理器	打开工程资源管理器窗口
▤	属性窗口	打开属性窗口
▣	窗体布局窗口	打开窗体布局窗口
▤	对象浏览器	显示对象浏览器对话框
✖	工具箱	打开工具箱窗口
▤	数据视图	打开数据视图窗口
▨	可视化组件管理器	打开可视化组件管理器
数据显示区		显示当前对象的位置和大小（窗体工作区的左上角为坐标原点），左数字区显示的是对象的坐标位置，右数字显示的是对象的高度和宽度
⌐ 0, 0 ◱ 4800 × 3600		

1.2.3　工具箱

工具箱如图 1-5 所示。它里面包含用来构造程序界面的部件——"控件"。

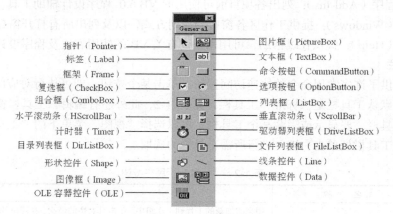

图 1-5　工具箱

工具箱上不同图标代表不同的控件类型，这 20 个控件称为标准控件（指针不是控件，仅用于移动窗体和控件以及调整大小）。除此之外，VB 还允许使用外部控件——ActiveX 控件。方法是选择"工程"→"部件"来加载。

1.2.4　窗体设计/属性窗口

程序的界面设计工作，是在窗体和属性窗口中进行的。

1. 窗体设计窗口（简称窗体窗口）

窗体窗口也称对象窗口，在 VB 中，窗体和控件被称为对象，如图 1-6 所示，是应用程序最终面向用户的窗口。用户可以在窗体中添加控件、图形和图片来创建所希望的外观。

2. 属性窗口

属性是指对象的特征，如大小、标题或颜色等数据。用户可以通过修改对象的属性设计满意的外观与相关数据。例如，在【例 1-1】中，在标签中显示的时间日期信息可以用不同的字体或不同的字号显示，也可以采用不同的对齐方式。属性窗口如图 1-7 所示。

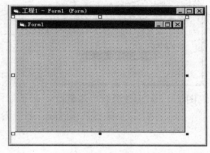

图 1-6　窗体设计窗口

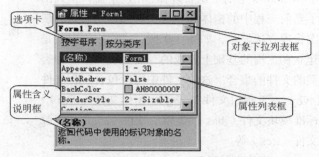

图 1-7　属性窗口

属性窗口的包括如下内容。

● 对象下拉列表框：标识当前选定对象的名称和所属类型。单击其右边的下拉按钮可打开所选窗体所含对象列表，可从中选择要设置属性的对象。

● 选项卡：具有"按字母序"和"按分类序"两个按钮，可以按不同的排列方式显示属性。

● 属性列表框：列出了每个对象所有可以修改的属性。左列显示的是属性名，右列是相应的属性值。有的属性具有预定值，如右侧显示"下拉箭头"按钮都有预定值可以选择。按<F4>键显示所有的预定值，可在其中选择所需的值。选择任意属性并按<F1>键可得到该属性的帮助信息。

● 属性含义说明框：当在属性列表框选取某属性时，在该区显示所选属性的含义。

1.2.5　代码设计窗口

代码设计窗口简称代码窗口。当程序界面设计完毕，要想达到题目要求，必须进入代码窗口进行程序代码设计，如图 1-8 所示。可以通过双击窗体、控件或单击工程资源管理器窗口的"查看代码"按钮来打开代码窗口。

代码窗口主要有"对象下拉列表框""过程下拉列表框"和"代码区"，其用途如下。

● 对象下拉列表框：标识所选对象的名称，单击下拉按钮可以显示当前窗体及所含的所有对象名称。其中，"通用"一般用于声明模块级变量或用户编写自定义过程。

● 过程下拉列表框：列出了对象框中与所选对象有关的所有事件过程名。选择所需的事件过程名，就可以在代码区的该事件过程代码头尾之间编辑代码了。

● 代码区：是编写和修改程序代码的编辑区。

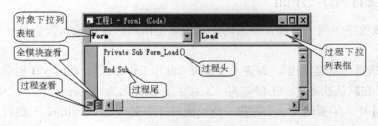

图 1-8　代码窗口

1.2.6 其他窗口

1. 工程资源管理器窗口

工程资源管理器窗口简称"工程窗口",类似于 Windows 下的资源管理器,在这个窗口中列出了当前工程中的窗体和模块,其结构用树状的层次管理方法显示,如图 1-9 所示。应用程序就是建立在工程的基础上完成的,而工程又是各种类型的文件的集合。这些文件中可以包含工程文件(.vbp)、工程组文件(.vbg)、窗体文件(.frm)、标准模块文件(.bas)、类模块文件(.cls)和资源文件(.res)等。

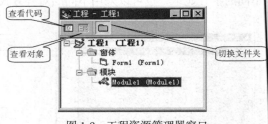

图 1-9　工程资源管理器窗口

2. 窗体布局窗口

窗体布局窗口用于设计应用程序运行时各个窗体在屏幕上的位置,用户只要用鼠标拖曳"窗体布局"窗口中窗体的位置,就设定了该窗体在程序运行时显示的初始位置。

3. 立即窗口

立即窗口是为调试应用程序提供的,在运行应用程序时才有用。用户可以直接在该窗口利用 Print 方法或直接在程序中用 Debug.Print 显示所关心的表达式的值。

1.3　VB 应用程序的建立

前面简单介绍了 VB 集成开发环境及其各个窗口的作用,下面通过一个简单的实例来说明完整 VB 应用程序的建立过程。创建 VB 应用程序(工程)一般有以下几个步骤。

① 新建工程并创建应用程序界面,设置属性值。

② 对象事件的编写。

③ 运行和调试程序。

④ 保存工程。

【例 1-2】编写一个加法和减法的小程序。程序要求:输入 2 个数,单击运算符按钮,能够得出运算结果,单击"退出"则程序结束。运行界面如图 1-10 所示。

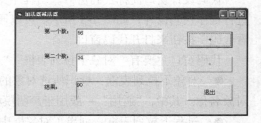

图 1-10　【例 1-2】运行界面

1.3.1　设计用户界面

首先考虑该程序的用户界面,界面的作用主要是向用户提供输入数据及显示程序运行后的结果。

启动 VB,选择"新建工程",即进入 VB 的"设计工作模式",此时 VB 创建了一个带有一个窗体的新工程。在默认状态下,工程名为"工程 1",窗体名为"Form1"。

在【例 1-2】中,需要输入 2 个数据,所以拖放 2 个文本框(Textbox);题目中需要在窗体中显示一些文字信息,所以需要 4 个标签(Label),需要说明的是,显示计算结果用的也是标签,未用文本，虽然文本也有显示的作用，但这里更强调显示作用，所以用标签更合适；题目中还设计了 3 个按钮对应 3 个功能。

对象建立好后，就要为它设计属性值。属性是对象特征的表示，各类对象中都有默认属性值，设置对象的属性是为了使对象符合应用程序的需要。本例中各控件对象的有关属性设置参见表 1-3。

表 1-3　【例 1-2】对象属性设置

控件名（Name）使用默认名	相 关 属 性
窗体：Form1	Caption: 加法器与减法器
标签：Label1	Caption: 第一个数：
标签：Label2	Caption: 第二个数：
标签：Label3	Caption: 结果
标签：Label4	Caption: 空白　BorderStyle：1-Fixed Single
文本框：Text1	Text: 空白
文本框：Text2	Text: 空白
命令按钮：Command1	Caption: ＋
命令按钮：Command2	Caption: －
命令按钮：Command3	Caption: 退出

若窗体上各控件的字号等属性要设置成相同的值，不要逐个设置，只要在建立控件前，将窗体的字号等属性设置好，以后建立的控件都会将该属性值作为默认值。

1.3.2　编写事件代码

建立了用户界面后，就要考虑采用合适的事件完成题目的要求。事件过程的代码的编写过程总是在代码窗口进行的。

在本例中，要求单击运算符按钮能完成相应的运算，以"＋"为例，在窗体窗口中双击"＋"按钮，将进入代码窗口，并显示该事件的模板，在该模板中写入代码。

```
Private Sub Command1_Click()
    Label4.Caption = Val(Text1.Text) + Val(Text2.Text)
End Sub
```

小思考　为什么代码中是 Val(Text1.Text) + Val(Text2.Text)，而不是 ext1.Text+Text2.Text?这样编程会出现什么结果? 我们将在第 2 章中介绍。

采用同样的步骤编写剩下 2 个事件过程，如下。

```
Private Sub Command2_Click()          ' "____" 事件
    Label4.Caption = Val(Text1.Text) - Val(Text2.Text)
End Sub
Private Sub Command3_Click()          ' "退出" 事件
        End
End Sub
```

1.3.3　程序的运行和调试

执行菜单的"运行"→"启动"命令或按<F5>键或单击工具栏的启动按钮　，则进入运行状态。在编写代码过程中，难免由于一些原因会导致各种错误。VB 将错误类型分为 3 类。

1. 语法错误（也叫编译错误）

当用户在代码窗口编辑代码时，VB 会对程序直接进行语法检查，以发现程序中存在的输入错误。例如，语句没输入完，标点符号为中文格式，关键字输入错误等。VB 会提供一个对话框，提示出错信息，出错行会以红色显示，提示用户进行修改。

2. 运行错误

程序代码在运行时所发生的错误叫作运行错误。如对象名称错误、类型不匹配、数组下标越界等。

3. 逻辑错误

程序运行后，如果得不到所期望的结果，这说明程序存在逻辑错误。由于逻辑错误不会产生错误信息，故错误较难排除。这就需要仔细分析程序，在可疑代码处通过插入断点（按<F9>键和逐语句跟踪，检查相应一些变量的值，分析错误产生的原因。

1.3.4 保存程序和生成可执行文件

1. 保存程序

执行"文件"→"工程保存"命令，或者单击工具栏的保存按钮，VB 会提示将所有内容进行保存。本例中仅涉及了一个窗体，因此只产生了一个工程文件和一个窗体文件。保存的步骤如下。

（1）保存窗体文件

如果是第一次保存文件，VB 会出现"文件另存为"对话框，如图 1-11 所示，要求用户选择保存文件的位置和输入文件名。系统默认的路径是 VB 系统所在的路径，默认的文件名是"Form1"。

（2）保存工程文件

窗体文件保存好后，会出现"工程另存为"对话框，提示用户输入工程文件名。系统默认的工程文件名为"工程 1"。

图 1-11　保存窗体文件

由于 VB 系统不再是 Word 文档那样只有一个文件，且一个路径下不能出现相同的文件名，建议存储 VB 文件可以先建立一个文件夹，代表一个工程，工程下的所有文件都存放在该文件夹里，这样便于查找和执行。

2. 生成可执行文件

程序编写完毕，最终是要交给用户使用的，为了对代码的保护，同时也为了方便用户使用，也就是用户没有装 VB 系统也能执行，必须将所有程序生成可执行文件。选择"文件"→"生成工程 1.EXE"命令即可实现。

如果你希望所生成的可执行文件变成你喜欢的图标，可以在窗口设计阶段中，在主窗口（程序启动时出现的第一个窗体）中修改 Icon 属性，则生成可执行文件后，图标将发生变化。VB 默认的图标是。

习题一

一、简答题

1. 简述建立 VB 应用程序的过程。

2. 当建立好一个 VB 程序后，假定该工程只有一个窗体文件。试问该工程涉及多少要保存的文件？应先保存什么文件，再保存什么文件？

3. 保存文件时，若不改变目录名，则系统的默认目录是什么？

4. 属性窗口中属性的显示方式有几种？分别是什么？

二、选择题

1. 下列说法错误的是_____。

   A. 窗体文件的扩展名为.frm

   B. 一个窗体对应一个窗体文件

   C. Visual Basic 中的一个工程只包含一个窗体

   D. Visual Basic 中一个工程最多可以包含 255 个窗体

2. VB 6.0 集成开发环境中不能完成的功能是_____。

   A. 输入编辑源程序   B. 编译生成可执行程序

   C. 调试运行程序   D. 自动查找并改正程序中的错误

3. VB 6.0 是一种面向_____的编程环境。

   A. 机器   B. 对象   C. 过程   D. 应用

4. 用于 Visual Basic 程序设计的控件在_____。

   A. 工程窗口中   B. 工具箱中   C. 工具菜单中   D. 工具栏上

5. 为了保存一个 Visual Basic 应用程序，应当_____。

   A. 只保存窗体模块文件（.frm）

   B. 只保存工程文件（.vbp）

   C. 分别保存工程文件和标准模块文件(.bas)

   D. 分别保存工程文件、窗体文件和标准模块文件

6. 在 VB 集成环境中创建 VB 应用程序时，除了工具箱窗口、窗体中的窗口、属性窗口外，必不可少的窗口是_____。

   A. 窗体布局窗口   B. 立即窗口

   C. 代码窗口   D. 监视窗口

7. 以下叙述错误的是_____。

   A. 打开一个工程文件时，系统自动装入与该工程有关的窗体文件

   B. 打开一个窗体文件时，系统自动装入与该窗体有关的工程文件

   C. 保存 VB 应用程序时，应分别保存窗体文件和工程文件

   D. 事件可以由用户激发，也可由系统激发

第2章
Visual Basic 的程序设计概述

本章要点：

◆ 什么是对象？什么是属性？什么是方法？

◆ 什么是窗体？它的属性有哪些？

◆ 文本框、标签、定时器控件如何使用？

通过上一章的学习，我们对 VB 这种可视化编程有了一定的了解，在上一章的介绍中，经常提到"对象""属性""事件"等概念，那么到底什么是"对象"？"对象"的属性有什么特点？"对象"的事件如何操作？在这一章中，将详细介绍这些概念。

2.1　程序和编程

程序是由序列组成的，是软件开发人员根据用户需求开发的、用程序设计语言描述的适合计算机执行的指令（语句）序列。一个程序应该包括以下两方面的内容。

（1）对数据的描述。在程序中要指定数据的类型和数据的组织形式，即数据结构（Data Structure）。

（2）对操作的描述。即操作步骤，也就是算法（Algorithm）。

著名计算机科学家沃思提出一个公式：数据结构+算法=程序。实际上，一个程序除了以上两个主要的要素外，还应当采用程序设计方法进行设计，并且用一种计算机语言来表示。

编程就是让计算机解决某个问题而使用某种程序设计语言编写程序代码，并最终得到结果的过程。为了使计算机能够理解人的意图，人类就必须要将需解决的问题的思路、方法和手段通过计算机能够理解的形式告诉计算机，使得计算机能够根据人的指令一步一步去工作，完成某种特定的任务。这种人和计算机之间交流的过程就是编程。

高级语言是一类接近于人类自然语言和数学语言的程序设计语言的统称。按照其程序设计的出发点和方式的不同，高级语言分为面向过程的语言和面向对象的语言，如 Fortran 语言、C 语言等都是面向过程的语言；而以 Visual Basic 等为代表的面向对象的语言与面向过程语言有着许多不同，这样一种新的程序设计思维方式，具有封装性、继承性和多态性等特征。

高级语言按照一定的语法规则，由表达各种意义的运算对象和运算方法构成。使用高级语言编写程序的优点是：编程相对简单、直观、易理解、不容易出错；高级语言是独立于计算机的，因而用高级语言编写的计算机程序通用性好，具有较好的可移植性。用高级语言编写的程序称为源程序，计算机系统不能直接理解和执行，必须通过一个语言处理系统将其转换为计算机系统能够认识、理解的目标程序才能为计算机系统执行。

2.2　VB 面向对象编程的基本概念

2.2.1　对象和类

对象是指现实生活中的各种各样的实体。它可以是具体的事物，也可以是抽象的事物。如一个人、一只钢笔、一台电脑等都是一个对象，一份报纸、一个理论也是一个对象。在 VB 中对象（也称控件）由系统设置好，直接供用户使用，也可以由程序员自己设计。在 VB 编程过程中，我们可以将对象理解为编程的基本单元。如在【例 1-1】中，用到了窗体、2 个按钮、一个标签、一个定时器共 5 个对象。

类是同一种对象的统称，是一个抽象的整体概念，而对象则是类的具体表现。"人"作为一个笼统的名称，是整体概念，此时是一个"类"，一个具体的人（如张三、李四等）就是这个类的具体实例，也就是属于这个类的对象。

2.2.2　属性

属性是指一个对象所具有的性质、特征。对于自然界中的任何一个对象，可以从不同的方面概括出它的许多属性来，并且每一个属性均有相应的属性值。比如，每个人都有姓名、身高、体重和性别等属性。

在 VB 编程中，每个控件对象都有自己的属性，如名字（Name）、高度（Height）、宽度（Width）、颜色（Color）和标题（Caption）等属性，通过改变属性，控件对象展现给用户一个新的外观及功能。可以通过以下两种方法设置对象的属性。

① 在设计阶段利用属性窗口直接设置对象的属性值。

② 在程序代码中通过赋值语句实现，其格式如下。

【格式】对象名.属性名=属性值

例如，在【例 1-1】中将窗（对象名 Form1）中的标题属性（Caption）显示为"时钟与日期"，在程序代码中的书写格式为：

```
Form1.Caption = "时钟与日期"
```

2.2.3　事件及事件过程

事件是指对象能够识别并做出反应的外部刺激。例如，上课铃声响了，老师就要准备开始讲课，学生准备上课。在 VB 中，每个对象都有一系列预先定义好的事件。如在【例 1-1】中，单击（Click）、窗体尺寸发生变化（Resize）、窗体被装入内存（Load）等。

当在对象上发生了事件后，应用程序就要处理这个事件，而处理的步骤就是事件过程。VB 事件过程的格式如下。

```
【格式】Private Sub 对象名_事件名[(参数列表)]       '过程的首部
            …（事件过程代码）                          '实现具体功能的 VB 语句
```

```
        End Sub                                    '过程的结束
```

下面是一个命令按钮的事件过程，单击 Command1 命令按钮，标签（Label1）内显示时间。

```
Private Sub Command1_Click()
    Label1.Caption=Time
End Sub
```

在 VB 中，程序的执行发生了根本变化。程序执行后等待某个事件的发生，然后去执行处理此事件的事件过程，待事件过程执行完以后，系统又处于等待某事件发生的状态，这就是事件驱动程序设计方式。例如，在【例 1-1】中执行时间和日期按钮，与程序设计本身无关，只取决于用户。用户对这些事件操作的顺序决定了代码执行的顺序，因此每个事件之间不一定有联系。这种事件驱动的编程机制代码较短，易于维护和编写，是 VB 的一个突出特点。

2.2.4　方法

方法指的是对象所具有的动作和行为。例如，一个人能够执行的动作和行为有：呼吸、吃饭、跑步、唱歌和跳舞等。在 VB 中将一些通用的过程和函数编写好并封装起来，作为方法供用户直接调用，这给用户的编程带来了很大的方便。对象的方法的调用格式如下。

【格式】[对象名.]方法[参数列表]

【说明】若省略了对象名,一般表示为窗体对象。

例如，在窗体 Form1 上打印输出 "VB 程序设计" 可使用窗体的 Print 方法。

```
Form1.Print "VB 程序设计"
```

因为当前窗体是 Form1，则也可写为：

```
Print "VB 程序设计"
```

在 VB 中，控件对象都具有自己的属性、方法和事件，可以把属性看作是对一个对象的描述，把方法看作是对象的动作，而把事件看作对象的响应。

2.3　窗体和基本控件

Windows 操作系统中应用程序界面是以窗口为基础的。窗口是由窗体和它上面的各种控件组成的。

2.3.1　通用属性

每个控件的外观是由一系列属性决定的，不同的控件有不同的属性，也有相同的属性。通用属性表示大部分控件具有的属性，系统为每个属性提供了默认的属性值。下面列出最常见的通用属性。

（1）Name 属性：所有对象都具有的属性，是所创建对象的名称，在程序代码中就是通过该属性来引用、操作具体的对象。控件在创建时 VB 会自动提供一个默认名称，例如 Command1、Label1、Text1 和 Text2 等，也可根据需要更改对象名称。虽然对象名中可以包含汉字，但不建议这样做。

为了在有大量对象时，能从对象名判断出对象的类型和用途，建议在对象命名时冠以代表类型的前缀（如窗体的前缀是 "Frm"），后接具有描述性的单词，并且适当地大小写。例如 "FrmMain"，很容易知道这指的是一个主窗体。

（2）Caption 属性：决定了控件上显示的文本内容。窗体在标题栏中显示，也是当窗体最小化后出现在窗口状态栏的文本。

（3）Top、Left 属性：决定了控件的位置，单位是 Twip。1Twip=1/567cm。其中，Top 表示控件到窗体顶部的距离，Left 表示控件到窗体左边框的距离。对于窗体，Top 表示窗体到屏幕顶部的距离，Left 表示窗体到屏幕左边的距离。

（4）Height、Width 属性：决定了控件的大小。对于窗体，指的是窗口的高度和宽度，包括边框和标题栏（不包括窗体边框和标题栏的属性为 ScaleWidth 和 ScaleHeight）。

图 2-1 是窗体和命令按钮的 Top、Left、Height 和 Width 属性表示。

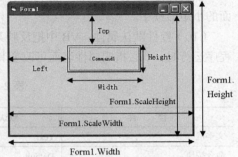

图 2-1　控件的大小和位置属性

（5）Font 属性组：改变文本的外观，在界面设计阶段可以通过属性对话框进行修改，但是在代码设计阶段必须对如下属性进行修改。

- FontName：决定对象正文的字体，字符型。
- FontSize：决定对象正文的字体大小，整型。
- FontBold：决定对象正文是否是粗体，逻辑型。
- FontItalic：决定对象正文是否是斜体，逻辑型。
- FontStrikeThru：决定对象正文是否加删除线，逻辑型。
- FontUnderline：决定对象正文是否带下画线，逻辑型。

图 2-2　【例 2-1】运行界面

【例 2-1】在窗体上建立一个按钮（Command1），当单击窗体时该按钮处在窗体的中间，且改变显示的效果，要求用代码完成，完成效果如图 2-2 所示。程序代码如下。

```
Private Sub Form_Click()
    Command1.Top = (Form1.ScaleHeight - Command1.Height) / 2    '在窗体的中间
    Command1.Left = (Form1.ScaleWidth - Command1.Width) / 2
    Command1.Caption = "确 定 "
    Command1.FontName = "黑体"                                  '字体
    Command1.FontSize = 20                                     '字号
    Command1.FontBold = True                                   '加粗
    Command1.FontItalic = True                                 '斜体
    Command1.FontUnderline = True                              '下画线
End Sub
```

（6）Enable 属性：决定控件是否可用。

- True 允许用户进行操作，并对操作做出反应。
- False 禁止用户进行操作，呈灰色。

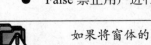 　　　如果将窗体的 Enable 的属性设置为 False，则在其中的所有控件也将无效。对于其他"容器"控件也适用。

（7）Visible 属性：决定控件是否可见。

- True 程序运行是可见的。

● False 程序运行时控件隐藏，用户看不到，但在设计时仍然可见。

（8）BackColor 属性和 ForeColor 属性：背景颜色和前景颜色（即正文颜色）。其值是一个十六进制常数，用户也可在调色板中直接选择所需颜色。

（9）ToolTipText 属性

该属性是工具提示功能，运行时，当光标在对象上停留约 1 秒时，提示字符将显示在对象下面的小矩形框中。

（10）控件默认属性：VB 中把反映某个控件最重要的属性称为该控件的默认属性，也就是在程序运行时，不必指明属性名而可改变其值的那个属性。表 2-1 列出了有关控件及它的默认属性。

表 2-1　部分控件的默认属性

控　件	默认属性	控　件	默认属性
文本框	Text	标签	Caption
命令按钮	Default	图形、图像框	Picture
单选按钮	Value	复选框	Value

例如，控件名为 Text1 的文本框，若要改变其文本内容，下面 2 条语句是等价的。

```
Text1.Text= "你好"  等价于  Text1= "你好"
```

2.3.2　窗体

窗体对象（Form）作为各种控件对象的容器，在 VB 编程中起着重要的作用。默认情况下，窗体的表面布满了网格点，这些点是用来帮助对齐控件的，不会出现在程序运行过程中。

1. 主要属性

（1）MaxButton（最大化按钮）和 MinButton（最小化按钮）：当值为 True，有最大或最小化按钮，值为 False 则无。

（2）Icon 图标和 ControlBox（控制菜单框）属性：返回或设置窗体左上角显示或最小化时显示的图标。必须在 ControlBox 属性设置为 True 才有效。ControlBox 或为 False，则无控制菜单框，这时系统将 MaxButton 和 MinButton 自动设置为 False。

（3）Picture 属性：设置窗体要显示的图片。还可以使用代码为窗体加载图片，代码如下。

```
Form1.picture = LoadPicture("c:\Program Files\VB98\apple.bmp")
```

其中，括号内内容为图片所在的路径，LoadPicture()为装载图片的函数。

```
Form1.picture = LoadPicture()        '表明卸载图片
```

若要装载的文件与应用程序在同一文件夹时，可使用 App.Path。如下列代码。
```
Form1.picture = LoadPicture(App.Path+"\apple.bmp")
```

（4）BorderStyle 属性：默认为 2。

0——None：窗体无边框。

1——Fixed Single：窗体为单线边框。

2——Sixable：窗体为双线边框，可移动并可以改变大小。

3——Fixed Double：窗体为固定对话框，不可改变大小。

4——Fixed Tool Window：窗体外观与工具条相似，有关闭按钮，不可改变大小。

5——Sizable Tool Window：窗体外观与工具条相似，有关闭按钮，能改变大小。

该属性在运行时只读。当 BorderStyle 设置为除 2 以外的值时，系统自动将 MaxButton 和 MinButton 的属性设置为 False。

（5）WindowsState 属性：设置窗体运行的状态。默认为 0。

0——vbNormal：正常窗口状态，有窗口边界。

1——vbMinimized：最小化状态，以图标方式显示在窗口的任务栏上。

2——vbMaximized：最大化状态，无边框，充满整个屏幕。

（6）AutoRedraw 属性：该属性决定窗体被隐藏或被另一个窗口覆盖之后，是否重新还原该窗体被隐藏或覆盖以前的画面。默认为 False。

● True 重新还原窗体以前的画面。

● False 不重画。

在窗体 Load 事件中，如果使用 Print 方法在窗体上打印输出，就必须先将窗体的 AutoRedraw 属性设置为 True，否则窗体启动时没有输出结果。这是因为窗体是在 Load 事件执行完后才显示的。

2. 事件

窗体的事件较多，但平时在编程时并不需要对所有的事件编程，读者只需掌握一些常用事件即可。

无论窗体的对象名是什么，它的事件过程中事件名前一定是 "Form"。因为当前窗口只有一个窗体。

（1）Click 事件

在程序运行时，单击窗体内的某个位置，VB 将调用窗体的 Form_Click 事件。如果单击的是窗体内的控件，则只能调用相应控件的 Click 事件。

（2）DblClick 事件

在程序运行时，双击窗体内的某个位置，就触发了两个事件，第一次按动鼠标时，触发 Click 事件，第二次产生 DblClick 事件。

（3）Load 事件

在程序运行时，当窗体被装入内存时，将触发它的 Load 事件，所以该事件通常用在启动应用程序时对属性和变量进行初始化。

（4）Activate 事件

当窗体由非活动窗体变为活动窗体，即当窗体得到焦点时触发该事件。

若未改变窗体的 AutoRedraw 属性，希望一启动程序就执行 Print 方法，应将该方法放在 Activate 事件中；文本框的 SetFocus（聚焦）方法不能放在 Load 事件中，可放在 Activate 事件里。

（5）Unload 事件

卸载窗体时触发该事件。

（6）Resize 事件

当窗体大小发生改变时，将触发一个 Resize 事件。

例如，在 Resize 事件编写如下代码，可以使窗体在调整大小时，始终将命令按钮 Command1
位于窗体的右下角。

```
Private Sub Form_Resize()
    Command1.Left=Form1.ScaleWidth-Command1.Width
    Command1.Top=Form1.ScaleHeight-Command1.Height
End Sub
```

3．方法

窗体上常用的方法有 Print、Cls 和 Move 等。

（1）Print 方法

【格式】[对象.]Print 表达式

【说明】显示文本内容。省略对象默认为窗体。

更详细的介绍可参见第 4 章数据的输出和输入。

（2）Cls 方法

【格式】[对象.]Cls

【说明】清除窗体或图片框中在运行时由 Print 方法显示的文本或图形。省略对象默认为窗体。

（3）Move 方法

【格式】[对象.]Move 左边距离[,上边距离[,宽度[,高度]]]

【说明】移动窗体或控件对象的位置，并可改变对象的大小。省略对象默认为窗体。Move 方
法至少需要一个 Left 参数值，其余可省略。如果要指定参数值，则必须按顺序一次给定其前面的
参数值。

例如，下面语句完成窗体移动并定位在屏幕的左上角，同时窗体的大小也缩小到原来的一半。

```
Form1.Move 0,0,Form1.Width/2,Form1.Height/2
```

下面的语句完成窗体不移动，但大小缩小一半。

```
Form1.Move Form1.Left,Form1.Top,Form1.Width/2,Form1.Height/2
```

一般来讲，可由 Left 和 Top 属性更方便地实现移动的效果。

2.3.3 命令按钮

命令按钮（CommandButton）是编程中最常用的控件，用户可以通过单击按钮来执行操作。
命令按钮通常用来启动、中断或结束一个进程。通过编写命令按钮的 Click 事件，可以执行指定
按钮的功能。

1．常用属性

（1）Caption（标题）属性：跟其他控件的 Caption 属性一样，都用来显示控件标题的属性。
除此之外，作为按钮控件，用户可以给按钮控件的 Caption 指定快捷方式。方法是在按钮 Caption
属性中欲作为快捷键的字母前加上一个"&"符号，程序运行时，该字母的下面会自带一条下划
线，同时按下<Alt>键和带有下划线的字母，功效相当于用鼠标单击该按钮。

（2）Default（默认）属性：当一个按钮的 Default 属性设置为 True 时，按<Enter>与单击此命
令按钮的作用相同，因此，这个命令按钮被称为"默认按钮"。在一个窗体中，只允许一个命令按
钮的 Default 属性设置为 True。

（3）Cancel（取消）属性：当一个按钮的 Cancel 属性设置为 True 时，按 Esc 键与单击此命令
按钮的作用相同，因此，这个命令按钮被称为"取消按钮"。在一个窗体中，只允许一个命令按钮
的 Cancel 属性为 True。

（4）Style 属性：Style 属性决定命令按钮中是否可以显示图片。如果设置为 0，则不显示图片只显示标题；如果设置为 1，则可同时显示文本和图形。

（5）Picture 属性：该属性可以给命令按钮指定一个图片。只有 Style 属性的值设置为 1 时（图形方式），Picture 属性才有效，否则 Picture 属性无效。可利用 LoadPicture（）函数在代码中加载图片。

2. 常用事件

命令按钮最常用的事件就是 Click 事件。程序运行时用户单击按钮触发该事件，将执行该事件下的代码，实现相应的功能。

2.3.4　标签

标签（Label）主要是用来显示文本信息的，而不能输入信息。标签控件在界面设计中的用途十分广泛，可以用作标题、栏目名或输入、输出区域的标识，也可作为结果信息的输出区域。

标签控件的内容只能用 Caption 属性来设置或修改。既可以在设计时通过属性窗口设定，也可以在程序运行时通过程序代码修改标题属性来改变显示的内容。如果要在程序中修改标题属性，代码规则如下。

【格式】标签名.Caption = "欲显示的文本"

1. 常用属性

表 2-2 列出了除 Caption 之外，Label 常用的属性。

表 2-2　Label 常用属性

属　　性	描　　述
Alignment	设置文本中文本的对齐方式，有 3 种方式，0—左对齐、1—右对齐、2—居中，缺省值为 0
AutoSize	决定控件是否可以自动调整，True-自动调整大小、False-保持原设计时的大小，若正文太长自动裁剪掉，缺省值为 False
BackStyle	设置标签的背景的模式。0—将标签重叠显示在背景上，不覆盖原来的背景，1—显示标签时将背景覆盖掉，此为系统缺省值
BorderStyle	用于设置标签的加框形式。0—无边框，1—单线边框，缺省值为 0

2. 事件

标签经常使用的事件有：单击（Click）、双击（DblClick）和改变（Change）。但实际上，标签仅起到在窗体上显示文字的作用，因此，一般不需要编写事件过程。

2.3.5　文本框

文本框（TextBox）是一个文本编辑区。可以在设计阶段或运行期间，在这个区域中输入、编辑、修改和显示文本，类似于一个简单的文本编辑器。

1. 常用属性

表 2-3 列出了文本框常用属性。

表 2-3　文本框常用属性

属　　性	描　　述
Text	设置控件中的文本内容，缺省值为 Text1
MultiLine	设置控件是否可以接受多行文本，缺省值为 False

属　　性	描　　述
MaxLength	设置文本最大长度，以字为单位，缺省值为 0，表示任意长度
ScrollBars	设置控件是否具有水平或垂直滚动条（但当 MultiLine 属性为 False 时，它是不起作用的），0-没有滚动条、1-水平滚动条、2-垂直滚动条、3-水平垂直滚动条，缺省值为 0
Alignment	设置控件中文本的对齐方式，0—左对齐、1—右对齐、2—居中，缺省值为 0
PasswordChar	以特定的字符来代替控件中的文本字符，这个属性很适合设置密码对话框
Locked	设置文本框内容在运行时是否可以被用户编辑，设置 True 时，不能编辑，缺省值为 False
SelStart	选定正文的开始位置，第一个字符的位置是 0
SelLength	选定正文长度
SelText	选定正文内容

【说明】SelStart、SelLength、SelText 属性不能在属性窗口修改，只能在代码程序中设计。在程序中，对文本内容进行选择时，这 3 个属性用来标识用户选中的正文。

【例 2-2】文本框 SelStart、SelLength、SelText 属性的应用。界面如图 2-3 所示。

要求：当文本 1 任意选中字符后，文本 2 显示选中字符，标签显示选中起始字符和选中字符长度。属性设置见表 2-4。

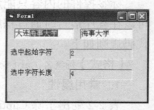

图 2-3 【例 2-2】运行界面

表 2-4 【例 2-2】对象属性设置

控件名（Name）使用默认名	相关属性
标签：Label1	Caption: 选中起始字符
标签：Label2	Caption: 空白　BorderStyle：1-Fixed Single
标签：Label3	Caption: 选中字符长度
标签：Label4	Caption: 空白　BorderStyle：1-Fixed Single
文本框：Text1	Text: 空白
文本框：Text2	Text: 空白

【分析】选中文本最后做的动作是抬起鼠标，所以本例中选用的事件是 Text1_MouseUp。程序代码如下。

```
Private Sub Text1_MouseUp(Button As Integer, Shift As Integer, X As Single, Y As Single)
    Label2.Caption = Text1.SelStart
    Label4.Caption = Text1.SelLength
    Text2 = Text1.SelText
End Sub
```

2. 常用事件

文本框的常用事件有 Change、KeyPress、LostFocus 和 GotFocus 等。

（1）Change 事件

当用户向文本框中输入新信息或当程序把 Text 属性设置为新值，从而改变其 Text 属性时，将触发 Change 事件。程序运行后，在文本框中每输入一个字符，就会引发一次 Change 事件。

例如，下列代码完成标签里的内容随着文本框的变化而变化。

```
Private Sub Text1_Change()
    Label1.Caption = Text1.Text
```

```
End Sub
```
（2）KeyPress 事件

当用户按下并释放键盘上的一个 ANSI 键时，就会引发焦点所在控件的 KeyPress 事件，此事件会返回一个 KeyAscii 参数到该事件过程中。例如，当用户输入字符"a"，返回 KeyAscii 的值为 97。

KeyPress 事件同 Change 事件一样，每输入一个字符就会引发一次该事件；事件中常用的是判断是否键入回车符(KeyAscii 的值为 13)，表示文本的输入结束。

在【例 2-2】中若想限制 Text1 和 Text2 中只能输入数字键，可加入如下代码。

```
Private Sub Text1_KeyPress(KeyAscii As Integer)
    If KeyAscii < 48 Or KeyAscii > 57 Then      '0~9 的 ASCII 码为 48~57
        KeyAscii = 0                            'ASCII=0 不允许输入
    End If
End Sub
```

Text2 的 KeyPress 事件和 Text1 相同。

（3）LostFocus 和 GotFocus 事件

当按下<Tab>键使光标离开当前文本框或用鼠标选择窗体中的其他对象时，触发 LostFocus 事件；GotFocus 表示对象获得焦点时触发该事件。

3. 常用方法

SetFocus 是文本框中常用的方法。

【格式】[对象.]SetFocus

【说明】该方法可以把光标移到指定的文本框中，当在窗体上建立了多个文本框后，可以用该方法把光标置于所需要的文本框中。

SetFocus 还可以用于 CheckBox、CommandButton 和 ListBox 等控件。

2.3.6　定时器控件

在 Windows 应用程序中，常常要用到时间控制的功能，如在程序界面上显示当前时间，或者每隔多长时间触发一个事件等，而 VB 中的 Timer（定时器）就是专门解决这方面问题的控件。与其他控件不同的是，无论你绘制的矩形有多大，Timer 控件的大小都不会变，且运行时不可见。

1. 常用属性

（1）Enable 属性：当 Enable 属性为 False 时，Timer 控件不产生 Timer 事件。默认值为 True。在程序设计时，利用该属性可以灵活地启用或停用 Timer 控件。

（2）Interval 属性：时间间隔属性，是 Timer 控件最重要的属性。Interval 属性决定了时钟事件之间的间隔，以毫秒为单位，取值范围为 0～65535，因此其最大时间间隔不能超过 66 秒，如果把 Interval 属性设置为 1000，则表示每秒钟触发一个 Timer 事件。Interval 设置为 0，定时器控件不起作用。

2. 事件

Timer（定时）事件：当一个 Timer 控件经过预定的时间间隔，将激发定时器的 Timer 事件。使用 Timer 事件可以完成许多实用功能，如显示系统时钟、制作动画等。

【例 2-3】建立一个文字滚动程序，界面如图 2-4 所示。

要求：启动程序时"开始滚动"按钮可用，"停止滚动"按钮不可用；当单击"开始滚动"按钮，屏幕的文字开始向右移动，"开始

图 2-4　【例 2-3】运行界面

"滚动"按钮变成不可用，"停止滚动"按钮变为可用；当单击"停止滚动"按钮，文字终止滚动，"开始滚动"按钮变为可用，"停止滚动"按钮变成不可用。程序所需控件及属性见表2-5。

表 2-5 【例 2-3】对象属性设置

控件名（Name）使用默认名	相 关 属 性
标签：Label1	Caption：欢迎进入 VB 事件 AutoSize：True
按钮：Command1	Caption：开始滚动
按钮：Command2	Caption：停止滚动
定时器：Timer1	Interval：60

事件代码如下。

```
Private Sub Form_Load()                    '窗体被装载
    Timer1.Enabled = False                 '定时器控件不可用
    Command2.Enabled = False               '"停止滚动"按钮不可用
End Sub
Private Sub Command1_Click()               '单击"开始滚动"按钮
    Timer1.Enabled = True                  '定时器控件可用
    Command1.Enabled = False               '"开始滚动"按钮不可用
    Command2.Enabled = True                '"停止滚动"按钮可用
End Sub
Private Sub Command2_Click()               '单击"停止滚动"按钮
    Timer1.Enabled = False                 '定时器控件不可用
    Command1.Enabled = True                '"开始滚动"按钮可用
    Command2.Enabled = False               '"停止滚动"按钮不可用
End Sub
Private Sub Timer1_Timer()                          '每60ms时间间隔触发事件
    If Label1.Left > Form1.ScaleWidth Then          '如果标签文字移到屏幕外
    Label1.Left = 0 - Label1.Width                  '将从左边从头开始
    End If
    Label1.Left = Label1.Left + 90                  '文字向右移动
End Sub
```

2.4 综合应用

下面，通过一个综合应用的例子，将本章的知识做一个归纳。

【例 2-4】建立一个类似记事本的应用程序，程序运行效果如图 2-5 所示。该程序主要提供两类操作。

① 剪切、复制和粘贴的编辑操作。

② 字体、大小的格式设置。

【分析】

① 根据题目要求，建立控件和属性设置参见表 2-6。

② 要实现"剪切、复制和粘贴"的编辑功能，需利用文本框的 SelText 属性。

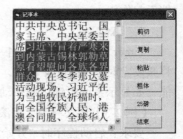

图 2-5 【例 2-4】运行界面

③ 要实现"格式"设置，需利用文本框 Font 属性。

表 2-6　【例 2-4】对象属性设置

控件名（Name）使用默认名	相关属性
窗体：Form1	Caption：记事本　BorderStyle：1-Fixed Single
按钮：Command1	Caption：剪切
按钮：Command1	Caption：复制
按钮：Command1	Caption：粘贴
按钮：Command1	Caption：粗体
按钮：Command1	Caption：25 磅
按钮：Command1	Caption：结束
文本框：Text1	Text：空白　MultiLine：True　ScrollBar：Both

程序代码如下。

```
Dim st As String                        ' st 为复制、剪切和粘贴操作所需的模块级变量
Private Sub Command1_Click()            '剪切操作
    st = Text1.SelText
    Text1.SelText = ""
End Sub
Private Sub Command2_Click()            '复制操作
    st = Text1.SelText                  '将选中的内容存到 st 变量中
End Sub
Private Sub Command3_Click()            '粘贴操作
    Text1.SelText = st                  '将 st 变量中的内容插入到光标所在的位置，实现了粘贴
End Sub
Private Sub Command4_Click()
    Text1.FontBold = True
End Sub
Private Sub Command5_Click()
    Text1.FontSize = 25
End Sub
Private Sub Command6_Click()
    End
End Sub
```

　　　　题目中 st 变量要被多个事件共享，所以本模块必须在所有过程前声明该变量，该变量可作用于所有过程，称为模块级变量。在过程内声明的变量为过程级变量，仅对该过程有效。变量声明可查看第 3 章，变量的作用域的相关知识可查看第 6 章。

习题二

1. 属性和方法的区别是什么？
2. 当标签边框的大小由 Caption 属性的值进行扩展或缩小时，应对哪个属性进行何种设置？
3. 标签和文本框的区别是什么？
4. 如果文本框显示多行文字，应对什么属性设置为何值？
5. 简述文本框的 Change 与 KeyPress 事件的区别。

二、选择题

1. 下列关于 VB 编程的说法错误的是_____。

    A．属性是描述对象特征的数据

    B．事件是能被对象识别的动作

    C．方法指示对象的行为

    D．VB 程序采用的运行机制是面向对象

2. 任何控件都有的属性是_____。

    A．BackColor   B．Caption

    C．Name   D．BorderStyle

3. 下列叙述中正确的是_____。

    A．只有窗体才是 Visual Basic 中的对象

    B．只有控件才是 Visual Basic 中的对象

    C．窗体和控件都是 Visual Basic 中的对象

    D．窗体和控件都不是 Visual Basic 中的对象

4. 当窗体被加载时运行，发生的事件是_____。

    A．Load   B．Unload   C．Mouse Move   D．DragDrop

5. 要使标签控件显示时不覆盖其背景内容，要对_____属性进行设置。

    A．ForeColor   B．BorderStyle   C．BackColor   D．BackStyle

6. 要使 Form1 窗体的标题栏显示"欢迎使用 VB"，以下_____语句是正确的。

    A．Form1.Caption="欢迎使用 VB"

    B．Form1.Caption='欢迎使用 VB '

    C．Form1.Caption=欢迎使用 VB

    D．Form1.Caption= "欢迎使用 VB "

7. 为了在按<Enter>键时执行某个命令按钮的事件过程，需要把该命令按钮的一个属性设置为 True，这个属性是_____。

    A．Value   B．Default   C．Cancel   D．Enabled

8. 下面属性中，不属于文本框的属性是_____。

    A．SelStart   B．Caption   C．PasswordChar   D．Tag

9. 在窗体上画一个名称为 Command1 的命令按钮，然后编写如下事件过程。

```
Private Sub Command1_Click()
   Move 535, 535

End Sub
```

程序运行后，单击命令按钮，执行的操作为：_____。

    A．命令按钮移动到距窗体左边界、上边界各 535 的位置

    B．窗体移动到距屏幕左边界、上边界各 535 的位置

    C．命令按钮向左、上方向各移动 535 的位置

    D．窗体向左、上方向各移动 535 的位置

10. 为了暂时关闭计时器，可以通过该计时器的某个属性没置为 False 来实现。应设置的这个属性是_____。

A. Visible   B. Timer   C. Enabled   D. Interval

三、填空题

1. 在刚建立工程时，使窗体上所有控件具有相同的字体格式，应对_____的_____属性进行设置。

2. 对文本框的 ScrollBars 属性设置为 2，但没有垂直滚动条显示，是因为没有将_____属性设置为 True。

3. 当对命令按钮的 Picture 属性装入.bmp 图形后，选项按钮上并没有显示所需的图形，原因是没有将_____属性设置为 Graphical。

4. 若已经建立了 Form1 和 Form2 两个窗体，默认启动 Form1，通过_____菜单的_____的_____选项卡，可将窗体设置为 Form2。

5. 在文本框中，通过_____属性能获得当前插入点所在的位置。

6. 要对文本框中已有的内容进行编辑，按下键盘上的按键，就是不起作用，原因是设置了_____属性值为 True。

四、编程题

新建工程，创建如图 2-6 所示的界面。要求编写代码实现如下功能：在 4 个文本框中输入适当数据，单击"改变"按钮后，窗体移动到由"横坐标"和"纵坐标"文本框确定的位置上，并且窗体的高度与宽度也变为"高度"和"宽度"文本框指定的值；"改变"按钮永远放在屏幕的右下角。

图 2-6　窗体界面

第3章
数据类型及运算

本章要点:

- ❖ 什么是数据类型？各种数据如何存放到计算机中？
- ❖ 什么是变量和常量？如何使用它们？
- ❖ 运算符的作用是什么？表达式如何使用？
- ❖ 函数有什么作用？如何运用函数？

通过上一章的学习，读者可以利用控件编写一些简单的小程序。但要编写复杂的程序，就必须掌握 VB 语言基础。因为计算机的功能就是对数据的处理，处理什么样的数据？对这些数据如何操作？就是任何一门程序设计语言首先要考虑的问题。

3.1   数据类型

计算机在处理数据时，必须将其装入内存，可是计算机如何识别不同的数据呢？我们先看一个例子。

【例 3-1】界面如图 3-1 和图 3-2 所示，两个文本框 Text1 和 Text2，一个按钮 Command1，当程序执行时，单击"改变"按钮，Text1 和 Text2 的内容发生变化。

图 3-1 【例 3-1】运行界面（一）

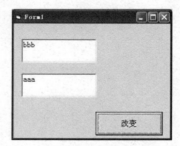

图 3-2 【例 3-1】运行界面（二）

当单击按钮时两个文本内容发生变化，所以很自然让人想到如下代码。

```
Text1.Text = Text2.Text
Text2.Text = Text1.text
```

【分析】Text1.Text = Text2.Text 功能是将 Text2（内容为"bbb"）赋值给 Text1，"="是赋值的的含义，此时 Text1 里已经存放了"bbb"，原来的内容("aaa")已经消失。然后执行 Text2.Text

= Text1.text，再将 Text1 内容("bbb")赋值给 Text2，此时 Text2 里仍然是"bbb"而不是原来 Text1 的内容("aaa")。

因此，再将 Text2 的内容赋给 Text1 之前应当把 Text1 的内容("aaa")保存起来，放到计算机内存中。在高级语言中，需要将存放数据的内存单元命名，通过内存单元名称来访问其中的数据。被命名的内存单元称为变量，也称"内存变量"。每个变量有一定的数据类型、作用范围，占用一定字节的内存空间。

【例 3-1】正确的代码如下。

```
Private Sub Command1_Click()
    Dim st As String        '声明使用一个变量 st，它是一个字符型数据（String）
    st = Text1.Text         '存放 Text1 的内容，st 的值是"aaa"
    Text1.Text = Text2.Text    'Text1 的内容是 Text2 的内容("bbb")
    Text2.Text = st         '将 st 的内容赋值给 Text2，Text2 的内容已经是"aaa"了
End Sub                      '此时可完成数据交换的目的
```

不同的数据在计算机内的存储方式不同，VB 提供的数据类型如表 3-1 所示。

表 3-1　VB 的基本数据类型

数据类型	关 键 字	类 型 符	占用字节数	范　　围
整型	Integer	%	2	-32768 ~ 32767
长整型	Long	&	4	$-2^{31} \sim 2^{31}-1$
单精度	Single	!	4	$-3.4 \times 10^{38} \sim 3.4 \times 10^{38}$
双精度	Double	#	8	$-1.7 \times 10^{308} \sim 1.7 \times 10^{308}$
货币	Currency	@	8	$-2^{96}-1 \sim 2^{96}-1$
字节	Byte	无	1	0 ~ 255
字符	String	$	与串长有关	0 ~ 65535 个字符
逻辑	Boolean	无	2	True 或 False
日期	Date	无	8	1/1/100 ~ 12/31/9999
变体	Variant	无	根据需要分配	
对象	Object	无	4	任何对象

1. 数值型

（1）整数

整型和长整型是用来保存没有小数点的数，运算速度快、精确，但数值表示范围小。程序运行时若超出表示范围就会产生"溢出"而中断。

（2）浮点数

浮点数又称实数，是带小数点的数。包括单精度和双精度数。

（3）货币类型

货币类型最多保留小数点右边 4 位和小数点左边 15 位，应用于货币计算。

（4）字节类型

字节类型是占一个字节的无符号整数。

2. 字符型

字符型存放的是连续的字符序列，字符可以包括所有西文和汉字。字符分为定长（String *n）

和变长（String）字符两种，前者存放固定长度为 n 的字符，后者则长度可变。

3. 逻辑型

逻辑型又称布尔型，它只有 True（真）和 False（假）两个值。当逻辑型数据转换为整型时 True 转换为-1，False 转换为 0；当将其他类型数据转换成逻辑型数据时，非 0 转换为 True，0 转换为 False。

4. 日期型

日期型数据可以存放日期、时间或者同时存放日期和时间。

5. 变体型

变体型是一种可变的数据类型，未声明数据类型的变量都是变体，它对数据的处理完全取决于程序，为其赋不同类型的值，就会变成相应的类型。若存放整型、浮点型，占 16 个字节；存放字符型，占用内存是字符的实际长度加 22 个字符。

6. 对象型

对象型数据保存的是某个对象的引用，程序通过对象型变量可以间接地对它所引用对象进行操作。给对象型变量赋值使用 Set 语句。

Set　对象变量名=对象名

例如，假设有一个名为 Command1 的按钮，可以定义个对象型变量。

```
Dim obj1 as Object
Set obj1=Command1
Obj1.Caption="ok"              '相当于 Command1.Caption="ok"
```

3.2　变量和常量

在【例 3-1】中我们已经知道，程序设计语言通过变量名识别数据。变量的值是可以变化的，相对于变量，常量在程序运行期间是不发生变化的。

3.2.1　变量

1．变量的命名规则

在 VB 中，变量的命名规则如下。

（1）必须以字母或汉字开头，由字母、汉字、数字和下画线组成，最长 255 个字符。

（2）变量名中不区分大小写。

（3）不能使用 VB 中的关键字。

例如，以下都是合法的变量名。

x,x_1,Sum2,Abc,Wang

以下是非法的变量名。

```
3xy        '不允许以数字开头
Y  z       '不允许出现空格
X*z        '不允许出现*号
Dim        '不允许出现 VB 的关键字
Cos        '虽然允许使用，但和 VB 的函数名相同，为避免混淆，尽量不要用
```

2. 变量声明

在使用变量前，一般先声明变量名及其类型，以便系统给它预留一定的内存空间。在 VB 中可以用以下方式来声明。

（1）用 Dim 语句显式声明变量

Dim 语句的使用形式如下。

【格式 1】Dim 变量名 1 [AS 数据类型][, 变量名 2 [AS 数据类型]]，…

【格式 2】Dim 变量名 1[类型符][, 变量名 2[类型符]]，…

【说明】

① 数据类型可使用表 2-1 中所列出的关键字。

② 若省略[AS 数据类型]，默认为变体。

③ 一条 Dim 语句可以同时定义多个变量，但每个变量应有类型说明，否则是变体。

例如，Dim x,y as Integer　　'x 是变体，y 是整型

④ 若用表 2-1 中所示的类型符代替[AS 数据类型]，变量名和类型符之间不能有空格。

例如，Dim x as Integer 和 Dim x% 完全等价

⑤ 对于字符型变量可以根据其存放字符的长度是否固定，有两种定义方法。

```
Dim 字符变量 As String            '不定长
Dim 字符变量 As String * n        '最多可存放 n 个字符
```

⑥ 在 VB 中变量被声明后，还没有被赋值，根据不同的数据类型有不同的默认值，如表 3-2 所示。

表 3-2　变量的默认初值

变量类型	默认初值	变量类型	默认初值
数值类型	0	String	空
Boolean	False	日期	0/0/0

在显示声明时也可不用 Dim 语句，可在变量名后直接加类型符进行赋值，如，

```
a%=12       '变量 a 声明为整型数据
t$="asd"    '变量 t 声明为字符型数据
```

（2）隐式声明

VB 允许用户在编写程序时，不声明变量而直接使用。系统会临时为该变量分配存储空间，这就是隐式声明。所有隐式声明的变量都是变体类型。

（3）强制显示声明-Option Explicit 语句

虽然 VB 允许用户不声明变量直接使用，给初学者带来了方便，但是正因为方便，可能给程序带来不易察觉的错误。同时，由于都是变体类型，占用内存较大，降低了程序的执行效率。例如，若用户输入代码时将语句"Sum=x+y"，误输入为"Sun=x+y"，则系统将 Sun 当成新的变量处理，以致程序运行输出结果不正确。

"先声明后使用变量"不仅提高程序的效率，也易于调试。VB 中可以强制显示声明，只要在代码窗口中的通用声明段使用"Option Explicit"语句即可。有了该语句后，若未声明变量，VB 会自动发出警告，有效保证了变量名的正确使用。

3.2.2　常量

常量是在程序运行过程中不变的量，在 VB 中有 3 种常量：直接常量、符号常量和系统常量。

1. 直接常量

直接常量可从它的字面形式上判断其类型。

（1）数值常量

数值常量有整数和实数之分，其取值直接反应了其类型；也可在常数后面紧跟类型符显示地说明常数的数据类型。例如，123、123&、123.45、1.23E2、123#分别对应的是整型、长整型、单精度、单精度指数型、双精度型常量。其中 1.23E2 的含义就是数学的 1.23×10^2。

八进制常数形式：数值前加&O。例如&O156。

十六进制常数形式：数值前加&H。例如&H5F。

（2）字符常量

用双引号""括起的一串字符就是字符常量。例如"Abd"、"123"、"中国"、""等。""表示空字符串。

（3）逻辑常量

只有两个值，True 和 False。

（4）日期常量

日期型常量数据的表示方法是：日期和时间的字符用"#"括起来。例如，#9/16/2008#,#May 1,2006# ,#12:10:00 PM#。

2. 符号常量

在程序中，某个常量被多次使用，则可以使用一个符号来代替该常量。形式如下。

```
Const 常量名［AS 类型|类型符］=常数
```

为了和一般的变量区分，通常将符号常量用大写字母表示。例如，在程序中经常用到圆周率 π，可以使用符号常量 PI 来代替，不仅书写方便，而且有效地改进了程序的可读性和可维护性，语句如下。

Const PI#=3.1415926　或 Const PI As Double=3.1415926

3. 系统常量

VB 系统向应用程序和控件提供了系统定义的常量，系统常量一般都是 Vb 作为前缀。使用系统常量，可使程序变得易于阅读和编写。

例如，在【例 1-1】中窗体状态属性 WindowState 可取 0、1、2（正常、最小化、最大化），也可使用系统常量 vbNormal、vbMinimized、vbMaximized，很显然在程序中使用 Form1.WindowState=vbMinimized 更易于阅读。

3.3　运算符和表达式

计算机处理的数据是需要加工的，这就是数据运算，而运算需要符号来表示。表示某种运算的符号称为运算符，被运算的对象称为操作数。由运算符和操作数组成的式子称表达式，表达式是语句的重要组成部分。

3.3.1　运算符

VB 中的运算符可分为算术运算符、字符运算符、关系运算符和逻辑运算符 4 类。

1.　算术运算符

表 3-3 列出了 VB 中的算术运算符。

表 3-3　算术运算符

运　算　符	含　　义	运算优先级	实　　例	结　　果
∧	乘方	1	3∧2	9
—	负号	2	-5+6	1
*	乘	3	4*3	12
/	除		7/3	2.3333333333
\	整除	4	5\3	1
Mod	求余	5	5 Mod 3	2
+	加	6	12+5	17
-	减		12-5	7

【说明】

① 算术运算符要求参与运算的操作数是数值型，若是数字字符型或逻辑型数据，则自动转换成数值型后再参与运算。

```
例如，20+"56"      '结果是 76
     15-True      '结果是 16，因逻辑常量 True 转换为数值-1，False 转换为 0
```

② 整除运算和求余运算的操作数若不是整数，则先遵循"大于.5 入；小于.5 舍；等于.5 奇进偶不进"的原则转换为整数，再运算。

```
例如，5.5\3          '结果是 2，因.5 前的数是奇数，所以进为 6
     6.5 Mod 3     '结果是 0，因.5 前的数是偶数，所以不进仍为 6
```

2.　字符运算符

字符运算符有两个："&"和"+"，它们的作用是将两个字符连接在一起。例如，

```
"ABCD" & "1234"       '结果是 ABCD1234
"123"+ "12"           '结果是 12312
"123"+12              '结果是 135
123 & 12              '结果是 12312
"ABCD" + 1234         '结果是 出错（类型不匹配）
```

【说明】

① "+"：连接符两旁若都是字符，起着连接的作用；若均为数值，则进行加法运算；若一个为数值型的字符，另一个为数值，则自动将数值型字符转换为数值，进行加法运算；若一个为数值，另一个为非数值型字符，则会出错。

② "&"：无论两边是什么数据类型，永远进行连接运算。

③ 在使用"&"时，操作数与"&"之间应加一个空格，这是因为符号"&"还用作长整型数据的类型符。

3.　关系运算符

关系运算符的作用是比较操作数的大小。若关系成立，则返回 True，否则返回 False。表 3-4

列出了 VB 中的关系运算符。

表 3-4　关系运算符

运 算 符	含 义	实 例	结 果
=	等于	66=78	False
>	大于	"BCD"> "adf"	False
>=	大于等于	23>=3	True
<	小于	"23"< "3"	True
<=	小于等于	"zoo"<= "大小"	True
<>	不等于	"ab"<> "AB"	True
Like	字符串比较	"ABCD" Like　"*BC*"	True
Is	对象比较		

【说明】

① 如果两个操作数是数值型，则按数值大小进行比较。

② 如果两个操作数是字符型的，则按字符的内码从左到右逐一进行比较，即首先比较第一个字符，其内码大，则字符为大；如果第一个字符相同，则比较第 2 个字符，以此类推。英文字母、数字一般是按照 ASCII 码的大小进行比较。汉字的内码大于英文、数字的内码。

③ "Like" 运算符可以与通配符结合使用，作用是查看被比较的字符是否和 "模板" 字符相匹配。其可用的通配符如下。

? ——代表任意一个字符。

* ——代表任意多个字符。

——代表任意一个数字。

［多个字符］——代表方括号中包含的任意一个字符。

［! 多个字符］——代表不包含方括号中任意一个字符。

［字符 1—字符 2］——代表在 "字符 1 ~ 字符 2" 范围内的任意一个字符。

［! 字符 1—字符 2］——代表不在 "字符 1 ~ 字符 2" 范围内的任意一个字符。

例如，"ABC" Like "abc"　　　'结果 False, 不匹配

　　　　"a2b" Like "a#b"　　　'结果 True, 匹配

　　　　"a"　Like "[!bc]"　　　'结果 True, 匹配

　　　　"abbba" Like "a*"　　　'结果 True, 匹配

　　　　"abc"　Like "[abc]"　　'结果 False, 不匹配

④ 对象比较运算符 Is 的作用是：如果两个被比较的对象型变量引用的是同一个对象，结果为 True, 否则为 False。

4. 逻辑运算符

逻辑运算符作用是将操作数进行逻辑运算，其结果是 True 和 False。表 3-5 列出了常用的逻辑运算符。

表 3-5　常用逻辑运算符

运 算 符	含 义	优 先 级	说 明
Not	非	1	当操作数为真时，结果为假 当操作数为假时，结果为真

续表

运算符	含义	优先级	说明
And	与	2	当两个操作数均为真时,结果才为真,其他情况结果都为假
OR	或	3	当两个操作数均为假时,结果才为假,其他情况结果都为真
Xor	异或		当两个操作数不相同时,结果才为真,其他情况结果都为假

【说明】逻辑运算符要求操作数是 True、False 或者是能产生 True、False 的表达式。

例如,已知 a=5,b=8,c=9,判断下面的逻辑表达式的值。

```
a<b and b>c            '结果是 False
a>5 or b>5 and c<10    '结果是 True
```

3.3.2　表达式

由变量、常量、运算符、函数和圆括号按一定的规则组成表达式,表达式的最终结果称为表达式的值。

1．表达式的书写规则

① 乘号不能省略。例如,x 乘以 y 的 VB 表达式为:x*y。

② 括号必须成对出现,均使用圆括号;可以出现多个圆括号,但要逐层配对。

③ 表达式从左到右在同一基准上书写,无高低和大小的区分。

例如,$\dfrac{2}{(xy)^2}$ 的 VB 表达式为:2/(xy)^2

2．优先级

前面我们已经提到,算术运算符、逻辑运算符都有不同的优先级,关系运算符之间的优先级相同。当一个表达式中出现多种不同类型的运算符时,不同类型的运算符之间的优先级如下。

算术运算符>字符运算符>关系运算符>逻辑运算符

小技巧

对于多种运算符并存的表达式,可增加圆括号来改变优先级,使表达式的含义更清楚。

3.4　常用内部函数

内部函数也称标准函数,它们是 VB 系统为了实现一些特定功能而设置的内部程序。按内部函数的功能和用途,可将其分为数学函数、转换函数、字符函数、日期函数和其他函数。函数只能出现在表达式中,目的是使用函数求得一个值。

本书通过列表方式简要地介绍了一些常用的函数,表中参数的含义是:N 表示数值型表达式,C 表示字符型表达式,D 表示日期型表达式。其他不常用的函数可以通过帮助菜单等方法了解。

3.4.1　数学函数

数学函数与数学中的通常定义一致,表 3-6 列出了常用的数学函数。

表 3-6　常用的数学函数

函 数 名	功　　　能	实　　　例	结　　　果
Abs(N)	取绝对值	Abs(-3)	3
Exp(N)	以 e 为底的指数函数	Exp(2)	7.389
Log(N)	以 e 为底的自然对数函数	Log(5)	1.61
Sgn(N)	符号函数，正数为 1；负数为-1；零为 0	Sgn(-7)	-1
Sqr(N)	正数的平方根	Sqr(25)	5
Sin(N)	正弦函数	Sin(0)	0
Cos(N)	余弦函数	Cos(0)	1
Int(N)	取小于或等于 N 的最大整数	Int(-3.4)	-4
Fix(N)	取整	Fix(-3.4)	-3
Rnd[(N)]	产生>=0 且<1 之间的随机数	Rnd	0～1 的小数

【说明】

① 三角函数的单位为弧度。

② Rnd 能产生>=0 且<1 之间的随机数，若要产生 1～100 的随机整数，则可以通过下面的表达式来实现。

```
Int（Rnd*100）+1    '包括 1 和 100
Int（Rnd*99）+1     '包括 1，但不包含 100
```

为了保证每次运行产生不同的随机数，需先执行 Randomize 语句。

3.4.2　转换函数

常用的转换函数参见表 3-7。

表 3-7　常用的转换函数

函 数 名	功　　　能	实　　　例	结　　　果
Asc(C)	字符转换成 ASCII 码	Asc("A")	65
Chr(N)	ASCII 码转换成字符	Chr(65)	A
LCase(C)	字母转换小写字母	LCase("Ab")	ab
UCase(C)	字母转换大写字母	UCase("Ab")	AB
Str(N)	将数值转换为字符	Str(123)	" 123"
Val(C)	将数值型字符转换为数值	Val("123.5")	123.5

【说明】

① Chr 和 Asc 函数互为反函数。可以利用 Chr 函数让程序执行一些诸如回车换行等操作。例如，让标签显示两行文本内容。代码如下。

```
Label1.Caption = "你好" & Chr(13) & Chr(10) & "朋友"
```

其中，回车、换行的 ASCII 码分别是 13 和 10，所以标签上的文本内容现在是两行。

② Str 函数将非负数转换成字符后，会在转换后的字符左边增加空格来作为符号位。如表 3-7 的实例。

③ Val 将数值型字符转换为数值，当字符串中出现非数值型字符时将停止转换；当字符无法转换为任何数值时，Val 函数的结果为 0。

例如，Val（"-123.5as"）　　　'结果是-123.5
Val("asdf123fA")　　　'结果是 0

3.4.3 字符函数

VB 的字符函数相当丰富，给编程中的字符处理带来了极大的方便，常用字符函数参见表 3-8。

表 3-8 常用的字符函数

函 数 名	功 能	实 例	结 果
Left(C,N)	截取字符 C 左边的 N 个字符	Left("abcd",2)	"ab"
Right(C,N)	截取字符 C 右边的 N 个字符	Right("abcd",2)	"cd"
Mid(C,N1,[N2])	从 C 中间第 N1 个字符开始截取 N2 个字符，省略 N2，表示截取到结束	Mid("abcd",2,2)	"bc"
Len(C)	字符 C 的长度	Len("abcd")	4
Trim(C)	去掉字符 C 两边的空格	Trim(" abcd ")	"abcd"
Space(N)	产生 N 个空格	Space(4)	" "
InStr([N]，C1,C2)	在 C1 中从第 N 个字符开始查找 C2 是否存在，省略 N 时从头开始找，若找到，返回到 C1 的起始位置；若找不到结果为 0	InStr("abc",bc) InStr(2,"aba","a")	2 3
String(N,C)	返回 C 的首字符组成的 N 个相同的字符	String(4,"abcd")	"aaaa"
Replace(C,C1,C2)	在 C 字符串中用 C2 替代 C1	Replace("abcdefcd","cd","34")	"ab34ef34"

【说明】VB 中的字符串长度是以字为单位，也就是每个西文字符和每个汉字都作为一个字，这与传统的概念有所不同，原因是 Windows 系统对字符采用了 DBCS 编码。

3.4.4 日期函数

常用的日期函数见表 3-9。

表 3-9 常用的日期函数

函 数 名	功 能	实 例	结 果
Date	返回系统日期	Date	2009-8-15
Day(D)	返回日期代号（1~31）	Day(Date)	15
Month(D)	返回月份代号（1~12）	Month(Date)	8
Year(D)	返回公元年号	Year(Date)	2009
Now	返回系统日期和时间	Now	2009-8-15 09:10:10
Time	返回系统事件	Time	09:10:10

3.4.5 其他常用函数

（1）格式输出函数

格式输出函数 Format，它是用来将要输出的数据，按指定的格式输出。其返回的是变体数据类型。该函数的格式如下。

【格式】Format（表达式，格式说明）

【说明】表达式是要输出的内容，其格式说明读者可参阅系统帮助。Format 函数一般用于 Print 方法。

例如，`Format(3.576,"##.##")`　'结果是 3.58，保留两位小数

（2）Shell 函数

在 VB 中，要调用 Windows 下运行的可执行的文件（扩展名为.exe 或.com），可通过 Shell 函数实现。

例如，`Shell("C:\Program Files\Microsoft Office\Word.exe")` '调用 Word 程序

【说明】

对于 Windows 自带的软件，如附件中的"计算器"等各种实用程序，可以不必指名路径；对于其他软件，必须写明程序所在的路径。

3.5　编码规则

1．语言元素

VB 的语言基础是 BASIC 语言，VB 程序的语言元素主要由以下内容组成。

- 关键字（如，Dim、Print、Cls）。
- 函数（如，Sin()、Cos()、Sqr()）。
- 表达式（如，Abs(-23.5)+45*20/3　）。
- 语句（如，X=X+5 、　If…Else…End If）等。

2．VB 代码书写规则

（1）程序中不区分字母的大小写，Ab 与 AB 等效。

（2）系统对用户程序代码进行自动转换。

① 对于 VB 中的关键字，首字母被转换成大写，其余转换成小写。

② 若关键字由多个英文单词组成，则将每个单词的首字母转换成大写。

③ 对于用户定义的变量、过程名，以第一次定义的为准，以后输入的自动转换成首次定义的形式。

3．语句书写规则

（1）在同一行上可以书写多行语句，语句间用冒号（：）分隔。

（2）单行语句可以分多行书写，在本行后加续行符：空格和下画线。

（3）一行允许多达 255 个字符。

4．程序的注释方式

（1）整行注释一般以 Rem 开头，也可以用撇号 '。

（2）用撇号 ' 引导的注释，既可以是整行的，也可以直接放在语句的后面，最方便。

（3）可以利用"编辑"工具栏的"设置注释块"、"解除注释块"来设置多行注释。

5．保留行号和标号

VB 源程序接受行号或标号，但不是必须的（早期的 BASIC 语言中必须用行号（数字））。标号是以字母开始以冒号结束的字符串，一般用在 GOTO 语句中。

3.6　综合应用

【例 3-2】编一个程序，单击窗体时，在窗体上任意位置，随机输出一个大写的英文字母。运行界面如图 3-3 所示。

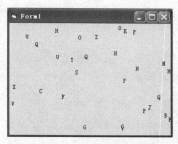

图 3-3　【例 3-2】运行界面

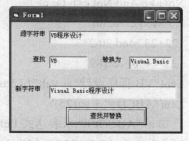

图 3-4　【例 3-3】运行界面

【分析】题目中若出现任意、随机字样，就应当想到随机函数 Rnd；Rnd 函数只能产生数值，可以将数值转换成键盘上的字母只有 Chr 函数。程序代码如下。

```
Private Sub Form_Click()
Randomize                                    '产生不同的随机数
Form1.CurrentX = Int(Rnd * Form1.ScaleWidth)  '任意 X 坐标
Form1.CurrentY = Int(Rnd * Form1.ScaleHeight) '任意 Y 坐标
Print Chr(Int(Rnd * 26 + 65))                 '产生任意大写字母的 ASCII 码
End Sub
```

【例 3-3】 字符串替换，程序效果如图 3-4 所示，将查找的字符替换成新的字符，并显示替换后的效果。其中，Text1 是源字符串；Text2 是查找的字符；Text3 是需要替换的字符；Text4 是替换的结果；Command1 是"查找并替换"按钮。

【分析】要想完成替换，首先需要找到查找字符的位置，然后再分别找到该字符左右两边的子串，再按顺序连接上替换的字符即可。程序代码如下。

方法 1：

```
Private Sub Command1_Click()
 Dim i As Integer, j As Integer      '声明两个整型变量
 Dim Ls As String                    '声明一个字符变量
 i = InStr(Text1, Text2)             '在 Text1 中查找 Text2 的起始位置
 j = i + Len(Text2)                  '定位右子串的起始位置
 Ls = Left(Text1, i - 1)             '取左子串
 Text4 = Ls + Text3 + Mid(Text1, j)  '左子串连接所替换的子串,再连接右子串
End Sub
```

方法 2：

```
Private Sub Command1_Click()
 Text4=Replace(Text1,Text2,Text3)
End Sub
```

习题三

一、求表达式的值（已知 a=8,b=4,c=5）

1. a>5 Or b+c>a-c And b-c<a-b

2. Not a>b And Not c<b Or c>7

3. 7.5 Mod c +6.5\b

4. 123+23 Mod 20\2*3

5. 123+"456" & 789

6. Len("VB 程序设计")+ val("12.5asf")

7. Len("ABCD=" + str(25))

8. 已知 a="ABCDEF",求表达式 Left(a,2)+Mid(a,4,2)

9. Fix(-3.6)+Int(-3.7)+25 Mod 10 \3

二、根据条件写出相应的 VB 表达式

1. 产生 100～200（包括 100 和 200）的一个正整数。

2. 表示 x 是 3 或 5 的倍数。

3. 字符变量 t 中存放了两个字符，要将两个字符交换位置，例如，"VB"变成"BA"。

4. 表示关系表达式 10≤x≤20。

5. 将任意一个两位数 x 的个位数和十位数对换，例如，68 变为 86。

6. x 和 y 都大于 z。

7. x、y 之一小于 z。

8. 截取字符串 S 中的第 2 个字符到第 6 个字符，并变成大写。

三、选择题

1. 在窗体（Name 属性为 Form1）上画两个文本框（其 Name 属性分别为 Text1 和 Text2）和一个命令按钮（Name 属性为 Command1），然后编写如下事件过程。

```
Private Sub Command1_Click()
    a = Text1.Text + Text2.Text
    Print a
End Sub
```

程序运行后，在第一个文本框（Text1）和第二个文本框（Text2）中分别输入 123 和 321，然后单击命令按钮，则输出结果为_____。

    A. 444   B. 321123   C. 123321   D. 132231

2. 下列可作为 Visual Basic 的变量名的是_____。

    A. 3*Delta   B. PrintChar   C. Abs   D. ABπ

3. 设 a=2，b=3，c=4，d=5，下列表达式的值是_____。

    a>b AND c<=d OR 2*a>c

    A. True   B. False   C. -1   D. 0

4. 设 a=2，b=3，c=4，d=5，下列表达式的值是_____。

    3>2*b OR a=c AND b<>c OR c>d

    A. 0   B. True   C. False   D. -1

5. 设 a=2，b=3，c=4，d=5，下列表达式的值是_____。

NOT a<=c OR 4*c=b^2 AND b<>a+c

A. -1　　　　　B. 0　　　　　C. True　　　　　D. False

6. 语句 Print 5*5\5/5 的输出结果是_____。

A. 5　　　B. 25　　　C. 0　　　D. 1

7. 设 a、b、c 为整型变量，其值分别为 1、2、3，以下程序段的输出结果是_____。

```
a=b:b=c:c=a
Print a;b;c
```

A. 1 2 3　　　B. 2 3 1　　　C. 3 2 1　　　D. 2 3 2

8. 语句 Print Sgn(-6^2)+Abs(6^2)+Int(-6^2)的输出结果是_____。

A. –36　　　B. 1　　　C. –1　　　D.–72

9. 执行以下程序段后，变量 c$ 的值为_____。

```
a$ = "Visual Basic Programing"
b$ = "Quick"
c$ = b$ & UCase(Mid$(a$,7,6)) & Right$(a$,11)
```

A. Visual BASIC Programing　　　　　B. Quick Basic Programing

C. QUICK Basic Programing　　　　　D. Quick BASIC Programing

10. 表达式 4+5\6*7/8 Mod 9 的值是_____。

A. 4　　　B. 5　　　C. 6　　　D. 7

四、填空题

1. 把整数 1 赋值给一个逻辑型变量，则逻辑型变量的值为_____。

2. 执行一条 Dim 语句：Dim x,y,z As Integer,则 x,y,z 的数据类型分别_____、_____、_____。

3. 如果 Int1 是整型变量，则执行 Int1="2"+3 语句后 Int1 的值是_____；执行 Int1="2"+"3" 语句后，Int1 的值为_____。

4. 默认情况下，所有未经显示定义的变量均视为_____类型。如果强制变量定义，应在模块的声明段使用_____语句。

5. 把逻辑量 True 赋值给整形变量之后，此变量的值会变为_____。

6. 表达式（–3）mod 8 的值为_____。

五、编程题

编一个程序，在文本框输入一个三位数，当按<Enter>时在窗体打印输出其个位数、十位数和百位数。

第 4 章
程序的基本控制结构

本章要点：

◇ 结构化程序设计的基础知识。

◇ 顺序结构程序设计及其相关语句、函数、方法，主要包括赋值语句、与 Print 方法相关的函数 Tab 和 Spc、人–机交互语句以及函数 InputBox 和 MsgBox 等。

◇ 选择结构程序设计及其相关语句、函数，包括 If 语句、Select Case 语句、IIf 函数和 Choose 函数。

◇ 循环结构程序设计及其相关语句，包括 For 语句、While 语句、Do-Loop 语句、GoTo 语句。

◇ 几个常用内部控件的使用，包括单选钮、复选框、框架及滚动条。

上述内容是进行 VB 应用程序设计和编写代码最基本的知识。

4.1 VB 结构化程序设计基础

计算机系统由硬件系统和软件系统两大部分组成。硬件系统是指构成计算机的各种机械部件和电子元件组成的设备和装置，是组成计算机系统的物质基础。软件系统是控制、管理计算机各硬件设备如何工作的所有程序文件和数据文件的总称，是计算机系统的头脑和灵魂。计算机的工作过程就是执行各种程序的过程。

程序是指为完成特定功能而编写的指令的集合，这组指令依据既定的逻辑控制计算机的运行。所有程序都是用计算机语言编写的。程序设计就是用计算机语言对所要解决的问题进行完整而准确的描述过程，但是程序设计并不就是简单地编写程序代码的过程。一个完整的程序可以表示为：程序=算法＋数据结构＋程序设计方法＋语言工具和环境。程序设计方法是编写程序的指导思想，决定了以什么样的方式组织编写程序，也决定了一个程序的成功与否；语言和环境是编写程序的工具，负责制造程序；而算法则是灵魂，是解决问题（处理数据）的方法和步骤；数据结构是算法加工的对象。

计算机应用程序的开发可大体分为 4 大阶段。

（1）分析问题：充分研究与分析要解决的问题，明确问题的需求，即应用程序要实现什么功能，达到什么目的。

（2）设计算法：根据问题需求，设计具体算法，描述算法的具体实现步骤。解决同一问题可能有多种算法，应选择合适的算法。

（3）编写程序：根据选定的算法，选择适当的程序开发语言与环境，再按照算法编写程序代码。

（4）程序验证：进行程序的正确性证明、测试与调试。应设计各种情况下的验证数据，保证每一条件的成立与不成立都被测试过，以证明程序正确无误。

4.1.1　计算机程序设计方法概述

计算机程序设计语言经历了机器语言、汇编语言到高级语言的发展历程。程序设计方法也伴随着计算机硬件技术的提高而不断发展，可分为 3 个阶段，即面向计算机的程序设计、面向过程的程序设计和面向对象的程序设计。

程序设计初期，没有固定的程序设计方法，由于计算机价格昂贵、内存很小、速度不高，使得程序员只能过分依赖技巧与天分，手工编写各种高效率程序，而不太注重所编写程序的结构，造成程序的可读性差、可维护性差、通用性更差。手工编程的缺陷严重阻碍了计算机技术的发展，出现了"软件危机"，人们开始寻求新的计算机程序设计方法。

结构化程序设计是 Dijkstra 于 1969 年提出来的，是以模块化设计为中心，将待开发的软件系统划分为若干个相互独立的模块，每一模块的功能单纯而明确，不会受到其他模块的牵连。模块的独立性为设计一些较大的软件打下了良好的基础，同时还为扩充已有的系统、建立新系统带来了方便。

按照结构化程序设计的观点，程序有 3 种基本结构，即顺序结构、选择结构和循环结构，任何算法功能都可以通过这 3 种基本程序结构的组合来实现。

结构化程序设计的基本思想是采用"自顶向下、逐步求精"的程序设计方法和"单入口、单出口"的控制结构。"自顶向下、逐步求精"的程序设计方法从问题本身开始，经过逐步细化，将解决问题的步骤分解为由基本程序结构模块组成的结构化程序框图；"单入口、单出口"的思想认为一个复杂的程序，如果它仅是由顺序、选择和循环 3 种基本程序结构通过组合、嵌套构成，那么这个新构造的程序一定是一个单入口、单出口的程序。据此就很容易编写出结构良好、易于调试的程序来。

面向对象的方法起源于面向对象的编程语言。20 世纪 60 年代后期出现了类和对象的概念，类作为语言机制用来封装数据和相关操作。70 年代前期，Smalltalk 语言，奠定了面向对象程序设计的基础。

面向对象方法是一种把面向对象的思想运用于软件开发过程中，指导开发活动的系统方法，是建立在""对象"概念基础上的方法学。最基本的概念是对象和类。对象是由数据和允许的操作组成的封装体，与客观实体有直接的对应关系。类是具有相同数据和相同操作的一组对象的集合与抽象，是创建对象实例的模板。面向对象方法强制程序必须通过函数的方式来操纵数据，实现了数据的封装，避免了以前设计方法中任何代码都可以随便操作数据而引起的错误。面向对象方法还能通过类的继承方式解决"代码重用"问题，提高了程序开发的效率。C++、Delphi、Java等都属于面向对象的程序设计语言，Visual Basic 是一种基于对象的程序设计语言。

4.1.2　算法及其描述方法

1．算法的概念及特征

算法（Algorithm）就是解决问题的步骤和方法。能够对一定规范的输入，在有限时间内获得所要求的输出。解决一个问题的过程，就是实现一个算法的过程。一个解题步骤、工作计划、生产流程和音乐乐谱等都可称为"算法"。

如果一个算法有缺陷，或不适合于某个问题，则执行这个算法将不会解决该问题。不同的算法可能用不同的时间、空间或效率来完成同样的任务。一个算法的优劣可以用空间复杂度与时间复杂度来衡量。

一个算法应该具有以下 5 个重要的特征。

（1）有穷性：一个算法应包括有限的操作步骤，能在执行有穷的操作步骤之后结束。

（2）确定性：算法的计算规则及相应的计算步骤必须是唯一确定的，既不能含糊其词，也不能有二义性。

（3）输入：一个算法有 0 个或多个输入，以设置运算对象的初始情况。

（4）输出：一个算法有一个或多个输出，以反映对输入数据加工后的结果。没有输出的算法是毫无意义的。

（5）可行性：算法中的每一个步骤都是可以在有限的时间内完成的基本操作，并能得到确定的结果 。

2. 算法的描述方法

为了将算法正确地表示出来，需要使用算法描述工具。算法有多种描述方法，可概括为两大类：文字描述（语言描述）和图形描述。下面介绍几种常见的描述方法。

（1）自然语言：是最简单的一种算法描述工具，如汉语、英语等。自然语言优点是通俗易懂，易于掌握，但也有繁琐、容易产生歧义的缺点。

（2）流程图：使用不同的图框表示不同类型的操作，用带箭头的线表示操作的执行顺序。相对于自然语言来说流程图更简洁直观。

流程图中常用的图框和规定如图 4-1 所示。基本控制结构的流程图如图 4-2 所示。

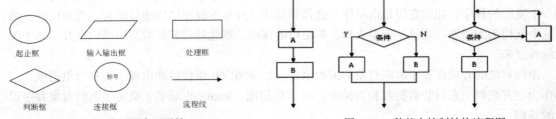

图 4-1　流程图常用图符　　　　　　　　　　图 4-2　3 种基本控制结构流程图

（3）N-S 图：描述算法的另一种常见方法，主要省掉了流程图中的流程线，使得图形更紧凑。N-S 图的基本结构描述形式如图 4-3 所示。N-S 图的优点是能直观地用图形表示算法，去掉了导致程序非结构化的流线，缺点是修改不方便。

（4）高级语言：用某种高级语言去描述算法，其好处是可以直接在计算机上运行，但受计算机语言严格的格式要求和语法限制，对用户要求较高。

（5）伪代码：介于自然语言与计算机语言之间的一种文字和符号相结合的算法描述工具，形式上和计算机语言比较接近，但没有严格的语法规则限制。通常是借助某种高级语言的控制结构，中间的操作可以用自然语言，也可以用程序设计语言描述，这样，既避免了严格的语法规则，又比较容易最终转换成程序代码。

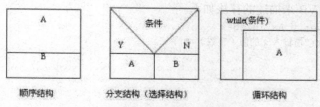

图 4-3　3 种基本控制结构 N-S 图

在为具体问题设计算法时，选用哪种算法描述工具并不重要，重要的是一定要把算法描述得简洁、正确，不会产生理解上的"歧义性"。

例如，计算如下分段函数

$$y = \begin{cases} x+1 & x > 0 \\ x-100 & x = 0 \\ x \times 20 & x < 0 \end{cases}$$

① 使用算法语言描述如下。

第一步：输入变量 x 的值。

第二步：判断 x 是否大于 0。若大于 0，则 y 为 $x+1$，然后转第五步；否则进行下一步（即第三步）。

第三步：判断 x 是否等于 0。若等于 0，则 y 为 $x-100$，然后转第五步；否则进行下一步（即第四步）。

第四步：y 为 $x \times 20$（如果第二、三步条件不成立，则进入第四步时，x 肯定小于 0)。

第五步：输出变量 y 的值。

第六步：结束程序执行。

② 使用流程图表示，如图 4-4 所示。

③ 使用 N-S 图表示，如图 4-5 所示。

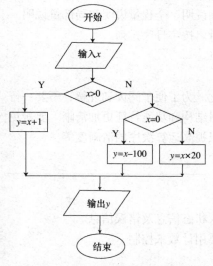

图 4-4　求分段函数算法的流程图

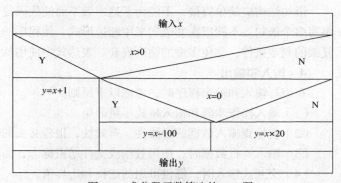

图 4-5　求分段函数算法的 N-S 图

④ 以高级语言 VB 来描述的算法如下。

```
Dim x As Integer,y As Integer
x=Val(InputBox("请输入 x 的值（整数）: "))
If x>0 Then
    y=x+1
ElseIf x=0 Then
    y=x-100
Else
    y=x*20
End If
Print "x=";x, "y=";y
```

4.1.3　程序设计风格

程序设计风格是指编制程序时所表现出来的特点、习惯和逻辑思路等。程序设计风格会深刻影响软件的质量和可维护性，良好的程序设计风格可以使程序结构清晰合理，使程序代码便于维护。培养良好的程序设计风格对于初学者来说是非常重要的。

程序设计的风格总体来说应强调简单和清晰，程序必须是可理解的，即做到"清晰第一，效率第二"。为提高程序的可阅读性，形成良好的程序设计风格，主要应注意和考虑以下因素。

1. 源程序文档化

（1）标识符按意取名。具有实际意义的命名有助于对程序功能的理解。

（2）程序应加注释。正确的注释能够帮助理解程序。注释分序言性注释和功能性注释。序言性注释通常置于每个模块的起始部分，给出程序的整体说明，主要内容有：程序标题、程序功能说明、主要算法、接口说明、程序位置、开发简历、程序设计者、复阅者、复审日期和修改日期等。功能性注释一般嵌在源程序内部，说明程序段或语句的功能以及数据的状态。

（3）在程序中利用空格、空行、缩进等技巧可以使程序层次清晰，结构一目了然。

2. 数据说明方法

为使数据定义更易于理解和维护，一般应注意以下几点。

（1）数据说明顺序规范化。使数据说明的次序固定，可以使数据的属性更易于查找，从而有利于测试、纠错与维护。例如，按以下顺序：常量寿命、类型说明、全程量说明和局部量说明。

（2）变量说明有序化。一个语句说明多个变量时，各变量名按字母序排列。

（3）对复杂的数据结构加注释，说明在程序实现时的特点。

3. 语句的结构

语句结构应简单直接，不能为了追求效率而使代码复杂化。为了便于阅读和理解，不要一行书写多个语句。不同层次的语句采用缩进形式，使程序的逻辑结构和功能特征更加清晰。要避免复杂的判定条件，避免多重的循环嵌套。表达式中使用括号以提高运算次序的清晰度等。

4. 输入和输出

在编写输入和输出程序时，考虑以下原则。

（1）输入操作步骤和输入格式尽量简单。

（2）应检查输入数据的合法性、有效性，报告必要的输入状态信息及错误信息。

（3）输入一批数据时，使用数据或文件结束标志，而不要用计数来控制。

（4）交互式输入时，提供可用的选择和边界值。

（5）当程序设计语言有严格的格式要求时，应保持输入格式的一致性。

（6）输出数据表格化、图形化。

5．效率

指处理机时间和存储空间的使用，对效率的追求要明确以下几点。

（1）效率是一个性能要求，目标在需求分析给出。

（2）追求效率应建立在不损害程序可读性或可靠性基础上，要先使程序正确，再提高程序效率，先使程序清晰，再提高程序效率。

（3）提高程序效率的根本途径在于选择良好的设计方法、良好的数据结构算法，而不是靠编程时对程序语句做调整。

4.2　顺序结构

当程序功能不复杂时，事件代码只是顺次排列在一起，完成相应的功能。执行时，按程序中代码的书写顺序依次执行，这种程序结构叫做顺序结构，这也是最常见、最基本的结构。

顺序结构的语句流程如图 4-6 所示。

【例 4-1】计算学生的折合成绩。

【要求】程序运行后，打开窗体 Form，用户在文本框中输入考试成绩（设为 100）后单击"确定"按钮，Form 上会显示：您的考试成绩是 100 分，折合后为 90（成绩×90%）。单击"结束运行"按钮，结束程序运行。

【分析】Form 界面如图 4-7 所示，其中包含 2 个 Label、1 个 Text 和 2 个 Command。主要属性设置见表 4-1。

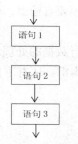

图 4-6　顺序结构流程图

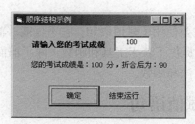

图 4-7　【例 4-1】窗体界面

表 4-1　【例 4-1】属性设置表

序　号	控　件	名　称	设计阶段属性设置
1	标签 1	Label1	Caption="请输入您的考试成绩"
2	标签 2	Label2	Caption="　"
3	文本框	Text1	Text=""
4	命令按钮 1	CmdOk	Caption="确定"
5	命令按钮 2	CmdEnd	Caption="结束运行"

单击"CmdOk"按钮，触发 CmdOk_Click 事件，在其中计算折合成绩并改变 Label2 的 Caption 属性，使其显示结果。

单击"CmdEnd"按钮，触发 CmdEnd_Click 事件，结束程序运行。

【程序】

```
Private Sub CmdOk_Click()
  Dim snum As Single                    '声明变量
  Dim onum As Single
  snum =Val(Text1.Text)                 '获取计算初始数据
  onum=snum *0.9                        '计算折合成绩
  Label2.Caption = "您的考试成绩是: " + Text1.Text + " 分，折合后为: " & onum
                                        '输出计算结果

End Sub
Private Sub CmdEnd_Click()
  End
End Sub
```

上面每一事件发生后，会依次执行该事件过程中的程序代码，代码无任何跳转，这就是一个顺序结构程序。

从上面的程序代码中可以看出，一个基本程序一般顺次包括这样几个部分。

（1）变量声明。对程序中用到的变量进行声明有两个作用：一是指定变量的数据类型，二是指定变量的适用范围。虽然 VB 中允许变量不声明就直接使用，但发生错误难于纠错，应养成声明后使用变量的好习惯。

（2）初始数据输入。变量定义时，VB 已经为变量赋了初值，例如，整型变量的初值为 0，字符型变量的初值是空字符串，布尔型变量的初值是假。一般还需要根据实际情况输入计算或处理的初始数据，如原始成绩 100。

（3）计算与处理。对初始数据进行需要的计算或处理，得到所需结果。这部分根据程序功能或简单或复杂。如上例中，计算折合成绩"原始成绩×90"。

（4）输出结果。将得到的结果输出到输出设备上。一个程序必须要有输出，否则用户无法看到结果。

【例 4-1】主要使用了赋值语句，它不仅能够输入数据还可以进行数据的处理。关于数据的输入和输出，VB 提供了若干工具和函数，除了前面介绍的标签、文本框，还有下面将要介绍的一些基本语句、方法和函数。

4.2.1 赋值语句

赋值语句是程序设计语言中最基本的语句，几乎每一个程序中都会出现。在 VB 中，赋值语句的基本功能是将指定的值赋给某个变量或为某个对象设置属性。一般用在下列场合。

（1）为某个变量赋初值。

（2）进行数值的计算。

（3）以代码的形式为对象设置属性。

【格式】[Let]变量名=表达式

【功能】把表达式的值赋给赋值运算符左边的变量。当右边是一个表达式时，先计算表达式的值然后将得到的值赋给左边的变量。

【说明】

（1）"Let"为关键字，表示赋值，通常省略不写。

（2）"表达式"可以是常量、变量、对象的属性名或对象的属性值。

（3）"变量名"可为普通变量名或某个对象的属性名。

可以这样使用赋值语句：

```
Vair1=78                    '将 78 赋给变量 Vair1
Vair2=Vair1                 '将变量 Vair1 的值赋给变量 Vair2
Vair3=Vair1+100             '将变量 Vair1 的值加上 100，结果赋给变量 Vair3
Text1.Text="王小明"          '将字符串 "王小明" 赋给对象 Text1 的 Text 属性，
Text2.text=Text1.Text       '使对象 Text2 的显示内容与 Text1 内容一致
Text3.text=""               '清除文本框 Text3 的内容
Vair4= Text1.Text+"你好! "   '将 Text1 的内容和 "你好!" 连接后赋给变量 Vair4
```

【注意】

（1）"="是赋值运算符，与数学中的"等号"意义不同。例如，假设语句 x=x+2 执行前 x=7，则执行该语句时，先将"="号右边的 x 的值 7 与常量 2 相加，然后将结果 9 赋给"="号左边的 x，执行后 x 的值为 9。显然赋值运算符两边的 x 是不"相等"的。像 x=x+2 这种语句常用在程序中完成求和（累加）、记数等功能。

（2）一个赋值语句只能给一个变量赋值。要给 a、b 两个变量均赋初值 8，不能写成：a=b=8，应该使用两条赋值语句分别给它们赋值完成，写成：

```
a=8
b=8
或 a=8:b=8
```

（3）"="左边只能是变量名，不能是常量、函数、表达式。下面的形式是错误的。

```
a+2=3
6=abs(-9)+x
```

（4）关于"="两边的数据类型。一般来说，"="两边的数据类型应一致，不一致时，会自动转换成右侧的类型，然后再赋值。但应注意如下几点。

① 左侧是数值型数据时，右侧的表达式中包含非数字字符或空格时，会出错。如，

```
x%="2500"        '相当于 x%=Val（"2500"）
x%="2500 元"     '右侧含有字符，出现"类型不匹配"错误
x%=""            '右侧含有空格，出现"类型不匹配"错误
```

② 逻辑型数据赋给数值型变量时，True 转换为-1，False 转换为 0；反之，数值型数据赋给逻辑型变量时，非 0 转换为 True，0 转换为 False。

【例 4-2】互换两个变量的值，并计算两个变量的和。

【要求】在窗体上设置 3 个标签，分别用于显示变量的初始值、互换后的值、变量和。假设，初始时 a=3，b=9，单击"运行"按钮后，显示互换后变量 a 与 b 的值、两个变量的和。程序运行后，界面分别如图 4-8（a）所示，单击"运行"按钮，执行处理程序，显示处理结果，界面如图 4-8（b）所示。

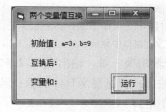
（a）单击"运行"按钮前

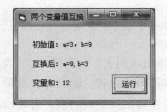
（b）单击"运行"按钮后

图 4-8　【例 4-2】窗体界面

【分析】互换操作的一般方法是：设置一个中间变量，使用 3 条赋值语句，通过中间变量中转赋值实现。例如，设中间变量为 c，则互换变量 a、b 值的程序段如下。

```
c=a:a=b:b=c
```

主要属性设置如表 4-2 所示。

表 4-2 【例 4-2】属性设置表

序　号	控　件	名　称	设计阶段属性设置
1	标签 1	Label1	Caption= "初始值：a=3，b=9"
2	标签 2	Label2	Caption= "互换后："
3	标签 3	Label3	Text= "变量和："
4	命令按钮 1	RunCmd	Caption= "运行"

【程序】

```
Private Sub RunCmd_Click()
  Dim a As Integer,b As Integer,c As Integer,s As Integer    '声明变量
  a=3:b=9                                                    '变量赋初值
  c=a:a=b:b=c                                                '互换
  s=a+b                                                      '求和
  Label2.Caption = Label2.Caption & "a=" & a & ",b=" & b     '输出互换结果
  Label3.Caption = Label3.Caption &s                         '输出两数和
End Sub
```

4.2.2　数据输出

用户与计算机之间的交互通过输入/输出操作来完成，而在一个程序中输出是不可缺少的部分。在 VB 中，计算机处理结果的输出可通过使用标签、文本框、Print 方法以及 MsgBox 函数来实现。

1．Print 方法及相关函数

在 Print 方法中，可使用 ","或 ";"分隔各输出项，再配合使用与 Print 方法相关的函数 Tab、Spc、Space$，可以得到丰富、灵活的输出格式。

【格式】[对象名称.]Print　[Spc(n)|Tab(n)][输出项列表][；|，]

【功能】在指定对象上按照一定格式输出列表信息。

【说明】

（1）"对象名称"可以是支持该方法的窗体、图形框或打印机(Printer)。省略对象名称时，默认在窗体上输出。例如，

```
Print  "Visual Basic"              '在窗体上显示 Visual Basic
Picture1.Print  "Hello!"           '在图形框中显示 Hello!
Printer.Print  "I am a student."    '在打印机上打印 I am a student.
Debug.Print "Result is :"          '在立即窗口中显示 Result is :
```

（2）"输出项列表"可为用 ","或 ";"分隔的若干输出项。每一输出项可以是常量、变量、表达式、字符串或缺省。输出时，常量、字符串按原样输出；变量显示具体的值；若为数值表达式，则计算并输出表达式的值；省略输出项时，输出一个空行。

例如，下面窗体单击事件发生后，显示结果如图 4-9 所示。

```
Private Sub Form_click()
  x=3:y=6:z=8
```

```
    Print  "xyz 的值分别是: ";x,y,z
    Print
    Print  "sum=";x+y+z
End Sub
```

（3）多项输出内容间以"，"或"；"分隔。当输出项前为"；"时，该输出项与前一输出项同行紧凑显示；当输出项前为"，"时，该输出项与前一输出项同行分区显示，14 个字符位置为一打印区。

Print 方法的行未如果没有分号或逗号，下一个 Print 方法中的输出项换行输出。为使下一个 Print 方法中输出项不换行，可在行未加分号或逗号。

如果一个 Print 方法的功能为空行，但前一个 Print 方法的行未有分号或逗号，则其功能实际上为换行。例如，下面事件发生后，显示结果如图 4-10 所示。

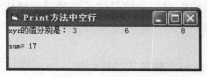

图 4-9　Print 方法使用示例 1　　　　　　　图 4-10　Print 方法使用示例 2

```
Private Sub Form_click()
    x=3:y=6
    Print  "x=";x,                        '下一个 Print 方法中输出项不换行显示
    Print  "y=";y,
    Print                                 '换行
    Print                                 '空行
    Print  "xy 之和为: ";x+y+z
End Sub
```

（4）使用 Tab(n)函数时，将当前光标移至本行的第 n 个字符位置，即从第 n 个字符位置处开始打印。参数 n 为数值表达式，其值为一整数。如果 $n<1$，打印位置移至第一列；如果 n 小于当前行上的打印位置，则打印位置移动到下一个输出行的第 n 列上；如果 n 大于行宽，打印位置为 n mod 行宽。

将 Tab 函数用在 Print 方法中的各输出项前，Tab 函数与表达式之间应以"；"号隔开。此时，Tab 函数的作用是使其后的输出项从本行的第 n 列开始显示。允许重复使用 Tab 函数。例如，

```
    Print Tab(15);550;Tab(25);"+";Tab(35);50;Tab(45);=;Tab(55);550+50
```

输出结果为：

　　　　　　　　　　55　　　　　+　　　　50　　　　=　　　　600

结果行的列坐标：　　15　　　25　　　35　　　45　　　55

（5）选 Spc (n)函数时，将光标自当前位置向后移动 n 个字符位置，即与前一项内容间隔 n 个字符打印。参数 n 为数值表达式，其取值范围为 0~32767 间的整数。如果 n 小于输出行的宽度，则下一个打印位置将紧接在 n 个空白之后；如果 n 大于输出行的宽度，则下一个打印位置是：当前打印位置＋n Mod 行宽。

Spc 函数与 Tab 函数用法相同。对于下面语句，输出时字母 d 与 M 间隔 10 个字符。

```
    Print  Tab(2);"Good";Spc(10);"Morning!"
```

输出结果为：

```
Good          Morning!
```

（6）在 Print 方法中使用 Space$(n)空格函数。Space$(n)函数返回 n 个空格，即产生长度为 n

的空字串。Space$函数可以单独作为一个字符串使用，而 Spc 函数须与 Print 配合使用。例如，

```
Print Tab(2);"Good" +Space$(10)+ "Morning!"
```

输出结果为：

```
Good          Morning!
```

【注意】

（1）Print 方法只能计算不能赋值。例如，

```
Print sum=5+6
```

上面语句的输出结果为 False，而不是 11。将语句改写为：

```
Print "sum=";5+6
```

输出结果为：sum=11

但此时变量 sum 并未获取 11。

（2）当以 ";" 间隔的输出项为数值数据时，数值前有一个符号位（正号以空格代替），数值后会留有一个空格，而字符串的前后均无空格。

（3）Spc 函数与 Tab 函数须与 Print 配合使用。

Spc 函数与 Tab 函数的功能是有差异的。Tab 函数每次都是从该行的第一个字符开始算起，而 Spc 函数是从当前光标位置向后。对于下面语句，输出时字母 d 与 M 间隔 4 个字符。

```
Print Tab(2);"Good";Tab(10);"Morning!"
```

输出结果为：

```
Good    Morning!
```

【例 4-3】在窗体上输出由任意字符组成的正三角形图案。

【要求】程序运行后，界面如图 4-11（a）所示，在 "字符" 文本框中输入组成图案的任意字符，之后单击 "显示图案" 按钮，开始显示图案，按 "停止显示" 按钮，得到图 4-11（b）所示结果。

（a）三角形图案显示前

（b）三角形图案

图 4-11 【例 4-3】窗体界面

【分析】窗体中有一个标签、一个文本框、两个命令按钮和一个时钟，各控件的 Caption 内容均置为宋体、五号、加粗显示，其他主要属性设置见表 4-3。

初始时，使时钟 Timer1 无效，等待输入 "字符"；单击 "显示图案" 按钮后，使时钟 Timer1 有效，开始计时，每隔 300ms，触发一次 Timer 事件，显示一行字符，直至单击 "停止显示" 按钮。利用每隔 300ms 发生的 Timer 事件循环输出各行。

Tab(30 - N)函数控制每行显示字符的起始位置向左移一个字符位置。随着行数 N 的增加，30-N 越来越小。

String$(2 * N - 1, S$)控制每行显示字符（S$）的个数为奇数 2 * N − 1 个。

表 4-3　【例 4-3】属性设置表

序　号	控　件	名　　称	设计阶段属性设置
1	窗体	Form1	Caption="任意字符构成正三角形"
2	标签	Label1	Caption="请输入构成三角形图案的字符"
3	文本框	TxtChr	Text=""
4	命令按钮 1	CmdShow	Caption="显示图案"
5	命令按钮 2	CmdEnd	Caption="停止显示"
6	时钟	Timer1	Interval=300，Enabled=False

【程序】

Rem 显示任意字符构成的正三角形图案

```
Dim N As Integer, H As Integer, S$
Private Sub CmdShow_Click()
    Me.Cls                              '清窗体
    N = 0                               '变量 N 记录三角形行数，初值为 0
    S$ = TxtChr.Text                    '变量 S 获得构成三角形图案的字符
    Timer1.Enabled = True               '使时钟 Timer1 有效
    Print: Print: Print                 '空 3 行
End Sub
Private Sub Timer1_Timer()
    N = N + 1                           '行数增 1
    Print N; Tab(30 - N); String$(2 * N - 1, S$)    '显示一行字符
End Sub
Private Sub CmdEnd_Click()
    Timer1.Enabled = False              '使时钟 Timer1 无效，停止显示字符
End Sub
```

2. MsgBox 函数和 MsgBox 过程

VB 提供了人机交互函数 InputBox 和 MsgBox，使用它们可实现用户与计算机之间信息的交互。这两个函数都会产生一个对话框，在对话框中完成人–机之间信息的交互。InputBox 函数完成数据的输入，MsgBox 函数完成提示信息的显示。

在 Windows 应用程序中，当用户操作错误时，应用程序往往会弹出一个消息框来提示用户，并且提供相应的按钮供用户选择，如图 4-12 所示。这样的消息框就是由 MsgBox 函数或 MsgBox 过程来实现的。MsgBox 函数或 MsgBox 过程都可以产生一个消息输出框，但 MsgBox 过程不像 MsgBox 函数那样会产生返回值。

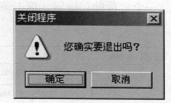

图 4-12　关闭程序对话框

【格式】MsgBox 函数的语法是：

```
MsgBox (msg[, type][, title][,helpfile,context])
```

【功能】打开一个信息框，显示用户指定的信息，等待用户选择相应的命令按钮。

【返回值】MsgBox 函数的返回值是一个整数。该整数与所选择的命令按钮有关，7 种按钮对应的返回值分别是 1~7，含义见表 4-4。

表 4-4　MsgBox 函数返回值与所选命令按钮对照表

返 回 值	符号常量	选择按钮	返 回 值	符号常量	选择按钮
1	vbOK	确定	5	vbIgnore	忽略

返 回 值	符号常量	选择按钮	返 回 值	符号常量	选择按钮
2	vbCancel	取消	6	vbYes	是
3	vbAbort	终止	7	vbNo	否
4	vbRetry	重试			

【说明】MsgBox 函数有 5 个参数，其含义如下。

（1）msg 参数：指定在对话框中显示的消息内容，为一个长度不超过 1024 个字符的字符串型量，内容长时可自动换行，也可使用回车(Chr(13))和换行(Chr(10))控制符控制换行。

（2）type 参数：指定在对话框中显示的按钮和图标的种类及数量。该参数是一个整数值或符号常量，其值由 4 类数据相加产生，这 4 类数据分别表示按钮的种类与数量、显示图标的样式、活动按钮的位置及消息框的样式。

较常用的 type 参数的含义见表 4-5，有 6 种按钮组合、4 种图标样式、3 种默认按钮指定值和 2 种模式。通常只使用前 3 类数据。每种数值都有相应的系统符号常量，其作用和数值相同，使用符号常量可以提高程序的可读性。

例如，① 显示"确定"按钮、"关键信息"图标，默认按钮为"确定"。

type 参数的数值为：0+16+0=16。

符号常量形式为：`vbOKOnly+ vbCritical+ vbDefaultButton1`

② 显示"是""否""取消" 3 个按钮，显示"？"图标，默认按钮为"是"。

type 参数的数值为：3+32+0=35。

符号常量形式为：`vbYesNoCancel+ vbQuestion + vbDefaultButton1`

（3）title 参数：指定消息框的标题，为可选项。省略 title 时，对话框的标题为当前工程的名称。

（4）helpfile，context 参数：用于显示与该对话框相关的帮助屏幕。Helpfile 是一个字符串变量或字符串表达式，用来表示帮助文件的名字；context 是一个数值变量或表达式，用来表示相关帮助主题的帮助目录号。两个参数需同时提供或省略。当带有这两个参数时，将在对话框中出现一个"帮助"按钮，单击该按钮或按<F1>键，可以得到有关的帮助信息。

表 4-5　Type 参数设置值及含义表

类　别	数　值	符号常量	含　义	图　标
一	0	vbOKOnly	只显示"确定"按钮	
	1	vbOKCancel	显示"确定"及"取消"按钮	
	2	vbAbortRetryIgnore	显示"终止""重试"及"忽略"按钮	
	3	vbYesNoCancel	显示"是""否"及"取消"按钮	
	4	vbYesNo	显示"是"及"否"按钮	
	5	vbRetryCancel	显示"重试"及"取消"按钮	
二	16	vbCritical	显示"关键信息"图标，红色的 Stop 标志	⊗
	32	vbQuestion	显示"询问信息"图标，增亮的 ？	？
	48	vbExclamation	显示"警告信息"图标，加亮的!	⚠
	64	vbInformation	显示"通知信息"图标 i	ⓘ

类 别	数 值	符号常量	含 义	图 标
三	0	vbDefaultButton1	第一个按钮为默认值	
	256	vbDefaultButton2	第二个按钮为默认值	
	512	vbDefaultButton3	第三个按钮为默认值	
四	0	vbApplicationModal	应用模式	
	4096	vbSystemModal	系统模式	

【例 4-4】实现图 4-12 中的消息框。

【程序】

```
Private Sub Form_Load()
  Dim Action As Integer
  Action = MsgBox("您确实要退出吗? ", vbOKCancel + vbExclamation + vbDefaultButton1, "
关闭程序")
    If Action = 1 Then              '如返回值为1, 则单击了"确定"按钮
      End
    End If
  End Sub
```

因为消息框中要显示"确定"按钮、"取消"按钮、"警告信息"图标, 默认按钮为"确定"。所以, type 参数的数值为 1+48+0=49, 符号常量形式为: vbOKCancel+ vbExclamation+ vbDefaultButton1。

上述消息框也可以用下列语句完成:

Action = MsgBox("您确实要退出吗? ", 49, "关闭程序")

作为一个函数, MsgBox 会产生返回值, MsgBox 的返回值确定了用户的选择, 程序可根据返回值做出相应的动作。本程序通过判定返回值为 1, 确定用户选择了"确定"按钮, 则执行 End, 结束程序运行。

【例 4-5】编写一个提示对话框, 如图 4-13 所示。对话框中提示信息为 "Are you continue to?", 标题为 "Operation Dialog Box", 对话框中要显示"终止""重试""忽略"3 个命令按钮和 "? "图标, 并把第一个命令按钮设为默认活动按钮。

图 4-13 【例 4-5】中的对话框

【程序】

```
Private Sub Form_Click()
  msg1$= "Are you continue to?"
  msg2$= "Operation Dialog Box"
  r=MsgBox(msg1$,34,msg2$)
  Print  "返回值为: ";r
  Print  "您按的是第" ;r-2;"个按钮"
End Sub
```

根据要求, 本对话框的 type 值由 3 大类构成, 分别取值为 2、32、0, 之和为 34。

程序运行后, 单击窗体, 触发 Form_Click()事件, 执行过程代码, 弹出对话框。单击对话框中 3 种不同按钮, 返回值 r 分别为 3、4、5。在实际应用中, 可以进一步通过判定 r 值, 执行相应的程序代码, 完成不同的操作。

MsgBox 函数也可以写成语句形式, 格式为:

```
MsgBox msg$[, type%][, title$][,helpfile,context])
```

作为语句，MsgBox 没有返回值，一般仅用于显示简单的提示信息。

MsgBox 函数和 MsgBox 语句参数的含义及作用相同，所显示的对话框有一个共同的特点，就是在出现信息框后，必须做出选择，否则不能执行其他操作。在 VB 中，把这样的窗口（对话框）称为"模态窗口"（Modal Window）。与模态窗口相反的是非模态窗口（Modalless Window），它允许对屏幕上的其他窗口进行操作，并把光标移到该窗口。

4.2.3 数据输入

用户与计算机之间的交互通过输入/输出操作来完成。在 VB 中，程序运行过程中可通过使用文本框、InputBox 函数来输入数据。

1. 使用文本框输入数据

文本框是一个文本编辑区域，类似于一个简单的文本编辑器，用户可以在该区域输入、编辑、修改和显示文本内容。文本框既可以接收数据，也可以输出信息，在程序设计中，文本框有着重要的作用。

【例 4-6】制作一个万年历，用来查看某年的元旦是星期几。

【分析】如图 4-14 所示，在文本框（txtYear）中输入年份后，单击"查询"按钮（CmdOk），则在下面的文本框（txtDay）中显示对应的星期。

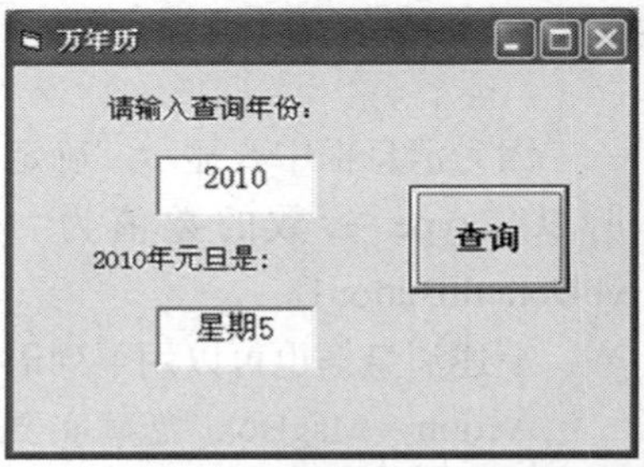

某年的元旦是星期几，可由以下式子得出。

```
f=(y-1)(1+1/4-1/100+1/400)+1
k=F-int(F/7)*7
```

其中，y 为某年公元年号，k 为计算出的星期，k=0 为星期日。

图 4-14 【例 4-6】窗体界面

【程序】

```
Private Sub CmdOk_Click()
    y = Val(TxtYear)
    f = (y - 1) * (1 + 1 / 4 - 1 / 100 + 1 / 400) + 1
    k = Int(f - Int(f / 7) * 7)
    Lblday = TxtYear & "年元旦是:"
    If k = 0 Then
        TxtDay = "星期日"
    Else
        TxtDay = "星期" & k
    End If
End Sub
```

本程序中，文本框 txtYear 负责接收数据，文本框 txtDay 作为输出数据框，设计阶段将这两个文本框内容清空。

2. InputBox 函数

InputBox 函数提供一个简单的对话框供用户输入信息，以这个对话框作为输入数据的界面，等待用户输入数据，并返回所输入的内容。由 InputBox 函数产生的对话框如图 4-15 所示，包括这样几个部分：对话框标题（Your name?）、提示信息（What's your name?）、两个按钮（确定和取消）和输入文本框（其中含默认值 Chen）。

【格式】`InputBox (prompt[, title][, default][, xpos][, ypos][, helpfile, context])`

【功能】在屏幕的指定位置上，打开一个对话框，等待用户输入内容或单击一个按钮，然后返回输入值。

图 4-15 中对话框的实现函数如下。

InputBox("What's your name?", "Your name?", "Chen",400,400)

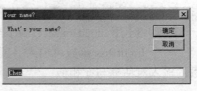

【返回值】该函数返回值的类型为字符型。当用户单击"确定"按钮或按<Enter>键时，函数返回文本框中输入的值；如果用户单击了"取消"按钮（或按<Esc>键），则返回值为空字符串。

图 4-15　InputBox 函数产生的对话框

【说明】InputBox 函数有 7 个参数，含义如下。

（1）prompt：显示在对话框中的一个提示用户输入内容的字符串，如"What's your name?"。提示信息最大的字符长度为 1024 个字符。正常情况下，prompt 内容自动换行，如果想按照自己的需要换行，则须插入回车和换行控制符 chr$(13)+chr$(10)。该项必选。

（2）title：对话框标题栏中显示的标题，如"Your name?"。该项是可选的。

（3）default：输入文本框中的默认值。如用户不再输入内容，该默认值为输入内容；如直接输入新内容可替换默认值；如省略该项内容，则文本框的输入区为空白。该项可选。

（4）xpos，ypos：确定对话框左上角在屏幕上的位置。xpos 为距屏幕左边距的距离，ypos 为距屏幕上边距的距离，均为整数，单位是 Twip。如果省略 xpos，则对话框会在水平方向居中；如果省略 ypos，则对话框显示在屏幕垂直方向距下边缘大约三分之一处。

（5）helpfile，context：同 MsgBox 函数。

InputBox 函数也可以写成 InputBox $的形式，返回一个字符串。

【注意】

（1）每执行一个 InputBox 函数只能输入一个值。

（2）如需保存 InputBox 函数的返回值，应在赋值语句中使用该函数。例如，

为字符串变量 a 赋值，使用下面的语句。

a= InputBox（"a=?"，"Input",30,400,400)

为数值型变量 b 赋值前，应使用转换函数 val 将 InputBox 函数返回的字符型量转为数值型，可使用下面语句。

b=val(InputBox（"b=?"，"Input",40,400,400))

（3）InputBox 函数中，除了"prompt"为必选项，其他都是可选项，各参数必须一一对应，不选的可选项也须以逗号占位符隔开。下面函数中省略了默认值，但必须以逗号留出相应的位置。

InputBox（"What's your name?"，"Your name?",,400,400)

【例 4-7】利用 InputBox 函数制作一个对话框，提示输入顾客姓名，默认值为"Wang"。对话框如图 4-16 所示。

【程序】

```
Private Sub Form_Click()
    cl$=Chr$(13)+Chr$(10)
    msg1$="输入顾客名字"
    msg2$="输入后按回车键"
    msg3$="或单击<确定>按钮"
    msg$=msg1$+cl$+msg2$+cl$+msg3$
    custname$=InputBox(msg$,"InputBox Function demo","Wang")
```

```
    Print custname$
End Sub
```

上述程序代码中，msg1$+c1$+msg2$+c1$+msg3$是将提示信息 msg1$、msg2$和 msg3$以 c1$（回车和换行控制符）分隔，使其分 3 行显示。

【例4-8】用 InputBox 函数制作学生情况输入对话框。学生数据包括：姓名、年龄、性别和籍贯。

一个 InputBox 函数可输入一项数据，"姓名"输入对话框如图 4-17 所示，年龄、性别、籍贯的输入对话框与此相似。

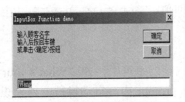

图4-16 【例4-7】的输入对话框

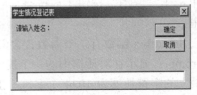

图4-17 【例4-8】的学生姓名输入对话框

【程序】
```
Private Sub Form_Click()
    msg1$=" 请输入姓名："
    msgtitle$=" 学生情况登记表"
    msg2$=" 请输入年龄："
    msg3$=" 请输入性别："
    msg4$=" 请输入籍贯"
    studname$=InputBox(msg1$,msgtitle$)
    studage=InputBox(msg2$,msgtitle$)
    studsex$=InputBox(msg3$,msgtitle$)
    studhome$=InputBox(msg4$,msgtitle$)
    Cls
    Print
    Print studname$;","; studsex$;",现年";
    Print studage;"岁";","; studhome$;"人"
End Sub
```

程序运行后，单击窗体，依次出现 4 个标题为"学生情况登记表"的对话框，提示输入姓名、年龄、性别、籍贯。输入后，在窗体上显示该学生的基本信息，如图 4-18 所示。

图4-18 【例4-8】运行结果

程序中使用了 Cls 方法，其作用是清除控件上的所有内容，本例为清除窗体上的所有内容。

4.2.4 其他语句

1. 注释语句

为了提高程序的可读性，便于日后修改、维护，可在程序的适当位置加上注释，VB 中的注释可以用"Rem"或单撇号"'"开头。

【格式1】Rem 注释内容

【格式 2】' 注释内容

例如，

Rem　这是一个 VB 程序

'该语句功能为求和

【说明】

（1）注释语句仅对程序的相关内容做解释说明，是非执行语句，所以程序执行时不会被解释和编译。

（2）注释内容可以由任何字符构成，包括中文。

（3）当注释内容出现在语句后时，只能以单撇号开头。下面语句是错误的。

Num=50　　　　　Rem　为变量 num 赋值

应改为：

Num=50　　　　　　　　'为变量 num 赋值

2．End 语句

【格式】End

【功能】结束程序的执行。该语句将终止当前程序，重置所有变量，并关闭已打开的所有数据文件、窗体。

为保证程序的完整性，可将该语句置于某事件过程中，通过触发该事件的发生结束程序的执行。单击命令按钮 CmdEnd 结束程序执行的代码如下。

```
Private Sub CmdEnd_click()
  End
End Sub
```

另外，在不同的应用场合下，End 语句还有以下搭配。如，

```
End Sub                  '结束一个 Sub 过程
End Function             '结束一个 Function 过程
End If                   '结束一个 If 语句块
End Select               '结束情况语句
End Type                 '结束记录类型的定义
```

3．暂停语句

【格式】Stop

【功能】暂时停止程序的执行。该语句执行后，不退出 VB，不清除变量，保持文件的打开。

Stop 语句可以放在程序的任何地方，一般用于在程序调试过程中设置断点。若要继续运行程序，可用鼠标单击"运行"按钮。当程序调试结束后，应将代码中所有 Stop 语句删掉。

4.3　选择结构

在程序中，往往需要对给定的条件进行分析、比较和判断，并根据判断结果采取不同的操作。这样的程序结构就构成了选择结构。在 Visual Basic 中，选择结构的实现可以通过条件语句 If、多分支结构语句 Select Case 以及条件函数 IIf、Choose 来完成。

4.3.1　If 条件语句

条件语句也称 If 语句，有两种格式，即单行结构和块结构，两者的主要区别在于：条件判断

和分支是否在一个语句行中实现。在一个语句行中实现的是单行结构，分多行实现的是块结构。

1. 单行结构的条件语句

【格式】If 条件表达式 Then 语句序列1 [Else 语句序列2]

【功能】先计算"条件表达式"的值，如果"条件表达式"的值为 True，则执行"语句序列1"，否则，执行"语句序列2"。最后交汇到一起，执行 if 的下一语句。

单行结构条件语句的流程图如图 4-19 所示。

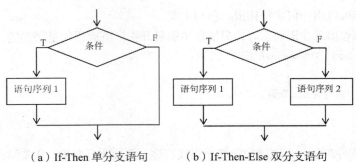

（a）If-Then 单分支语句　　　（b）If-Then-Else 双分支语句

图 4-19　单行结构条件语句流程图

【说明】

（1）条件表达式：可以是值为逻辑类型的常量、变量、关系表达式或逻辑表达式。条件成立，值为 True；条件不成立，值为 False。例如，

```
If  x+w>(5+t)/3  Then y=x Else y=x*x
If  x>0 And x<=10  Then y=x Else y=x*x
If  True  Then y=x Else y=x*x                    '条件永远为 True
```

"条件表达式"也可以是数值表达式，因为 Visual Basic 中，将任何"非 0"值都认为是 True，"0"认为是 False。例如，

```
If  5  Then y=x Else y=x*x                       '数值5非0，条件为 True
If  k+1  Then y=x Else y=x*x
```

这里的变量 k 是数值型或逻辑型变量。当 k 为数值型量时，k+1 的结果是"0"还是"非 0"，决定条件的真假；当 k 为逻辑型量时，k 为 True，以-1 表示，k 为 False，以 0 表示，代入 k+1，得到的数值是"0"还是"非 0"，决定了条件的真假。

（2）语句序列：可以是一条或多条语句（多个时以冒号隔开），包括 If 或 GOTO 语句。当为 If 语句时，构成 If 嵌套，嵌套层数没有规定，但一个语句行的字符数不能超过 1024 个。

（3）[Else 语句序列2]：如果内容用一对"[ ]"括起来，表示该部分可省略。当省略该部分时，If 语句由双分支简化为单分支，格式如下。

```
If  条件  Then  语句序列1
```

语句功能为如果"条件"为 True，则执行"语句序列1"，否则（"条件"为 False）执行 if 的下一行语句。

例如，If n > 25 Then txtABC.Text = "ABC"

（4）If-Then-Else 几个部分应在同一个语句行中，否则就不是单行结构了。

（5）调试分支结构程序时，应选取多组测试数据运行程序，保证各分支都测试到，且结果正确。

【例 4-9】求一个数 x 的绝对值。

【分析】窗体中置有 3 个标签、1 个文本框、2 个命令按钮，各控件的 Caption 内容均置为宋

体、小四号、加粗显示，其他主要属性设置见表 4-6。

程序运行后，窗体初始界面如图 4-20（a）所示，在文本框 Text1 中输入 *x* 的值后，单击"确定"按钮，得到结果窗体界面，如图 4-20（b）所示。

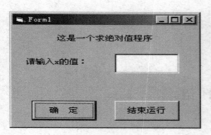 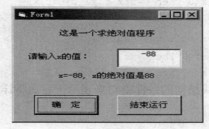

（a）求绝对值初始界面　　　　　　　　　（b）运行结果

图 4-20　【例 4-9】窗体界面

表 4-6　【例 4-2】属性设置表

序　号	控　件	名　称	设计阶段属性设置
1	标签 1	Label1	Caption= "这是一个求绝对值程序"
2	标签 2	Label2	Caption= "请输入 x 的值："
3	标签 3	Label3	Caption= ""
4	文本框	Text1	Text= ""
5	命令按钮 1	CmdOk	Caption= "确定"
6	命令按钮 2	CmdEnd	Caption= "结束运行"

【程序】
```
Private Sub CmdEnd_Click()
    End
End Sub
Private Sub CmdOk_Click()
    Dim x As Single
    x = Val(Text1.Text)
    Label3.Caption = " x=" & x
    If x < 0 Then x = -x                        '求绝对值
    Label3.Caption = Label3.Caption + ", x 的绝对值是" & x
End Sub
```

求变量 *x* 的绝对值，只要将 *x*<0 时的负值变正即可，所以，在程序中使用单分支的 If-Then 语句来完成。

【例 4-10】编程求下列分段函数的值。

$$y = \begin{cases} \sqrt{x} & (x \geqslant 0) \\ x^2 & (x < 0) \end{cases}$$

【程序】
```
Private Sub Form_Click()
    Dim x As Single,y As Single
    x=val(InputBox("请输入 x 的值"))
    If x>=0 Then y=sqr(x)  Else y=x*x
    Print  "x=" ;x, "y=" ;y
End Sub
```

该分段函数中，*y* 的取值有两种情况。在程序中，使用双分支的 If-Then-else 语句来完成函数值的计算。

利用 If 语句来编写同一功能的程序，可以有不同的语句形式，例如，上例中语句 If x>=0 Then y=sqr(x)　　Else y=x*x 还可表示为如下形式。

① `If x<0 Then y=x*x Else y=sqr(x)`

② `y=x*x`

`If x>=0 Then y=sqr(x)`

③ `If x>=0 Then y=sqr(x)`

`If x<0 Then y=x*x`

④ 以块结构的条件语句来表示（后面将详细介绍）

```
If x>=0 Then
   y=sqr(x)
Else
   y=x*x
End If
```

但应该注意的是，各分支要自成一体、流程通畅，不能与其他分支混淆。

2. 块结构的条件语句

【格式】`If 条件表达式 1 Then`

    `语句序列 1`

    `[Else If 条件表达式 2 Then`

    `语句序列 2]`

    `……`

    `[Else`

    `语句序列 n+1]`

    `End If`

【功能】先计算条件表达式的值，根据计算结果确定执行哪个语句序列。如果"条件表达式 1"为 True，则执行"语句序列 1"，否则继续测试"条件表达式 2"，如果"条件表达式 2"为 True，则执行"语句序列 2"，……如此测试下去，如果所有条件都不成立，执行 Else 语句后面的"语句序列 n+1"，之后退出块结构条件语句，执行 End If 后面的语句。

块结构条件语句的流程图，如图 4-21 所示。

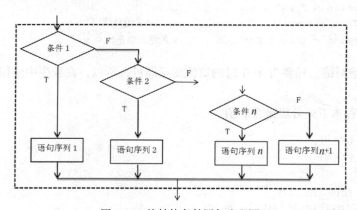

图 4-21　块结构条件语句流程图

【说明】

（1）"语句序列"可以是一个或多个语句。

（2）"语句序列"中的语句不能与 Then 同行，否则为单行结构条件语句。

（3）在块结构的条件语句中，End If 不能省略。

（4）Else 和 ElseIf 子句都是可选项。

① 有多个 ElseIf 选项时，语句结构变成多分支形式。

② 无 Else 和 ElseIf 可选项时，语句结构变成如下单分支形式。

```
If  条件1  Then
   语句序列
End If
```

③ 只选 Else 子句时，语句结构变成如下双分支形式。

```
If  条件1  Then
   语句序列1
Else
   语句序列2
End If
```

块结构与单行结构条件语句相比，结构更好，程序更易于阅读、维护和测试，应用更加灵活、允许条件分支跨越数行，可以测试更复杂的条件。

【例 4-11】求一元二次方程 $ax^2+bx+c=0$ 的根，其中 a 不等于 0。

【分析】程序运行后，出现空白窗体；单击窗体后，依次出现一元二次方程系数 a、b、c 的输入提示框；输入 a、b、c 后，判断根公式是小于 0、大于 0 还是等于 0，计算相应的解，并显示结果。程序中，使用块结构的 If 语句构成三分支结构，来完成各种根的求解。

【程序】
```
Private Sub Form_Click()
  Dim a As Integer,b As Integer,c As Integer
  a=val(InputBox（"请输入 a 的值（a≠0）"）)
  b=val(InputBox（"请输入 b 的值"）)
  c=val(InputBox（"请输入 c 的值"）)
  Print "a="; a,"b=";b, "c=";c
  d=b*b-4*a*c
  p=-b/(2*a)
  If d<0 Then                          '判别式小于 0 时，求两个虚根
    q=Sqr(-d)/(2*a)
    Print "该方程有两个不同的虚根: "
    Print "x1="; p; "+"; q; "i"
    Print "x2="; p; "-"; q; "i"
  ElseIf d>0 Then                      '判别式大于 0 时，求两个实根
    r=Sqr(d)/(2*a)
    x1=p+r
    x2=p-r
    Print "该方程有两个不同的实根: "
    Print "x1=";x1, "x2=";x2
  Else                                 '判别式等于 0 时，求两个相等的根
    x1=p:x2=p
    Print "该方程有两个相同的实根: "
    Print "x1=x2=";x1
  End If
End Sub
```

3. 条件语句的嵌套

无论是单行结构还是块结构的 If 语句均可嵌套使用。所谓"If 语句的嵌套"就是在 If 或 Else 的语句序列中又包含 If 语句的形式。利用 If 嵌套可以实现多分支选择结构。

在嵌套使用 If 语句时，应注意嵌套的 If 语句要完全包含在某个语句序列中，不能"交叉"或"跨越"。当嵌套层数较多时，应注意嵌套的正确性，一般原则是：每一个 Else 应与其前未曾配对使用的 If-Then 配对使用，且应由里向外逐层配对。块结构 If 语句的嵌套层次，也可以通过每个 End If 与其上面最近的 If 配对的方法判定。

下列形式的 If 嵌套，是在外层单分支的块结构中嵌套一个双分支的块结构，Else 与其前未曾配对使用的"If 条件 2 Then"配对使用。

```
If  条件1  Then
    If  条件2  Then
      ……
    Else
      ……
    End If
    ……
End If
```

以缩进格式书写具有嵌套形式的分支结构，便于检查和区分配对。

再如，求变量 x 的符号，即

$$y = \begin{cases} 1 & x > 0 \\ 0 & x = 0 \\ -1 & x < 0 \end{cases}$$

可写成：

```
If x>0 Then y=1 Else If x=0 Then y=0 Else y=-1
```

上句中的"If x=0 Then y=0 Else y=-1"是一条单行结构的双分支 If 语句，作为 If 语句的"Else 部分"嵌套在 If 语句中。

【例 4-12】设计一个程序，由键盘输入学生的分数，计算并输出及格（大于等于 60 分）、不及格人数及平均分数。

【分析】程序界面如图 4-22 所示，包括 1 个 Form、3 个 Label、3 个 Text 和 2 个 Command。运行时，单击"输入、计算、显示结果"按钮，打开一个"输入数据"对话框，输入学生成绩，结束输入（输入任意负数）时，会自动在 Text 中显示及格、不及格人数和平均分。

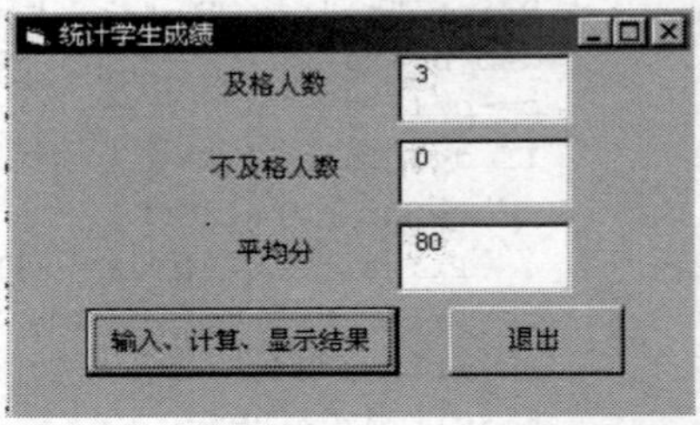

图 4-22 【例 4-12】的窗体界面

【程序】

在通用段声明如下窗体级变量。

```
Dim n As Single
Dim n1 As Single
Dim n2 As Single
Dim score As Single
Dim total As single
```

编写如下事件过程。

```
Private Sub Command1_Click()
  n = 0: n1 = 0: n2 = 0: total = 0
  Text1 = ""
  Text2 = ""
  Text3 = ""msg$="请输入分数（输入负数结束）"
  msgtitle$=" 输入数据"
```

```
start:                                      '一个标号，与 Go To start 构成循环
score=Val(InputBox(msg$,msgtitle$))         '输入成绩
If score<0  Or score>100 Then               '判断是否有效成绩
   GoTo Finish                              '是无效成绩，则转到 Finish
Else                                        '否则，对成绩进行处理
   total=total+score                        '求总分
n=n+1                                       '统计学生的个数
If score<60 Then                            
   n1=n1+1                                  '统计不及格人数
Else                                        
   n2=n2+1                                  '统计及格人数
End If                                      
End If                                      
Go To start                                 '转向 Start 指向的语句继续输入下一成绩
Finish:                                     '一个标号，结束处理
Text1.Text=Str$(n2)                         '开始输出结果
Text2.Text=Str$(n1)                         
Text3.Text=Str$(total/n)                    
End Sub                                      
Private Sub Command2_Click()                
 End                                         
End Sub                                      
```

本例中，Go To start 是一个无条件分支语句，将在后面进行介绍。Start 和 Go To Start 构成循环，它们之间的语句被反复执行，不断地输入学生成绩，当输入的成绩是一个负数（<0）或大于 100（无效的成绩）时，跳出循环，至 Finish 处，输出结果。

在成绩判断有效的分支中又嵌套出现了双分支的 If 块语句，对成绩是否及格进行处理。

4.3.2　Select Case 语句

Select Case 语句也称情况语句，适用于一个条件的判断结果有多个定值的情况，此时用它来书写多分支程序，结构更清晰一些。

【格式】

```
Select Case  测试表达式
      Case  表达式列表 1
        语句序列 1
      [Case  表达式列表 2
        [语句序列 2]]
      ……
      [Case Else
        [语句序列 n+1]]
End Select
```

【功能】先计算"测试表达式"的值，根据"测试表达式"的值，依次与 Case 语句中的"表达式列表"相比较，如果匹配，则执行该 Case 子句后的语句序列，如果都不匹配，则执行 Case Else 子句后的语句序列。然后继续执行 End Select 后的语句。

Select Case 语句的流程如图 4-23 所示。

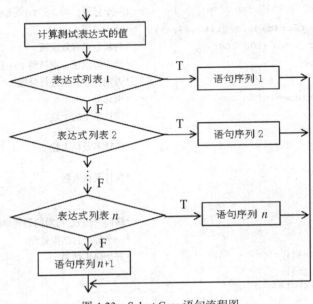

图 4-23   Select Case 语句流程图

【说明】

（1）"测试表达式"可以是数值型表达式或字符串表达式。

（2）Case 后的"表达式列表"必须与测试表达式的数据类型相同。

（3）Case 后的"表达式列表"可以是以下几种形式。

① 表达式

如，Case "Y"   '测试值是否为"Y"

② 表达式[，表达式]……

如，Case 2,4,6,8   '测试值是否与 2,4,6,8 中之一相符

③ 表达式 1   To   表达式 2

其中，表达式 2 的值应大于表达式 1 的值。

如，Case 1 to 5   '测试值是否在 1~5 范围内，包括 1 和 5

④ Is 关系运算表达式

其中可使用 "<"、"<="、">"、">="、"<>"、"=" 等关系运算符。测试值与测试表达式的类型须一致。

如，Case Is=12   '测试值是否等于 12

    Case Is<a+b   '测试值是否小于 a+b

注意，其中不能使用逻辑运算符。

如，Case Is>10 And Is<20 是不合法的。

⑤ 以逗号分隔多个表达式，即②③④中形式的混用。

如，Case 2,4,6,Is>10   '测试值为 2, 4, 6, 8 或大于 10

（4）对各 Case 子句的顺序没有要求，但 Case Else 子句必须放在所有的 Case 子句之后。

【例 4-13】输入某学生的成绩，输出该学生的成绩和等级。等级划分：90~100 分为 A 等，80~89 分为 B 等，60~79 分为 C 等，0~59 分为 D 等。

【分析】程序界面中，包括 1 个 Form、2 个 Label、1 个 Text 和 2 个 Command。Label2 的

BorderStyle 属性置为 1（有边框）。程序运行后，界面如图 4-24（a）所示，在 Text 中输入学生成绩后，单击"等级判断"按钮，则在下面的 Label 中显示该成绩对应的等级,如图 4-24（b）所示。单击"清空重填"按钮，清空 Text，等待进行下一个成绩的输入判断。

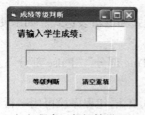
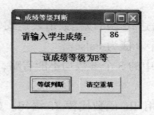

（a）程序运行初始界面　　　　　（b）单击"等级判断"按钮后界面

图 4-24　【例 4-13】窗体界面

【程序】

```
Private Sub CmdDef_Click()
    Dim Score As Integer
    Score = Val(Text1.Text)                    '获得输入的成绩，并转为数值型
    Select Case Score                          '开始判断成绩等级
        Case 0 To 59
            Label2.Caption = "该成绩等级为 D 等"
        Case 60 To 79
            Label2.Caption = "该成绩等级为 C 等"
        Case 80 To 89
            Label2.Caption = "该成绩等级为 B 等"
        Case 90 To 100
            Label2.Caption = "该成绩等级为 A 等"
        Case Else                              '小于 0 及大于 100 的为无效成绩
            Text1.Text = ""
            Label2.Caption = "该成绩无效"
    End Select
End Sub
Private Sub CmdCls_Click()
    Text1.Text = ""                            '清空文本框
    Label2.Caption = ""                        '清空显示成绩等级标签
    Text1.SetFocus                             '将焦点置于文本框中，等待输入成绩
End Sub
```

Select Case 语句与块结构的 If-Then-Else 语句都可以实现多分支，两者的主要区别在于：前者只对单个表达式求值，根据求值结果执行不同的语句序列，而后者可对不同的表达式求值，结构清晰、效率高。Select Case 语句需要确切的值。

4.3.3　条件函数

在 VB 中，还提供了条件函数 IIf 和 Choose，简单的条件判断用函数来完成更简洁。

1．IIf 函数

IIf 函数是 VB 提供的一个条件函数，用来执行简单的条件判断操作，相当于 If-Then-Else 结构的一个缩写。

【格式】IIF（条件表达式，True 部分，False 部分）

【功能】如果"条件表达式"的值为 True，则返回"then 部分"的值，否则返回"else 部分"

的值。

如，当 D=15 时，下面语句的输出结果为：D 大于 12。

```
Print IIf(D>12,"D大于 12","D小于12")
```

【说明】

（1）"条件表达式"可以是数值表达式、关系表达式和逻辑表达式。如果使用数值作为条件，则非 0 值为 True，0 值为 False。

（2）IIf 函数中的 3 个参数均不能省略，且要求"True 部分""False 部分"及结果变量的类型一致。

（3）可以使用 IIf 函数代替 If 语句。如，下面的 If 语句程序段可用一行 IIf 函数来代替，r=IIf(a>5,1,2)。

```
If a>5 Then
    r=1
Else
    r=2
End If
```

（4）IIf 函数可以嵌套使用。如，分数大于等于 90 为"优秀"，小于 60 为"不及格"，其余为"合格"，可写成如下形式。

```
grade=IIf(score>=90," 优秀",IIf(score>=60,"合格","不及格"))
```

求 3 个数 x、y、z 中的最大数，可写为：

```
max=IIf(IIf(x>y,x,y)>z,IIf(x>y,x,y),z)
```

2. Choose 函数

Choose 函数可以从一个参数列表中选择一个项目，相当于 Select Case 语句的缩写版。

【格式】Choose（数字类型变量，值为 1 的返回值，值为 2 的返回值……）

【功能】"数字类型变量"是必选项。根据"数字类型变量"的值，返回其后参数列表中相应的值。如，

```
Choose (2,3,4,5,6)              '变量的值为2，则返回"3,4,5,6"列表中第 2 个值 4
Choose (3,3,4,5,6)             '返回 5
Choose(nop,"+","-","×","÷")        '当 nop=3 时，返回字符串"×"
```

【说明】

（1）"数字类型变量"的值应为整数，如非整数，系统自动取整。

（2）当"数字类型变量"的值小于 1 或大于列出的选择项数目时，返回 Null。如 Choose(5,4,3,2,1)函数返回 Null。

4.4　循环结构

所谓循环结构是在指定条件下多次反复执行一组语句的结构，利用循环语句可以实现循环结构程序的编写。Visual Basic 提供了 3 种不同风格的循环结构语句，包括计数循环（For-Next）、当循环（While-Wend）和 Do 循环（Do-Loop）。其中，For 循环可用于控制循环次数已知的循环，当循环和 Do 循环可用于控制循环次数未知且在一定条件内重复执行的循环。

4.4.1　For 循环语句

1. 引例

【例 4-14】打印出 1~30 之间能被 4 整除的整数。

【分析】要实现该功能，就要判断 1~30 之间的每一个数是否能被 4 整除，而每一个数的判断方法是一样的，所以我们使用循环结构来实现。每次循环都要执行 If 语句，对一个数进行判断以找出符合条件的数，30 次循环后得到结果。输出结果如图 4-25 所示。

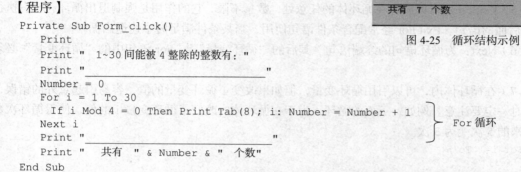

图 4-25　循环结构示例

【程序】
```
Private Sub Form_click()
    Print
    Print "  1~30 间能被 4 整除的整数有: "
    Print "_____       "
    Number = 0
    For i = 1 To 30
      If i Mod 4 = 0 Then Print Tab(8); i: Number = Number + 1
    Next i
    Print "_____     "
    Print "  共有 " & Number & " 个数"
End Sub
```
}　For 循环

从上例可以看出，判断一个数是否能被 4 整除并不难，也不复杂，但如果 30 个数的判断采用顺序结构来处理，就十分烦琐，会有大量重复代码出现，而且当问题规模进一步变大时，重复量随之增加。这种需要反复多次处理的问题，可以采用循环语句构成的循环结构程序来实现。

2. For 循环语句

For（For – Next）循环也叫计数循环，用于控制循环次数已知的循环。

【格式】

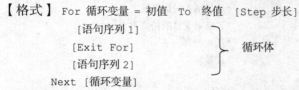

```
For 循环变量 = 初值  To  终值 [Step 步长]
        [语句序列 1]
        [Exit For]             循环体
        [语句序列 2]
    Next [循环变量]
```

【功能】循环变量从初值开始取值，以后每次增加一个步长值，只要其取值不超过终值就执行一次循环体。

For 循环的具体执行过程为：首先把"初值"赋给"循环变量"，接着检查"循环变量"的值是否超过"终值"，如果超过就停止执行"循环体"，跳出循环，执行 Next 后面的语句；否则执行一次"循环体"，然后把"循环变量+步长"的值赋给"循环变量"，重复上述过程。

For 语句的执行流程如图 4-26 所示。

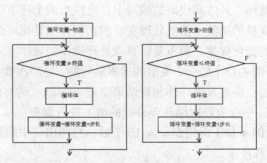

（a）步长为正数的 For 语句流程　（b）步长为负数的 For 语句流程

图 4-26　For 语句流程图

【说明】

（1）循环变量：应是一个数值变量，不能是下标变量或记录元素。

（2）初值、终值和步长：均为数值表达式，具体可以是常数、变量或表达式。其值不一定是整数，也可以是实数。

（3）步长：是循环变量的增量，为一个数值表达式，其值可以是正数（递增循环）或负数（递减循环），但不能为 0（为 0 时，构成无穷循环，此时可按<Ctrl+Break>组合键终止程序运行）。当步长为 1 时，可省略不写 Step 1。

（4）循环体：处于 For 和 Next 语句之间，是每次循环被重复执行的部分，可以是一条语句或几条语句。

（5）Exit For：可以放置在循环体的任意处，数量不限，它的作用是强制退出循环，转去执行 Next 后面的语句。Exit For 经常配合条件语句使用，当某条件满足时中途退出循环。

（6）Next：为循环语句的终端语句。其后的"循环变量"与 For 语句中的"循环变量"必须相同。

（7）在循环体内，可以引用循环变量，但如果改变了循环变量的值，容易引起意外的错误，使用时一定要注意。例如，下面的循环，由于在循环体内改变了循环变量 i 的值，使得循环次数由原来的 5 次变为 3 次。

```
For i=1 To 5
  i=i+1
Next i
```

【例 4-15】求 $n!$，其中 n 值由用户指定。

【程序】
```
Private Sub Form_click()
  Dim n As Integer
  Dim i As Integer
  Dim result As Integer
  n = Val(InputBox("请输入 n 的值"))        '通过输入对话框输入 n
  result = 1                                '置结果变量的初值为 1
  For i = 1 To n                            '从 1 循环至 n
    result = result * i                     '求累积
  Next i
  Print n & " 的阶乘为 " & result           '打印结果
End Sub
```

编写循环类程序时，不仅要归纳重复执行的操作及其规律，还要控制好循环次数，不能陷入无限循环。具体到代码的编写上，应注意两个环节：一是进入循环前循环初值的设置，包括循环控制变量的初值、重复处理变量的初值；二是循环体内被反复执行操作的规律化，包括循环控制变量的变化规律、要重复运算或处理操作的规律。

【例 4-15】是一个典型的求累乘问题，循环次数的控制交由 For 语句完成，求累乘的一般处理方法是：在进入循环体前置结果变量（result）的初值为 1，在循环体内，每次做 result = result * i（变量 i 中存放每次循环要乘以的值）进行累乘。

【例 4-16】由键盘录入 10 个数，打印出其中的负数，并计算、输出负数的和与个数。

【程序】
```
Private Sub Form_click()
  Dim result As Single
  Dim cc As Single
  Dim num As Single
```

```
Print "10个数", "负数"
Print "--------------------"
result = 0
cc = 0
For i = 1 To 10
 num = Val(InputBox("请输入一个数"))
 If num < 0 Then
    Print num, num              '是负数吗?
    cc =cc + 1                   '统计负数个数
    result = result + num        '求负数的和
 Else
    Print num
 End If
 Next i
 Print "--------------------"
 Print "负数和为 : " & result
 Print "负数个数为:" & cc
 End Sub
```

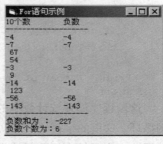

运行结果如图 4-27 所示。

图 4-27 【例 4-16】运行结果

【例 4-16】中包含典型的求和与计数问题, 其一般处理方法是: 在进入循环前置结果变量(result、cc) 的初值为 0, 在循环体内, 每次做 result = result+ i(求和) 或 cc =cc+1(计数)。

4.4.2 当循环语句

当循环就是 While-Wend 循环。

【格式】

```
While 条件表达式
  [语句序列]
Wend
```

【功能】当给定的 "条件表达式" 值为 True 时, 执行循环体内的 "语句序列"。

具体执行过程是: 如果 "条件表达式" 值为真, 则执行 "语句序列", 当遇到 Wend 语句时, 控制返回到 While 语句并对 "条件表达式" 进行测试, 如值仍然为真, 则重复上述过程; 如果 "条件表达式" 为假, 则不执行 "语句序列", 而执行 Wend 后面的语句。

当循环语句的流程如图 4-28 所示。

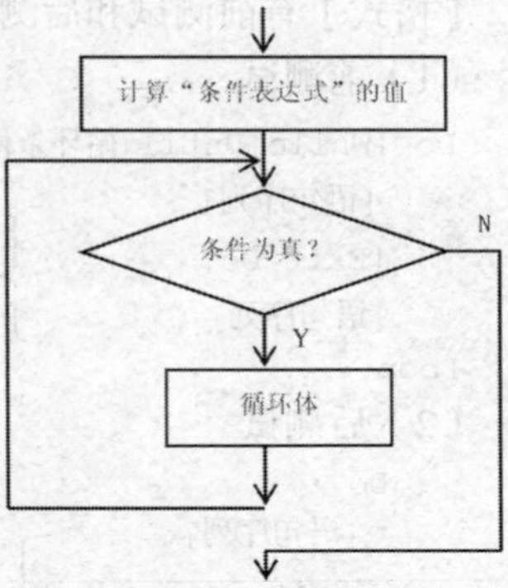

图 4-28 当循环语句流程图

【说明】

(1)"条件表达式" 可以是数值表达式、关系表达式和逻辑表达式。如果是数值表达式, 则非 0 值为真, 0 值为假。

(2) While 与 Wend 必须配对使用。

(3) 如果条件从一开始就不成立, 则一次循环也不执行, 直接执行 Wend 后面的语句; 如果条件总是成立, 则总是循环执行循环体, 这种情况叫死循环, 在实际应用中是不允许的。因此, 在循环体内一定要有修改循环条件的语句, 使得循环得以正常执行和终止。

(4) 当循环与 For 循环的区别是: For 循环指定循环的次数, 当循环则是给定循环终止的条件。因此, 当循环用于由数据的某个条件来控制循环次数的场合。

【例 4-17】由键盘输入字符, 统计键入的数字的个数, 当输入的字符为 "? " 时, 停止统计,并输出结果。

【程序】

```
Sub Form_Click()
  dim char As String
  const ch$= "?"
  counter=0
  msg$= "Enter a character:"
  char=InputBox$(msg$)                              '输入第一个字符
  While char<>ch$                                   '判断输入字符是否为字符 "?"
    If char >= "0" And char <= "9" Then Counter = Counter + 1    '如是数字, Count 加 1
      char=InputBox(msg$)                           '输入下一个字符
  Wend
  Print "Number of characters entered:";counter
End Sub
```

这段程序循环统计数字的个数, 事先循环次数不确定, 通过判断是否键入了字符 "? " 来控制循环。这里的字符 "? " 也称为 "循环结束标志", 一般是处理数据中不可能出现的, 并在处理数据输入完要结束循环时输入。通过 "循环结束标志" 来控制循环也是编写循环结构程序常用的方法之一。

4.4.3 Do–Loop 循环语句

Do-Loop 循环用于控制循环次数未知的循环, 它可以不按照限定的次数执行循环体内的语句序列, 也可以根据循环条件的真假来决定是否结束循环。

【格式】有前测试和后测试两种格式, 如下。

（1）前测试

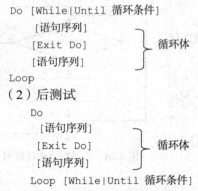

```
Do [While|Until 循环条件]
    [语句序列]
    [Exit Do]              循环体
    [语句序列]
Loop
```

（2）后测试

```
Do
    [语句序列]
    [Exit Do]              循环体
    [语句序列]
Loop [While|Until 循环条件]
```

【功能】当指定的 "循环条件" 为 True 或直到指定的 "循环条件" 变为 True 之前, 重复执行循环体内的语句序列。

各种形式 Do 语句的执行流程如图 4-29 所示。

【说明】

（1）"循环条件" 可以是数值表达式、关系表达式和逻辑表达式。当为数值表达式时, 非 0 值为真, 0 值为假。

（2）前测试, 先判断后执行, 有可能循环一次也不执行; 后测试, 先执行后判断, 至少执行一次循环。两种格式都是当循环条件为 True 时进行循环。

（3）While 用于指明循环条件为 True 时, 就执行循环体; Until 正好相反, 表示当循环条件为

True 时，结束循环。

（4）"Exit Do" 的作用是强制退出循环，执行 Loop 后的语句。可以在 Do-Loop 中的任何位置放置任意个数的 Exit Do 语句

（5）如果去掉"循环条件"可选项，语句格式可简化为：

```
Do
 [语句块]
Loop
```

此时，程序将不停地执行 Do 和 Loop 之间的"语句序列"，构成无穷循环（死循环）。无穷循环是错误的，可以在循环体中增加条件语句跳出循环。

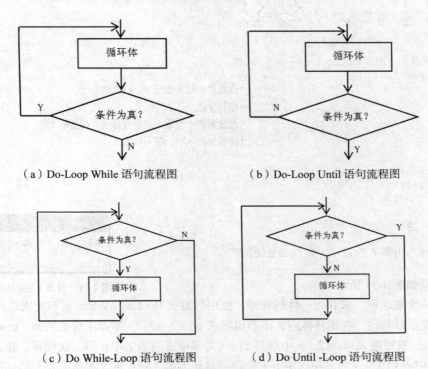

（a）Do-Loop While 语句流程图　　　　　（b）Do-Loop Until 语句流程图

（c）Do While-Loop 语句流程图　　　　　（d）Do Until -Loop 语句流程图

图 4-29　各种形式 Do 语句流程图

【例 4-18】世界人口约 60 亿，如果以每年 1.4% 的速度增长，多少年后世界人口达到或超过 70 亿。

【程序】

```
Sub Form_Click()
 Dim p As double
 Dim r As single
 dim n As Integer
 p=6000000000#
 r=0.014
 n=0
 Do Until p>=7000000000#
  p=p*(1+r)
  n=n+1
 Loop
 Print n; "年后"; "世界人口达"; p
End Sub
```

运行结果如图 4-30 所示。

上述代码采用前测试的 Do Until-Loop 语句实现，如果使用 Do While-Loop 语句实现，只需修改条件表达式，主要代码如下。

```
Do While p<7000000000#
p=p*(1+r)
n=n+1
Loop
```

图 4-30   【例 4-18】运行结果

还可以试着将代码改成后测试型。

【例 4-19】求自然对数 e 的近似值，要求误差小于 0.00001，公式为：

$$e = 1 + \frac{1}{1!} + \frac{1}{2!} + \frac{1}{3!} + \cdots + \frac{1}{n!} + \cdots = \sum_{i=0}^{\infty} \frac{1}{i!} \approx \sum_{i=1}^{n} \frac{1}{i!}$$

【程序】

```
Private Sub Form_Click()
Dim i%,n&,t!,e!
    e=0                               '设置累加结果变量 e，初值赋 0
    i=0                               '控制变量
    n=1                               '设置累积（阶乘）结果变量 n，初值赋 1
    t=1                               '要累加的一项，第一项为 1
    Do
        e=e+t
        i=i+1
        n=n*i
        t=1/n
    Loop While t>0.00001
    Print
    Print   "计算了 ";i; " 项，e 的近似值为";e
End Sub
```

图 4-31   计算 e 的近似值运行结果

运行结果如图 4-31 所示。

本例是一个集求积、求和为一体的程序，使用后测试 Do-Loop While 语句完成循环。在循环之前，给各变量赋初值。在循环体内，不断累乘求 $n!$（n=n*i）、累加求级数的和（e=e+t）。第一次循环，将 1! 累加进 e，i 为 2，n 中得到 2!，t 为多项式的第 2 项；第二次循环，将 2! 累加进 e，i 为 3，n 中得到 3!，t 为多项式中下一个将要累加的第 3 项；依此类推，直至循环条件为假。

4.4.4   多重循环

循环体内不再含有循环语句的循环叫单层循环，而许多情况下需要在循环体内又放置循环语句，这样就构成了多重循环，多重循环又称为多层循环或嵌套循环。循环体内套有一层循环语句的称为二重循环或双重循环，套有两层循环语句的称为三重循环，依次类推。常用的是二重循环或三重循环。

下面程序段中，x 循环的循环体是一个 y 循环，构成了双重循环。程序运行结果如图 4-32 所示。可以看出，外层循环 x 可取两个值 1 和 2，内层循环 y 可取三个值 1、2、3。x 每取一个值，其循环体中的 y 循环都要从 1 变到 3。

图 4-32   双重循环运行结果

```
Private Sub Form_Click()
    Dim x%, y%
    Print " x", " y"
    For x = 1 To 2
        For y = 1 To 3
```

```
        Print x, y                                    '输出 x 和 y 的值
      Next y
    Next x
End Sub
```

下面程序段不是循环嵌套，a 循环和 b 循环是两个并列的循环。

```
  For a = 1 To 2
         ⋮
  Next a
         ⋮
  For b = 1 To 3
         ⋮
  Next b
```

循环嵌套时，应注意如下内容。

（1）内循环变量和外循环变量不能同名。

（2）外循环必须完全包含内循环，不能出现交叉，循环总是先从内部开始的。请比较下面的嵌套形式。

```
For i=1 to 6              For i=1 to 6
 For j=1 to 10             For j=1 to 10
 ……                       ……
 Next j                    Next  i
Next i                    Next j
以上是正确的              以上是错误的，出现交叉
```

（3）当内、外层循环终点相同时，可以共用一个 Next 语句，但循环变量名不能省略，一定要写上。如，

```
For i=1 to 6
 For j=1 to 10
 ……
 Next j ,i
```

多重循环的执行过程是：每执行一次外循环，内层循环就要全部执行一遍。如上面的例子，外循环为 i，内循环为 j，j 作为 i 的循环体，i 循环每取一个值，j 循环就要全部循环一遍，所以总的循环次数为 $10 \times 6 = 60$。

【例 4-20】打印直角三角形状"九九乘法口诀表"，形式如图 4-33 所示。

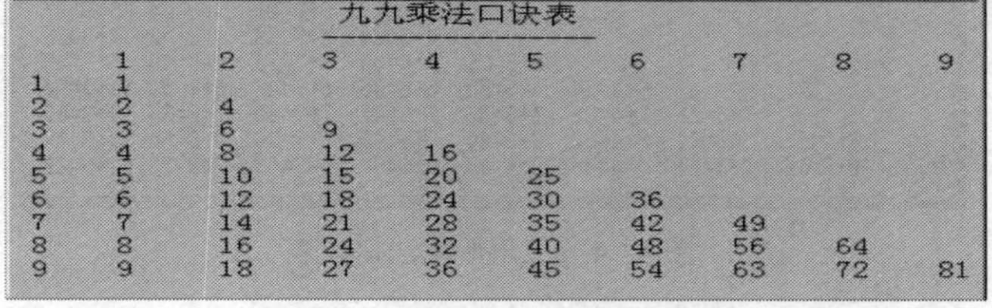

图 4-33　九九乘法口诀表

【分析】乘法口诀表逐行向下打印。每一行中各项是有规律的，可用循环控制打印，多行的打印需要再用一层循环控制。外层循环控制行，内层循环控制每行中的各列。

【程序】

```
Private Sub Form_Click()
    Dim i%,j%,k%,temp%
    FontSize=12
    Print Tab(20); "九九乘法口诀表"
```

```
        Print Tab(19); "----------------"
        For i=1 To 9
          Print Tab(I*6);i;
        Next i
        Print
        for j=1 To 9
                Print j;                          '每行打印开始
                For k=1 To j
                        temp=j*k
                        Print Tab(k*6);temp;      '以一定间隔输出各列
                Next k
                Print                             '一行打印完后换行
        Next j
End Sub
```

以上程序由一个单层循环（i 循环）和一个双重循环（j、k 循环）构成。直角型的乘法口诀表主要由双重循环实现，其中 j 循环为外层循环，每取一个值，打印口诀表的一行；k 循环为内层循环，控制打印口诀表一行中的各列。内层循环的次数为 j，随着行数而变化。例如，当 j 为 2 时，打印第二行，k 从 1 变到 2，循环两次，打印两项（列）。

适当控制内层循环的初终值以及每行输出格式可以打印出矩形、各种三角形状的乘法口诀表，大家可以自行尝试。以下代码输出如图 4-34 所示的三角形乘法口诀表。

```
Private Sub Form_Click()
        Dim i%, j%
        FontSize = 12
        Print Tab(30); "九九乘法口诀表"
        Print Tab(29); "----------------"
        For i = 1 To 9
                For j = 10 - i To 9
                        Print Tab((j - 1) * 8); i & "*" & j & "=" & i * j;'以一定间隔输出各列
        Next j
        Print                                     '一行打印完后换行
        Next i
End Sub
```

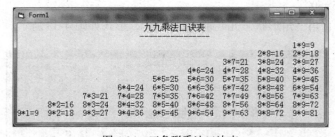

图 4-34　三角形乘法口诀表

【例 4-21】编写程序，输出 100～300 之间所有的素数。结果如图 4-35 所示。

【分析】素数也叫质数，是一个只能被 1 和本身整除的整数。一个数 w 是否为素数可以根据其定义来判断，即判断 w 能否被 $[2, w-1]$ 中的整数整除。更进一步地，我们只要判断 w 能否被 $[2, \sqrt{w}]$ 中的整数整除就可以了。

图 4-35　求 100～300 间的素数

【程序】

```
Private Sub Form_Click()
    For n=101 To 300 Step 2
      k=Int(Sqr(n))
      i=2
      swit=0
      While i<=k And swit=0
       If n Mod i=0 Then
         swit=1
       Else
         i=i+1
       End If
      Wend
      If swit=0 Then
        d=d+1
        If d Mod 5=0 Then                    '控制输出时，每行打印 5 个数
          Print n; "       ";
          Print
        Else
          Print n; "       ";
        End If
      End If
    Next n
End Sub
```

以上程序中的 n 循环，每循环一次，依次取 100~300 中的一个数，判断这个数是否是素数。n 循环内又嵌套 i 循环来具体判断 n 是否是素数。

程序中的 Swit 是一个标志变量，该标志要判断数据 n 是否被某个整数整除过，Swit=0 表示未被整除过，Swit=1 表示被整除过（第一次发生就被置 1）。

循环条件是 i<=k 和 swit=0 同时成立，说明 n 没有被任何一个整数整除，是素数。

4.4.5 GoTo 型控制语句

GoTo 型控制语句可以改变程序执行的顺序，实现无条件地控制程序转向。这里介绍单分支的 GoTo 语句和多分支的 On- GoTo 语句。

1. GoTo 语句

【格式】GoTo <标号|行号>

【功能】无条件地使程序的执行转到"标号或行号"所指定的那行语句。

【说明】

（1）"标号"是一个以英文字母开头，以冒号结尾的标识符；"行号"是一个整型数，不以冒号结尾，例如，

```
Start:          一个标号
1200            一个行号
```

（2）GoTo 语句中的标号和行号都必须与 GoTo 语句出现在同一个过程中，并且是唯一的。

（3）在程序中使用 GoTo 语句，容易使程序结构不清晰、可读性差，所以在结构化程序设计中应尽量少用或不用 GoTo 语句。

2. On– GoTo 语句

On- GoTo 语句用于实现多分支选择控制，根据条件从多种方案中选择一种执行。

【格式】On 数值表达式 GoTo 行号表列|标号表列。

【功能】根据"数值表达式"的值，转移到 GoTo 后指定的某语句行去执行。其中，"行号表列"或"标号表列"可以是程序中存在的多个行号或标号，相互之间以逗号隔开。如，

```
On x GoTo 30,50,Line3,Line4
```

On- GoTo 语句的执行过程是：先计算"数值表达式"的值，将其四舍五入处理后得到一个整数，然后根据该整数的值决定转移到第几个行号或标号执行；如果值为 1，转向第一个行号或标号所指出的语句；如果值为 2，转向第二个行号或标号所指出的语句；……依次类推；如果值等于 0 或大于"行号表列"或"标号表列"中的项数，程序找不到适当的行号或标号，将自动执行On- GoTo 语句的下一个可执行语句。

【例 4-22】编写程序，计算 1+4+7+10+…+x，求出使其和小于 200 的最大的 x。

【程序】

```
Private Sub Form_Click()
    Dim i%, s%, x%
    s = 1
    x = 1
s1: x = x + 3
    s = s + x
    If s >= 200 Then GoTo s2
    GoTo s1
s2: x = x - 3
    Print "最大的 x 是: "; x;
End Sub
```

上述程序使用 GoTo 语句构成循环，也可以使用各种循环语句完成，使用 Do 语句实现的程序如下。

```
Private Sub Form_Click()
    Dim i%, s%, x%
    s = 1
    x = 1
    Do While True
        x = x + 3
        s = s + x
        If s >= 200 Then Exit Do
    Loop
    x = x - 3
    Print "最大的 x 是: "; x;
End Sub
```

4.5　常用控件

4.5.1　单选钮

单选按钮（OptionButton）属于选择性控件。在应用程序中，经常需要用户从多个选项中进行选择，图 4-36 是"纸牌"游戏的"选项"对话框，在这个对话框中列出了游戏的各种玩法选项，翻牌方式和得分法就是以单选按钮的形式提供的。

单选按钮的左侧有一个圆圈，选中该选项后，左侧圆圈中出现一个黑点。在一组单选选项中，必须且最多只能选中一项。

1. 单选按钮的常用属性

以前介绍的大多数属性都可用于单选按钮，这里重点介绍几个最常用的属性。

（1）Caption 属性

单选按钮的显示标题。默认值为 Option1，例如，图 4-36 中的"标准分"。

（2）Value 属性

用来标明单选按钮的选择状态，取值及含义如下。

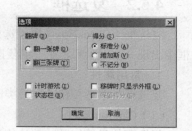

图 4-36　"纸牌"游戏"选项"对话框

- True：单选按钮被选中。按钮中心有一个黑色圆点。
- False：单选按钮未被选中。按钮中心为空。默认值为 False。

如果连续单击同一个单选按钮，该单选按钮始终是被"选中"态。

（3）Alignment 属性

用来设置单选按钮的显示标题的对齐方式。取值见表 4-7。

表 4-7　单选按钮的 Alignment 属性

常　　量	值	功　　能
vbLeftJustify	0	默认设置。控件居左，标题在控件右侧显示
vbRightJustify	1	控件居右，标题在控件左侧显示

（4）Style 属性

用来设置单选按钮的显示风格，以改善视觉效果。取值见表 4-8。

表 4-8　单选按钮的 Style 属性

常　　量	值	功　　能
vbButtonStandard	0	默认设置。标准方式，同时显示控件和标题
vbButtonGraphical	1	图形方式，控件以图形的样式显示（外观与命令按钮相似）

使用 Style 属性时，应注意如下内容。

① Style 是只读属性，只能在设计时使用。

② 当 Style 属性被设置为 1 时，可以用 Picture、DownPicture 和 DisabledPicture 属性分别设置不同的图标或位图，以表示未选定、选定和禁用。

③ Style 属性被设置为不同的值时，外观是不一样的。

2. 单选按钮的常用事件

单选按钮的常用事件是 Click 事件。当单击单选按钮时，将触发 Click 事件。

3. 应用

单选按钮的使用通常有如下两种方式。

（1）在一组单选按钮中做出选择后，立即响应该选择并进行相应的操作。这种情况下，相应的操作代码应编写在该单选按钮的 Click 事件中。

（2）在一组单选按钮中做出选择后，不立即响应，而是通过命令按钮提交所做的选择。这种情况下，代码是在命令按钮的 Click 事件中，通过检测单选按钮的 Value 属性，判断其当前的状态，据此编写相应的操作代码。这个判断操作通常使用前面介绍的条件语句来完成。

4.5.2 复选框

复选框（CheckBox）属于选择性控件。复选框的左侧有一个方框☐，选中该选项后，左侧方框中出现一个对勾☑。在一组复选选项中，可以同时选中一项或多项，甚至一项不选。

1. 常用属性

复选框与单选按钮的属性类同。

（1）Caption 属性

复选框的显示标题。默认值为 Check1，例如，图 4-36 中的"状态栏"。

（2）Value 属性

用来标明复选框的选择状态，取值及含义见表 4-9。

表 4-9　复选框的 Value 属性

常　量	值	功　能
vbUnchecked	0	默认设置。表示没有选择该复选框，方框内为空
vbChecked	1	表示选中该复选框，方框内有对勾
vbGrayed	2	表示该复选框被禁止，呈灰色显示

（3）Alignment 属性

用来设置复选框的显示标题的对齐方式。取值见表 4-7。

（4）Style 属性

同单选按钮。

2. 常用事件

复选框的最基本事件是 Click 事件。单击复选框，将触发其 Click 事件。根据复选框 Value 属性的值可以判断其当前的状态，据此编写相应的操作代码。

【例 4-23】用单选按钮和复选框制作一个如图 4-37 所示的窗口。

【分析】程序窗体中，使用了 3 个 OptionButton、4 个 CheckBox、2 个 Label、1 个 Text 和 1 个 Command。控件主要属性设置见表 4-10。

当用户选择了"所在学院"和"学习课程"后，单击"确定"按钮，则将选择结果显示在下方的文本框中。

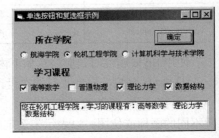

图 4-37　单选按钮和复选框示例

表 4-10　【例 4-23】属性设置表

默 认 名	Name 属性	其他属性及设置
Option1	opthh	Caption：航海学院
Option2	optlj	Caption：轮机工程学院
Option3	Optjs	Caption：计算机科学与技术学院
Check1	Chksx	Caption：高等数学
Check2	Chkwl	Caption：普通物理
Check3	Chklx	Caption：理论力学
Check4	Chkjg	Caption：数据结构

默 认 名	Name 属性	其他属性及设置
Label1	Lblxy	Caption：所在学院，FontBold：True，FontSize：5 号
Label2	Lblkc	Caption：学习课程，FontBold：True，FontSize：5 号
Text1	Txtxs	Text：空；MultiLine：True
Command1	cmdok	Caption：确定

【程序】

```
Private Sub Cmdok_Click()
 Dim Display As String
 Select Case True                          '判断：在 3 个单选钮中选择了哪一个按钮
   Case Opthh.Value
     Display = Opthh.Caption
   Case Optlj.Value
     Display = Optlj.Caption
   Case Optjs.Value
     Display = Optjs.Caption
End Select
Display = "您在" + Display + "，" + "学习的课程有："
If Chksx.Value Then                        '判断是否选择"高等数学"复选框
    Display = Display + Chksx.Caption + " "
End If
If Chkwl.Value Then                        '判断是否选择"普通物理"复选框
    Display = Display + Chkwl.Caption + " "
End If
If Chklx.Value Then                        '判断是否选择"理论力学"复选框
    Display = Display + Chklx.Caption + " "
End If
If Chkjg.Value Then                        '判断是否选择"数据结构"复选框
    Display = Display + Chkjg.Caption + " "
 End If
 Txtxs.Text = Display                      '在文本框中输入选择结果
End Sub
```

从本例可以看出，"所在学院"是单选项，一组单选项的判断应使用多分支结构的条件语句完成，每次只能得到某一个分支的结果。"学习课程"是多选项，一组复选框中的每一个复选框都应该使用一个条件语句进行判断，复选框最终选中结果是各个复选框判断结果的叠加。

4.5.3　框架

框架（Frame）是一个容器类控件，可以容纳其他控件，用于对控件进行分组。

使用框架的好处如下。

（1）将具有同一性质的控件集中在一个框架中，可以使各框架中的控件相对独立，不会互相干扰，也美化了窗体。

（2）一个框架中的所有控件会与框架成为一个整体，一起被移动、删除，操作起来更方便。

（3）通过框架将多组单选按钮管理起来，可以达到同时选中多个单选选项的目的。如图 4-38 所示，利用框架把单选按钮按"字体"和"对齐方式"分成两组，可以同时选中一种字体和一种对齐方式。

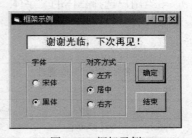

图 4-38　框架示例

1．建立框架

在窗体上创建框架及内部控件时，必须先创建框架，然后在其中建立控件对象。

方法1：先建立框架，然后在其中建立控件。操作步骤如下。

（1）单击工具箱中的框架工具，选取"框架"工具。

（2）在窗体上拖动鼠标建立适当大小的框架控件。

（3）在框架中，建立其他控件。

方法2：先对窗体上已有的控件进行分组，再把它们放到一个框架中，操作步骤如下。

（1）选择需要分组的控件。

（2）执行"编辑"菜单中的"剪切"命令，把选择的控件放入剪贴板。

（3）在窗体上画一个框架控件，并保持它为激活状态。

（4）执行"编辑"菜单上的"粘贴"命令。

【注意】

（1）建立框架时，不能采用双击的方法，只能拖动鼠标画出一定大小的框架控件。

（2）框架内的控件务必都要包含在框架内，否则认为是在窗体上。

（3）如果在框架外画一个控件，然后把它拖到框架内，则该控件不是框架的一部分，当移动框架时，该控件不会移动。

2．框架的常用属性

（1）Caption 属性

框架的显示标题，标明框架的类别、功能等，图 4-38 中的"字体""对齐方式"。默认值为 Frame1。

Caption 一般显示在框架的左上角，如果为空，则框架为封闭的矩形。

（2）Enabled 属性

框架是否可用。默认值为 True。如果框架的 Enabled 属性值为 False，则程序运行时，框架标题呈灰色显示，表示框架内的所有对象均被屏蔽，不允许用户对其进行操作。

（3）Visible 属性

框架及其控件是否可见。默认值为 True。如果框架的 Visible 属性值为 False，则程序运行时，框架及其内部控件全部被隐藏不可见。

3．框架的常用事件

框架可以响应 Click 和 DblClick 事件，但一般不需要编写框架的事件过程。

【例 4-24】完成图 4-38 所示的窗口界面。

【分析】图 4-38 所示的 Form 使用了 2 个框架、5 个 OptionButton、1 个 Text 和 2 个 CommandButton。主要属性设置见表 4-11。

当用户选择具体的"字体"和"对齐方式"后，单击"确定"按钮，通过上方的文本框显示具体效果。

表 4-11 【例 4-24】属性设置表

默 认 名	Name 属性	其他属性及设置
Option1	Optst	Caption：宋体
Option2	Optht	Caption：黑体
Option3	Optzq	Caption：左齐

续表

默 认 名	Name 属性	其他属性及设置
Option4	Optjz	Caption：居中
Option5	Optyq	Caption：右齐
Frame1	Frmzt	Caption：字体
Frame2	Frmdq	Caption：对齐方式
Text1	Txtxs	Text：谢谢光临，下次再见！FontSize：12
Command1	Cmdqd	Caption：确定
Command2	Cmdgb	Caption：关闭

【程序】
```
Private Sub Cmdqd_Click()
    Txtxs.FontName = IIf(Optst, "宋体", "黑体")
    Select Case True
        Case Optzq.Value
            Txtxs.Alignment = 0
        Case Optjz.Value
            Txtxs.Alignment = 2
        Case Optyq.Value
            Txtxs.Alignment = 1
    End Select
End Sub
Private Sub Cmdgb_Click()
    End
End Sub
```

本例中，两组单选按钮的选中判断分别使用了两个分支结构语句，"字体"的选择在 IIf 函数实现的双分支中完成，"对齐方式"的选择在 Select Case 语句实现的三分支中完成。

4.5.4　滚动条

滚动条（ScrollBar）通常用来协助观察数据或确定位置，也可以作为数据输入的工具。例如，用滚动条来控制计算机游戏的音量、颜色值的大小、查看定时处理中已用的时间等。

滚动条有水平滚动条（HScrollBar）和垂直滚动条（VScrollBar），两者均为 Visual Basic 的标准控件，除了方向不同外，功能和操作都是一样的。

1. 滚动条的常用属性

（1）Max 属性

最大值属性。返回或设置滑块处于最大位置时所代表的值，取值范围为–32768 ~ 32767 间的一个整数。默认值为 32767。

（2）Min 属性

最小值属性。返回或设置滑块处于最小位置时所代表的值，取值范围为–32768 ~ 32767 间的一个整数。默认值为 0。

（3）LargeChange 属性

最大变动值属性。返回和设置当用户单击滚动条与滚动箭头之间的空白区域时，滚动条 Value 属性所增加或减少的值。取值范围为 1~32767 间的一个整数。默认值是 1。

（4）SmallChange 属性

最小变动值属性。返回或设置当用户单击滚动条两端的滚动箭头时，滚动条 Value 属性所增加或减少的值。取值范围为 1~32767 间的一个整数。默认值为 1。

（5）Value

返回或设置滑块所处位置的值，其返回值始终介于 Max 和 Min 属性值之间，包括这两个值。默认值为 0。

2. 滚动条的常用事件

（1）Change 事件

程序运行后，当 Value 属性的值改变时会触发 Change 事件。移动滑块、单击滚动条两端的箭头、单击滑块与箭头之间的空白滑槽、使用程序代码，都可以改变 Value 属性的值。

（2）Scroll 事件

程序运行后，拖动滑块时会触发 Scroll 事件。

当拖动滑块时，Scroll 事件一直发生着，而 Change 事件只在滚动结束之后才发生一次。

【例 4-25】设计一个调色板应用程序，如图 4-39 所示。

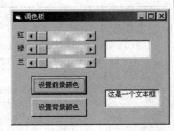

图 4-39 【例 4-25】调色板窗体

【分析】使用 3 个滚动条作为红、绿和蓝 3 种基本颜色的输入工具，取值范围为 0~255，合成的颜色显示在右边的颜色区中。颜色区实际上是一个文本框（Text1），用合成的颜色设置其 BackColor 属性。当完成调色后，用"设置前景颜色（Command1）"或"设置背景颜色（Command2）"按钮设置右边文本框（Text2）的颜色。滚动条的属性设置见表 4-12。

表 4-12 【例 4-25】属性设置表

控　件	Name	Max	Min	SmallChange	Largechange	Value
"红色"滚动条	Hscroll1	255	0	1	25	0
"绿色"滚动条	Hscroll2	255	0	1	25	0
"兰色"滚动条	Hscroll3	255	0	1	25	0

【程序】

```
Dim Red As Long
Dim Green As Long
Dim Blue As Long
Private Sub HScroll1_Change()
  Red = HScroll1.Value
  Green = HScroll2.Value
  Blue = HScroll3.Value
  Text1.BackColor = Red + Green * 256 + Blue * 256 * 256
End Sub
Private Sub HScroll2_Change()
  Red = HScroll1.Value
  Green = HScroll2.Value
  Blue = HScroll3.Value
  Text1.BackColor = Green + Red * 256 + Blue * 256 * 256
End Sub
Private Sub HScroll3_Change()
  Red = HScroll1.Value
  Green = HScroll2.Value
  Blue = HScroll3.Value
  Text1.BackColor = Blue + Red * 256 + Green * 256 * 256
End Sub
Private Sub Command1_Click()
  Text2.ForeColor = Text1.BackColor
```

```
End Sub
Private Sub Command2_Click()
  Text2.BackColor = Text1.BackColor
End Sub
```

本例中，任何一个水平滚动条 Value 属性值的改变均会触发相应的 Change 事件；在对应的 Change 事件中取得颜色值，并将颜色值应用于 Text1 的 BackColor 属性；在"设置前景颜色"或"设置背景颜色"按钮单击事件中，将颜色值应用于 Text2 控件的 ForeColor 属性或 BackColor 属性上。

4.6　综合应用

本节将通过一些例子，进一步熟悉前面介绍的语句及控件，并学习编写一些典型程序。

4.6.1　求最大值与最小值

在许多实际应用中，需要求出最大值、最小值。在一批数中求最大或最小值的原理是类似的。一般方法如下。

（1）设置一个结果变量。

（2）进入循环前，在结果变量中放置一个数。最简单的是放入第一个数，也可以放入一个超出处理数据范围的较小（求最大值时）或较大（求最小数时）的数。

（3）在循环中，将处理数据依次与结果变量中的数相比较，使得结果变量中始终存放较大（求最大值时）或较小（求最小值时）的数。

（4）循环（比较）结束，结果变量中的值就是最大值或最小值。

【例 4-26】找出评委打分中的最高分与最低分。

【分析】设置存放最高分与最低分的结果变量 max、min。求最高分时，循环前将第一个分数 num 放入 max；进入循环，依次将下一个分数读入 num，始终进行 max 与 num 的比较，使得 max 中总是较大的分数；循环结束，得到结果。最低分的处理过程类同。

在窗体中放置"开始"和"结束"两个命令按钮。程序运行后，单击"开始"，弹出"分数输入"对话框，如图 4-40 所示，依次输入各分数，当输入-100 后，结束循环，结果显示在 3 个标签中，如图 4-41 所示。

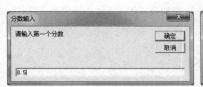

图 4-40　【例 4-26】分数输入对话框　　　图 4-41　【例 4-26】运行结果窗体

【程序】
```
Private Sub Command1_Click()
    Dim max As Single, min As Single, num As Single, counter As Integer
    counter = 1
    num = Val(InputBox("请输入第一个分数", "分数输入", 0))
    max = num
```

```
    min = num
    Do While True
        num = Val(InputBox("请输入下一个分数（输入-100结束）", "分数输入", 0))
        If num = -100 Then Exit Do
        If max < num Then max = num              '将 max 与 num 中大者，置入 max
        If min > num Then min = num              '将 min 与 num 中小者，置入 min
        counter = counter + 1
    Loop
    Label1.Caption = "共输入 " & counter & " 个分数"
    Label2.Caption = "最高分是: " & max
    Label3.Caption = "最低分是: " & min
End Sub
Private Sub Command2_Click()
    End
End Sub
```

本例可以从任意个数中找出最大数、最小数。在一批数中求最大、最小数时，需要不断地进行两个数的比较，每次的比较过程都是一样的，所以用循环结构来实现，本例通过结束标志"-100"控制循环次数。

4.6.2 累和、累积与计数

求累加和、累积以及统计个数是较常见的程序段。这类程序的一般处理方法如下。

（1）进入循环前，设置一个结果变量并赋初值（累加、计数置 0，累积置 1）。

（2）在循环中，使用赋值语句不断地将满足条件的数据累入结果变量。设 x 为满足条件的数据，则：

① 求累加和 Sum 时，使用语句 Sum=Sum+x。

② 求累积 Result 时，使用语句 Result=Result*x。

③ 求个数 Count 时，使用语句 Count=Count+1。

【例 4-27】求 1! +3! +5! +7! +9! 的值。

本程序可用单重循环实现，也可用双重循环实现。运行结果如图 4-42 所示。

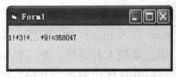

图 4-42 【例 4-27】运行结果

【程序 1】用双重循环实现。

```
Private Sub Form_Click()
    Dim i As Integer, j As Integer
    Dim n As Long, sum As Long
    sum = 0                                    '累和变量 sum 置初值 0
    For i = 1 To 9 Step 2                       '得到奇数
        n = 1                                  '累乘变量 n 置初值 1
        For j = 1 To I                         '求奇数的阶乘
            n = n * j
        Next j
        sum = sum + n                          '求阶乘的和
    Next i
    Print
    Print "1!+3!+...+9!=" & sum
End Sub
```

【程序 2】用单重循环实现。

```
Private Sub Form_Click()
    Dim i As Integer, j As Integer
```

```
Dim n As Long, sum As Long
sum = 0
n = 1
For i = 1 To 9
    n = n * i                             '求阶乘
    If i Mod 2 = 1 Then sum = sum + n     '求奇数阶乘的和
Next i
Print
Print "1!+3!+...+9!=" & sum
End Sub
```

本例中，包含了典型的求累加和与累积问题，多项式的值通过求累加和得到，而每一累加项（阶乘值）通过求累积得到。完成某程序功能会有多种方法，应在掌握典型程序功能实现的基础上灵活应用。

【例 4-28】输出斐波纳契数列的前 40 项以及它们的和。

斐波纳契数列的第一项是 0，第二项是 1，以后各项总是前两项的和。运行结果如图 4-43 所示。

斐波纳契数列				
0	1	1	2	3
5	8	13	21	34
55	89	144	233	377
610	987	1597	2584	4181
6765	10946	17711	28657	46368
75025	121393	196418	317811	514229
832040	1346269	2178309	3524578	5702887
9227465	14930352	24157817	39088169	63245986

前40项的和为：165580140

图 4-43　【例 4-28】运行结果

【程序】

```
Private Sub Form_Click()
    Dim a As Long, b As Long, temp As Long
    Dim n As Integer, k As Integer
    Dim sum As Long
    a = 0: b = 1: k = 1: sum = 0
    For n = 1 To 40
        sum = sum + a                     '求和
        Print Tab(k * 16 - 15); a;
        If k = 5 Then Print: k = 0        '控制一行输出 5 个数后换行
        temp = a: a = b: b = temp + a
        k = k + 1
    Next n
    Print
    Print "前 40 项的和为: " & sum
End Sub
```

【例 4-29】编写一个实现 1~10 之间整数的加法和乘法的计算机考试程序。要求由计算机自动随机出题，并显示题目，学生输入答案后，由计算机判断答案的正误，最后给出考试成绩。

【分析】考试界面包括一个显示考试题目的 Label、一个答案回答框 Text、一个显示答题过程的 Picture、两个分别用于每题结束时的"确定"和最后的"计分"的 Command，如图 4-44 所示。

运行时，需要 3 个事件过程。首先打开 Form，触发 Form_Load 事件，显示开始界面，在 Label1 中显示题目；每次答题，输入答案后，

图 4-44　小学生考试的窗体界面

单击"确定"按钮，触发 Command1_Click 事件，在 Picture1 中显示答题结果，进行分数统计；最后单击"计分"按钮，结束考试，触发 Command2_Click 事件，在 Picture1 中显示答题统计结果。

【程序】

```
Dim Exp As String
Dim Result As Single
Dim Right As Integer, Wrong As Integer            '定义窗体级变量
Private Sub Command1_Click()
  If Val(Text1) = Result Then                     '判断答题正确否
    Picture1.Print Exp; Text1; Tab(12); "√"       '正确时，显示结果
    Right = Right + 1                             '统计正确题数
  Else
    Picture1.Print Exp; Text1; Tab(12); "×"       '错误时，显示结果
    Wrong = Wrong + 1                             '统计错误题数
  End If
  Text1 = ""
  Form_Load                                       '显示下一题
End Sub

Private Sub Command2_Click()                      '显示最终结果
  Picture1.Print "-------------------------"
  Picture1.Print " 共计算 " & (Right + Wrong) & " 道题,";
  Picture1.Print "得 " & Int(Right / (Right + Wrong) * 100) & " 分"
End Sub

Private Sub Form_Load()
  Dim Opt As Integer, Op As String * 1
  Text1.Text = ""
  Label1.Caption = ""
  Randomize                                       '初始化随机数产生器
  Num1 = Int(10 * Rnd + 1)                        '产生操作数 1
  Num2 = Int(10 * Rnd + 1)                        '产生操作数 2
  Opt = Int(2 * Rnd + 1)                          '产生运算符代码 1、2
  Select Case Opt
    Case 1                                        '代码为 1 时，做加法
      Op = "+": Result = Num1 + Num2
    Case 2                                        '代码为 2 时，做乘法
      Op = "×": Result = Num1 * Num2
  End Select
  Exp = Str(Num1) + Op + Str(Num2) + "="
  Label1.Caption = Exp                            '显示题目
End Sub
```

本例中，题目的操作数及运算符都是通过随机函数随机得到的。设置了窗体级变量 Right 和 Wrong，来统计答对题目数和答错题目数。

4.6.3 多分支判断

【例 4-30】判断键盘键入的字符。如果是数字，报告是偶数还是奇数；如果是字母，报告是大写字母还是小写字母；如果不是字母或数字，显示"键入非法!"。

【程序】

```
Private Sub Form_Click()
  Dim ms$, i$
```

```
        ms = "请输入一个字母或数字"
        i = InputBox(ms)
        If Not IsNumeric(i) Then                        '如果键入的不是"数字"
            If Len(i) <> 0 Then
                Select Case i
                    Case "A" To "Z"
                        MsgBox "您输入的是大写字母" + i
                    Case "a" To "z"
                        MsgBox "您输入的是小写字母" + i
                    Case Else
                        MsgBox "输入非法! "
                End Select
            End If
        Else
            Select Case Val(i)
                Case 1, 3, 5, 7, 9
                    MsgBox "您输入的是奇数" + i
                Case 2, 4, 6, 8
                    MsgBox "您输入的是偶数" + i
                Case Else
                        MsgBox "输入非法! "
            End Select
        End If
    End Sub
```

本例中，用 If-Then-Else 语句块构成的双分支区分键入的是字母还是数字，每个分支中又嵌套了 Select Case 语句构成的多分支结构。

【例 4-31】设计一个趣味打字练习程序。

【分析】程序运行后，出现图 4-45 所示画面，单击"开始"按钮，则从屏幕顶端的随机位置上不断地落下一个个随机字母，如图 4-46 所示。游戏者通过按键盘相应的键将其"打落"。同时在屏幕右下角显示得分和所用的时间。单位时间内击落的字母越多，分数越高。最后根据得分给出相应的评语，如图 4-47 所示。本程序的 Form 上使用了 5 个 Label、1 个 Command 和 2 个 Timer。主要属性设置见表 4-13。

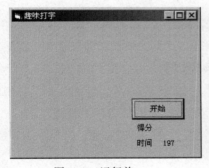  

图 4-45　运行前　　　　　　　　图 4-46　运行后　　　　　　　图 4-47　评语信息框

表 4-13　【例 4-31】属性设置表

控件名称	控件作用	属性设置
Form1	游戏界面	Caption: 趣味打字
Label1	显示下落字母	Caption: 空

控件名称	控件作用	属性设置
Label2	显示提示"得分"	Caption：得分
Label3	显示提示"时间"	Caption：时间
Label4	显示具体得分	Caption：0
Label5	显示具体时间	Caption：200
Command1	"开始"按钮	Caption：开始
Timer1	控制字母的下落	Interval：100
Timer2	控制倒计时	Interval：1000

【程序】

```
Option Explicit
 Dim score As Integer                          '定义得分
 Dim c As String
 Dim speed As Integer                          '定义速度
 Sub init()
  Label1.Caption = Chr(Int(Rnd * 26) + 97)     '产生随机字母
  speed = Int(Rnd * 100 + 100)
  Label1.Left = Int(Rnd * Form1.Width)         '字母出现位置
  Label1.Top = 0
 End Sub
 Private Sub Command1_Click()
  init
  Timer1.Enabled = True                        '启动定时器
  Timer2.Enabled = True
  Command1.Visible = False                     '使命令按钮不可见
  Label5.Caption = 200
  Label4.Caption = 0
 End Sub
 Private Sub Form_KeyPress(KeyAscii As Integer)
  If Chr(KeyAscii) = Label1.Caption Then       '判断所按键与产生字母是否相符
      init
      score = score + 1
      Label4.Caption = score
  End If
End Sub
Private Sub Form_Load()
 Randomize                                     '初始化随机种子数
 c = "时间到！"
End Sub
Private Sub Timer1_Timer()
 Label1.Top = Label1.Top + speed
 If Label1.Top > Form1.Height Then
    init
 End If
End Sub
Private Sub Timer2_Timer()
  Label5.Caption = Val(Label5.Caption) - 1
  If Val(Label5.Caption) <= 0 Then             '判断时间是否用完
      Timer1.Enabled = False
      Label1.Caption = ""
      Select Case score
        Case Is <= 100
```

```
            MsgBox c + vbCrLf + "别灰心，再加把劲！"
        Case Is <= 250
            MsgBox c + vbCrLf + "不错，请继续努力。"
        Case Is >= 250
            MsgBox c + vbCrLf + "你真棒！恭喜你已成为高手。"
    End Select
    Timer2.Enabled = False
    Command1.Visible = True
    End If
End Sub
```

4.6.4　输出图形

利用循环可以输出各种形状的图形，关键是要控制好每行的打印起始位置及打印的字符数。

【例 4-32】输出图 4-48 所示图形。

【程序】

```
Private Sub Form_Click()
    Dim i As Integer, j As Integer
    For i = 1 To 5                     '外重循环控制打几行
        For j = 1 To i
            Print "* ";                '内重循环控制每行打几个，行内不换行
        Next j
        Print                          '换行
    Next i
End Sub
```

多行多列的图形可以通过双重循环来实现，外层循环控制"行"，内层循环控制每行中的各"列"。还可以利用 String 函数通过单重循环来实现。例如，图 4-48 所示的图形也可以用下面程序段来完成。

```
    For i = 1 To 5
        Print String$(i, "*")
    Next i
```

图 4-49 中正三角图形可通过下面程序段来完成。

```
    For i = 1 To 5
        Print Tab(8 - i); String$(2 * i - 1, "*")
    Next i
```

图 4-50 中倒三角图形可通过下面程序段来完成。

```
    For i = 5 To 1 Step -1
        Print Tab(6 - i); String$(2 * i - 1, "*")
    Next i
```

图 4-48　【例 4-32】图形　　　图 4-49　正三角图形　　　图 4-50　倒三角图形

【例 4-33】输出图 4-51 所示菱形图形。

图 4-51　【例 4-33】菱形图形

【程序】

```
Private Sub command1_Click()
    Dim i As Integer, h As Integer, hh As Integer
    Dim c As String
    Cls
    c = Text1.Text
    h = Val(Text2.Text)
    hh = Int(h / 2) + 1
    For i = 1 To h
        Print Tab(12 + Abs(hh - i)); String$((hh - Abs(hh - i)) * 2 - 1, c)
    Next i
End Sub
```

4.6.5　穷举法、递推法

（1）穷举法

穷举法也称穷举搜索法或枚举法，其基本思想是：对可能的众多候选解，根据问题的条件，按某种顺序逐一判断，并从中找出符合要求的候选解作为正确解。穷举法常用的列举方法有：顺序列举法、排列列举法和组合列举方法。

【例 4-34】有三个和为 23 的正整数，第 1 个数的两倍、第 2 个数的三倍及第 3 个数的五倍之和为 81，第 1 个数与第 2 个数之和的 10 倍减去三个数的积除以 2 为-76。编程求这三个数。

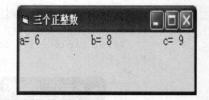

图 4-52　【例 4-34】运行结果

【分析】假设三个数为 a、b、c，由题意可知它们的取值范围均为 0~23，且有 $2*a+3*b+5*c=81$，$10*(a+b)-a*b*c/2=-76$。如果使得 a、b、c 在它们的取值范围变化，判断哪一组值满足两个条件式子，就可以得到解。运行结果如图 4-52 所示。

【程序】

```
Private Sub Form_Activate()
    Dim a As Integer, b As Integer, c As Integer
    For a = 0 To 23
        For b = 0 To 23
            For c = 0 To 23
                If 2 * a + 3 * b + 5 * c = 81 And 10 * (a + b) - a * b * c / 2 = -76 Then
                    Print "a="; a, "b="; b, "c="; c
                End If
```

```
        Next c
     Next b
   Next a
End Sub
```

上述方法最大限度地考虑了各种情况，通过判断解决了问题。虽然计算机工作速度很快，也有必要优化算法，提高算法效率，减少循环次数，可将上述代码改为双重循环。

```
For a = 0 To 23
   For b = 0 To 23
      c = 23 - a - b
      If 2 * a + 3 * b + 5 * c = 81 And 10 * (a + b) - a * b * c / 2 = -76 Then
         Print "a="; a, "b="; b, "c="; c
      End If
   Next b
Next a
```

（2）递推法

"递推法"也称"迭代法"，其基本思想是把一个复杂的计算过程转化为简单过程的多次重复。每次重复都从旧值的基础上推出新值，并由新值代替旧值。

【例 4-35】猴子吃桃子。小猴在一天摘了若干个桃子，当天吃掉一半多一个；第二天接着吃了剩下的桃子的一半多一个；以后每天都吃剩下桃子的一半零一个，到第 7 天早上要吃时只剩下一个了，问小猴那天共摘了多少个桃子？

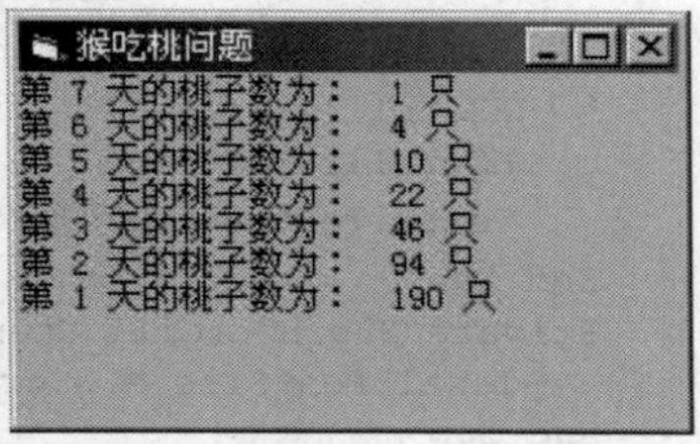

图 4-53　猴吃桃问题运行结果

【分析】这个"递推"问题的解决方法是从最后一天推出倒数第二天的桃子数，再从倒数第二天推出倒数第三天的桃子，依次类推。如果第 n 天的桃子数为 x_n，可以推出第 n-1 天的桃子数为 $x_{n-1}=(x_n+1) \times 2$。运行结果如图 4-53 所示。

【程序】

```
Private Sub Form_Click()
  Dim n%,I%
  x=1
  Print  "第 7 天的桃子数为：1只"
  For I=6 To 1 Step -1
    x=(x+1)*2
  Print  "第";I;"天的桃子数为：" x;"只"
  Next I
End Sub
```

4.6.6 VB 控件应用——格式对话框

【例 4-36】制作一个格式对话框，运行界面如图 4-54 所示，能够对文本框中的内容进行格式设定。

【说明】"字体"使用列表框，"颜色"使用组合框，"字号"使用滚动条。主要控件属性设置见表 4-14。

图 4-54　【例 4-36】运行结果

表4-14 【例4-36】主要控件属性设置表

控　件	名　称	设计阶段属性设置
文本框	Text1	MultiLine=True，ScrollBar=Vertical
组合框	Combo1	Style=0，Text="黑色"
命令按钮2	CmdEnd	Caption="停止显示"
单选钮	Option1	Caption="左齐"，Value=True

【程序】

```
Private Sub Form_Activate()
    List1.AddItem "宋体"
    List1.AddItem "黑体"
    List1.AddItem "仿宋_GB2312"
    List1.AddItem "楷体_GB2312"
    Combo1.AddItem "红色"
    Combo1.AddItem "绿色"
    Combo1.AddItem "蓝色"
    Combo1.AddItem "黑色"
    HScroll1.Min = 10
    HScroll1.Max = 72
    Text1.Text = "闲情逸致"
End Sub
Private Sub HScroll1_Change()
    Text1.FontSize = HScroll1.Value
End Sub
Private Sub HScroll1_scroll()
    Text1.FontSize = HScroll1.Value
End Sub
Private Sub List1_Click()
    Select Case List1.ListIndex
        Case 0
            Text1.FontName = "宋体"
        Case 1
            Text1.FontName = "黑体"
        Case 2
            Text1.FontName = "仿宋_GB2312"
        Case 3
            Text1.FontName = "楷体_GB2312"
    End Select
End Sub
Private Sub Combo1_Click()
    Select Case Combo1.Text
        Case "红色"
            Text1.ForeColor = vbRed
        Case "绿色"
            Text1.ForeColor = vbGreen
        Case "蓝色"
            Text1.ForeColor = vbBlue
        Case "黑色"
            Text1.ForeColor = vbBlack
    End Select
End Sub
Private Sub Option1_Click()
```

```
    Text1.Alignment = 0
End Sub
Private Sub Option2_Click()
    Text1.Alignment = 2
End Sub
Private Sub Option3_Click()
    Text1.Alignment = 1
End Sub
Private Sub Check1_Click()
    Text1.FontBold = Check1.Value
End Sub
Private Sub Check2_Click()
    Text1.FontItalic = Check2.Value
End Sub
Private Sub Check3_Click()
    Text1.FontStrikethru = Check3.Value
End Sub
Private Sub Check4_Click()
    Text1.FontUnderline = Check4.Value
End Sub
Private Sub Command1_Click()
    End
End Sub
```

习题四

一、简答题

1. 应用程序开发大体可分为哪几个阶段，每个阶段的任务是什么？

2. 什么是算法？算法应具有哪些特征？举出 3 种以上算法描述方法。

3. 在 VB 中，进行数据输入与输出有哪些方法？各有何不同？

4. MsgBox 函数和 InputBox 函数有什么区别？各自获得什么返回值？

5. 用 InputBox 函数和赋值语句为一个变量赋值有什么区别？

6. 完成一个双分支程序段，可以使用哪些语句形式或函数？请一一列举出来。

7. 在 Do Loop 语句中，使用关键字 While 和 Until 有什么区别？

8. 改正下列语句中的错误。

（1）`A$=abc`

（2）`Print a=25+76`（应输出：a=101）

（3）`x=7,y=8`

（4）`Print "x=":11+3`

（5）`Text1.Print "***********"`

9. 写出下列语句的输出结果。

（1）`Print "27+36=";27+36`

（2）`x=12.5`

　　　`Print "x=";x`

（3）`a$= "China"`

　　　`a$= "DaLian"`

　　　`Print a$`

（4）a%=3.14159

    Print a%

（5）Print "China"; "Beijing", "Tianjin"; "Shanghai", "Dalian",

    Print "Shanyang";

    Print "Chongqing"

    Print ,,:"Shenzhen",, "Guangzhou"

（6）Print Tab(5);100;Space$(5);200,Tab(35);300

    Print Tab(10);400;Tab(23);500,Space$(5);600

10. 下列事件过程执行后，在两个输入对话框中分别输入 456 和 123，则输出结果是什么？

```
Private Sub Command1_Click()
    a=InputBox("请输入第一个数：")
    b=InputBox("请输入第二个数：")
    Print b+a
End Sub
```

11. 分析下列程序，写出运行结果。

```
Private Sub Form_Activate()
    If "xyz" >= "xyz" Then Print "A" Else Print "B"
    If 10 Mod 3 = 1 And Int(27 / 2) = 28 / 2 Then Print "A" Else Print "B"
    If 10 Mod 3 - Int(10 / 7) Then Print "A" Else Print "B"
    If 30 >= 30 Or 20 <= 60 Then Print "A" Else Print "B"
    If "10" Then Print "A" Else Print "B"
End Sub
```

12. 分析下列程序，说出程序功能。

```
Private Sub Command1_Click()
    Dim sc As Integer
    Cls
    FontSize = 12
    sc = Val(InputBox("请输入成绩："))
    Label1.Caption = sc
    If sc >= 90 Then
        Print "优！"
    ElseIf sc >= 80 Then
        Print "良！"
    ElseIf sc >= 60 Then
        Print "及格！"
    Else
        Print "不及格！"
    End If
End Sub
```

13. 阅读下面程序段，写出运行结果。

```
（1）k = 1:m= 1
    While k <= 15
        While m<= k
            Print k, m
            m= m+ 5
        Wend
        k = k + 2
    Wend
    Print k, m
```

```
(2) a = "A": b = "B": c = "C"
    For k = 5 To 1 Step -1
        x = a: a = b: b = c: c = x
        Print a, b, c, k
    Next k
(3) For n = 3 To 25 Step 2
        If n Mod 5 = 1 Then
            Print "n="; n,
        End If
    Next n
(4) For n1 = 5 To 10 Step 3
        For n2 = 5 To 3 Step -2
            For n3 = 2 To n2
                Print n1, n2, n3
    Next n3, n2, n1
(5) a = 1: b = 10: c = 2
    For i = a To b Step c
        a = a + b
        b = b + c
        c = c + a
        i = i + 2
        Print a, b, c
    Next i
(6) For i = 1 To 5
        Print Tab(16 - i);
        For j = 1 To 2 * i - 1
            Print "*";
        Next j: Print
    Next i
```

二、选择题

1. 下列赋值语句中，语法正确的是：

   A. x^5=18

   B. b<c=20

   C. a=b>10

   D. Let a=5,b=10

2. 下列语句正确的是：

   A. x=MsgBox(请输入姓名：,vbYesNoCancel)

   B. x=MsgBox("请输入姓名："，"310")

   C. MsgBox("请输入姓名："，"256+3+48")

   D. MsgBox　"请输入姓名：", 256+3+48

3. MsgBox 函数和 MsgBox 语句的区别是：

   A. 执行 MsgBox 函数会自动显示一个对话框，而语句执行后不会显示对话框

   B. 执行 MsgBox 函数显示的对话框是模式的，而语句执行后显示的对话框是非模式的

   C. MsgBox 函数的参数与 MsgBox 语句的参数不同

   D. MsgBox 函数会返回函数值，而 MsgBox 语句没有返回值

4. 下列能使 X 为数值型数据的语句是：

   A. X=InputBox("请输入数据")

   B. X=Label.Caption

   C. X=Text1.Text

   D. X=List1.List(3)

5. 设有语句：

   x=InputBox("输入数值", "0", "示例")

程序运行后，如果从键盘上输入数值 10，并按<Enter>键，则下列叙述中正确的是：

A．变量 X 的值是数值 10　　　　B．在 InputBox 对话框标题栏中显示的是"示例"

C．0 是默认值　　　　　　　　　D．变量 X 的值是字符串"10"

6．单击窗体上名为 Command1 的命令按钮，执行如下事件过程：

```
Private Sub Command1_Click()
    a$= "software and hardware"
    b$=Right(a$,8)
    c$=Mid(a$,1,8)
    MsgBox a$,,b$,c$,1
End Sub
```

则在弹出信息框的标题栏中显示的信息是：

A．software and hardware　　　B．software

C．hardware　　　　　　　　　D．1

7．执行如下语句：

```
a=InputBox("Today","Tomorrow","Yesterday",,,"Day before yesterday",5)
```

将显示一个输入对话框，在对话框的输入区中显示的信息是：

A．Today　　　　　　　　B．Tomorrow

C．Yesterday　　　　　　D．Day before yesterday

8．下列有关注释语句的格式，错误的是：

A．Rem 注释内容　　　　　　　　　　　B．'注释内容

C．a = 3:b = 2　'对 a、b 赋值　　　　　D．A = 3:b = 2Rem　a、b 赋值

9．使用单行 If 语句时：

A．要求 Else If 和 End If　　　　B．只要求 Else If 子句

C．要求 Else 子句　　　　　　　D．Else 子句是可选的

10．下列语句正确的是：

A．If x<3*y And x>y Then y=x^3

B．If x<3*y And x>y Then y= 3x

C．If x<3*y : x>y Then y=x^3

D．If x<3*y , x>y Then y=x**3

11．下列各段程序中，正确的是：

A．If　10<x<20　Then　x=x+10

B．If　x>10　Then　x=x+1　Else　x=x+5　End If

C．If　x<=10　Then

　　x=x+1

　　Else

　　　　If　x<=20　Then x=x+10

　　End If

D．If　x<=10　Then

　　　x=x+1

　　Else　If　x<=20　Then

　　　x=x+10

　　End If

12. 下列程序段执行结果是：

```
x=5
y=-6
If  Not x>0 Then x=y-3 Else y=x+3
Print x-y;y-x
```

    A. 5 -9   B. -3 3   C. 3 -3   D. -6 5

13. 假设 x 的值为 5，则在执行以下语句时，输出结果为 "Result" 的 Select Case 语句是：

    A. Select Case x   B. Select Case x

         Case 10 To 1   Case Is>5,Is<5

           Print "Result"   Print "Result"

        End Select   End Select

    C. Select Case x   D. Select Case x

         Case Is>5,1,3 To 10   Case 1,3,Is>5

           Print "Result"   Print "Result"

        End Select   End Select

14. 设 a=6，则执行 x=IIf(a>5, –1,0) 后，x 的值为：

    A. 5   B. 6   C. 0   D. –1

15. 窗体上有名称为 Option1 和 Option2 两个单选钮，一个名称为 Check1 的复选框。程序运行时，选中第一个单选钮和复选框的语句序列是：

    A. Option1.Value=True   B. Option1.Value=True

         Check1.Value=False   Check1.Value=True

    C. Option1.Value= False   D. Option1.Value=True

         Check1.Value=True   Check1.Value=1

16. 设置复选框或单选按钮标题对齐方式的属性是：

    A. Align   B. Alignment   C. Sorted   D. Value

17. 关于复选框，下列说法不正确的是：

    A. 可以同时选中多项   B. 可以只选中一项

    C. 只能选中一项   D. 可以一项也不选

18. 关于单选钮，下列说法不正确的是：

    A. 可以同时选中多项   B. 可以只选中一项

    C. 只能选中一项   D. 可以一项也不选

19. 假设有以下程序段

```
For i=1 To 3
  For j=5 To 1 Step -1
    Print i*j
Next j,i
```

则语句 Print i*j 的执行次数是：

    A. 15   B. 16   C. 17   D. 18

20. 以下程序段的输出结果为：

```
x=1
y=1
Do Until y>4
  x=x*y
  y=y+1
```

```
Loop
Print x
```
   A. 1   B. 24   C. 8   D. 20

21. 执行下面的程序段后，x 的值为：
```
x=5
For i=1 To 20 Step 2
  x=x+i\5
Next i
```
   A. 21   B. 22   C. 23   D. 24

22. 在窗体上画一个命令按钮，然后编写如下事件过程：
```
Private Sub Command1_Click()
  For i=1 To 4
   x=4
   For j=1 To 3
    x=3
    For k=1 To 2
     x=x+6
    Next k
   Next j
  Next i
  Print x
End Sub
```
程序运行后，单击命令按钮，输出结果是：
   A. 7   B. 15   C. 157   D. 538

23. 在窗体上画一个命令按钮，然后编写如下事件过程。
```
Private Sub Command1_Click()
  x=0
  Do Until x = -1
   a=InputBox("请输入 a 的值")
   a=Val(a)
   b=InputBox("请输入 b 的值")
   b=Val(b)
   x=InputBox("请输入 x 的值")
   x=Val(x)
   a=a+b+x
  Loop
  Print a
End Sub
```
程序运行后，单击命令按钮，依次在输入对话框中输入 5、4、3、2、1、-1，则输出结果为：
   A. 2   B. 3   C. 14   D. 15

24. 执行下面程序段后，a 的值为：
```
For i=1 To 3
  For j=1 To i
   For k=j To 3
     a=a+1
   Next k
  Next j
Next i
```
   A. 3   B. 9   C. 14   D. 21

25. 在窗体上画一个文本框 Text1，然后编写如下事件过程。
```
Private Sub Form_Load()
  Text1.Text=""
```

```
  Text1.SetFocus
  For i=1 To 10
    Sum=Sum+i
  Next i
  Text1.Text=Sum
End Sub
```

上述程序的运行结果是：

    A．在文本框中输出 55   B．在文本框中输出 0

    C．出错   D．在文本框中输出不定值

26．在窗体上画两个文本框 Text1 和 Text2，一个命令按钮 Command1，然后编写如下事件过程。

```
Private Sub Command1_Click()
 x=0
 Do While x<50
   x=(x+2)*(x+3)
   n=n+1
 Loop
 Text1.Text=Str(n)
 Text2.Text=Str(x)
End Sub
```

程序运行后，单击命令按钮，在两个文本框中显示的值分别为：

    A．1 和 0   B．2 和 72   C．3 和 50   D．4 和 168

27．当拖动滚动条中的滚动块时，将触发的滚动条事件是：

    A．Move   B．Change   C．Scroll   D．SetFocus

三、填空题

1．结构化程序设计中的 3 种基本控制结构是_____、_____和_____。

2．下列事件过程执行后，输出结果是_____。

```
Private Sub Form_Activate()
    Dim a As String,b As String,c As String
    a= "今年是"
    b= "2010"
    b=a & b
    Print b+ "年"
    C=b+ "年" & "!"
    Print c
End Sub
```

3．一个 If 语句可以跟_____个 ElseIf 语句，但只能有一个_____语句。

4．(4<>5) And (4>5)的值为_____，(4<>5) Or (4>5) 的值为_____，Not (4<>5)的值为_____。（填写 True 或 False）

5．如果分数 Score 大于等于 60，返回 "及格"，否则返回 "不及格"，返回值赋给 pass。用 IIf 函数来实现的语句是_____。

6．有多个单选钮，若分成两组供用户选择，应使用_____来实现。

7．当变量 month 的值为 1 时返回 "Jan"，为 2 时返回 "Feb"，使用 Choose 函数来实现的语句为 month=_____。

8．判断复选框是否选中，可检查_____属性的属性值，选中时，属性值为_____。

9．判断单选钮是否选中，可检查_____属性的属性值，选中时，属性值为_____。

10．若要中途跳出 Do Loop 循环，可以使用_____语句。

11．执行下面的程序段后，s 的值为_____。

```
s=5
For i=2.6 To 4.9 Step 0.6
  s=s+1
Next i
```

12. 以下程序段的输出结果是_____。

```
num=0
While num<=2
  num=num+1
  Print num
Wend
```

13. 以下程序段所对应的函数表达式是_____。

```
x=InputBox( "Enter an Integer" )
x=Cint(x)
Select Case x
  Case Is<=0
    y=0
  Case Is<=10
    y=5+2*x
  Case Is<=15
    y=x-5
  Case Is>15
    y=0
End Select
```

14. 设有以下的循环：

```
x=1
Do
    x=x+2
    Print x
Loop Until _____
```

程序运行后，执行 3 次循环体，请填空。

15. 以下程序的功能是：从键盘上输入若干个学生的考试分数，统计并输出最高分数和最低分数，当输入负数时结束输入，输出结果。请填空。

```
Private Sub Form_Click()
  Dim x,amax,amin As Single
  x=InputBox( "Enter a score" )
  amax=x
  amin=x
  Do While _____
    If x>amax Then
      amax=x
    End If
    If _____ Then
      amin=x
    End If
    x=InputBox( "Enter a score" )
  Loop
  Print  "Max=" ;amax," Min=" ;amin
End Sub
```

16. 阅读下面程序。

```
Private Sub Form_Click()
  Dim k,n,m As Integer
  n=10
  m=1
  k=1
  Do While k<=n
    m=m*2
```

```
        k=k+1
     Loop
     Print m
 End Sub
```

程序运行后，单击窗体，输出结果为_____。

17. 以下循环的执行次数是_____。

```
k=0
Do While k<=10
  k=k+1
Loop
```

18. 阅读程序。

```
Private Sub Form_Click()
  num=0
  Do While num<=2
    num=num+1
    Print num
  Loop
End Sub
```

程序运行后，单击窗体，输出结果是_____。

19. 在窗体上画一个命令按钮，然后编写如下事件过程。

```
Private Sub Command1_Click()
  a=0
  For i=1 To 2
   For j=1 To 4
       If  j Mod 2<>0  then
           a=a+1
       End If
       a=a+1
   Next j
  Next i
  Print a
End Sub
```

程序运行后，单击命令按钮，输出结果是_____。

四、编程题

1. 编写程序，实现从键盘上输入 4 个数，计算并输出这 4 个数的和及平均值。要求：通过 InputBox 函数输入数据，结果显示在窗体上。

2. 编写程序，要求用户输入下列信息：姓名、年龄、通信地址、邮政编码和电话，然后将输入的数据用适当的格式在窗体上显示出来。

3. 编写一个标签文本互换程序。程序运行后，界面如图 4-55 所示，单击"互换"按钮，两个标签内的文本内容互换，结果如图 4-56 所示。

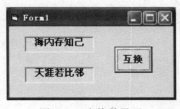

图 4-55　交换前界面

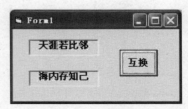

图 4-56　交换后界面

4. 设计一个"按日计酬"程序。如图 4-57 所示，程序运行后，在 3 个文本框中分别输入开始工作日、结束工作日和每日酬金，单击"计算"按钮，在弹出的对话框中显示工作天数和应得工资。结果如图 4-58 所示。

图 4-57 程序界面

图 4-58 计算结果对话框

5. 编写程序，判断用户输入的数据是否能同时被 3 和 5 整除。

6. 分别利用 If 语句和 Select Case 语句编程计算如下分段函数的值。

$$y = \begin{cases} x^2 + 5x + 2 & x > 30 \\ \sqrt{3x} - 2 & 15 \le x \le 30 \\ \dfrac{1}{x} + |8x| & x < 15 \end{cases}$$

7. 由键盘输入 3 个正数，如果可以作为三角形的三条边长，则显示"可以构成三角形"，并计算输出该三角形的周长和面积；否则显示"不可以构成三角形"。如果是直角三角形，还需显示"这是一个直角三角形"。

8. 程序运行界面如图 4-59 所示。用户选择文字格式后，单击"确定"按钮，标签中的文字"大连海事大学"的格式随之变化。

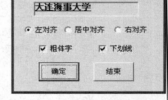
图 4-59 文字格式设定界面

9. 编写程序，计算：

$$s = \sum_{i=1}^{10} (i+1)(2i+1)$$

10. 我国现有人口 12 亿，设年增长率为 1%，编写程序，计算多少年后增加到 20 亿。

11. 利用随机函数产生 20 个 50~100 范围内的整数，并求出它们的最大值、最小值和平均值。

12. 勾股定理中 3 个数的关系是：$a^2+b^2=c^2$。试编写程序，输出 30 以内满足上述关系的整数组合。例如，3、4、5 就是一个整数组合。

13. 编写程序，打印如下乘积表。

	3	6	9	12
15	……			
16	……			
17	……			
18	……			

第5章
数 组

本章要点：

- ◇ 数组的概念、定义、分类、基本操作和实际应用。
- ◇ 常用算法的应用。
- ◇ 控件数组的建立与应用。
- ◇ 枚举类型、用户自定义类型的构造方法和应用。

5.1 数组的概念

到目前为止，前面章节只介绍了简单类型的数据，进行处理时，只用了简单变量。例如，整型变量、字符型变量及单精度型变量等。这些数据的构成简单，都是 VB 预定义的标准数据类型，本身都不能再分解。然而，更常见的是以简单数据为基础而构成的各种组合数据（数组、用户自定义类型）。组合的方式各有不同，其作用也各异。下面，来看个用数组解决问题的例子。

图 5-1 【例 5-1】运行结果图

【例 5-1】统计一个公司员工的收入情况（设人数为 40 人），需统计出高于和低于平均工资的人数。运行结果如图 5-1 所示。

解题的思路为：首先要求出 40 个人的工资总和的平均值，然后用 40 个人的工资与平均工资相比较，来求出高于和低于平均工资的人数。该题的难点是人数为 40 人，若用简单变量需要 40 个，若用数组解决，非常方便。

```
Private Sub Form_click()
    Dim s(1 To 40) As Integer
    Dim sum!, avg!, n%, k%
    avg = 0
    n = 0
    For i = 1 To 40
        s(i) = 2000 * Rnd + 1000
        Print s(i);
        k = k + 1
        If k Mod 5 = 0 Then Print
        sum = sum + s(i)     '求工资总和
    Next i
    avg = sum / 40           '计算平均工资
```

```
        For i = 1 To 40
            If s(i) > avg Then n = n + 1 '统计高于平均工资的人数
        Next i
        Print
        Print "平均工资为: " + Str(avg)
        Print "高于平均工资的人数为: " + Str(n)
        Print "低于平均工资的人数为: " + Str(40 - n)
    End Sub
```

本题用数组编程，循环中改变的只是数组名后括号里的下标值，数组名不变。只要修改定义数组时数据的个数，循环的终值等，程序不用加长就可以解决比本题数量大得多的统计处理问题。

在 VB 中，将一组排列有序的、个数有限的变量作为一个整体，用一个统一的名字来表示，这些有序变量的集合称为数组。用 A(n)形式来表示，A 为数组名，n 为下标，如数组 A(5)。数组名的命名规则与简单变量的命名规则一样。在同一数组中，构成该数组的成员称为数组元素，或称数组分量或下标变量都可以。例如，数组 A(5)含有下列 6 个数组元素。

A(0)　　A(1)　　A(2)　　A(3)　　A(4)　　A(5)

数组有下列特性。

（1）数组中的元素均是同类型的量。

（2）数组中的每个元素都可看作简单变量，均能直接访问。

（3）使用数组时，可以用相同数组名字引用一系列变量，可以用数组名及下标唯一标识一个数组的元素，由此，数组元素又称"下标变量"。

注意　　简单变量是无序的，无所谓谁先谁后，数组中的元素是有排列顺序的。有序性和无序性就是下标变量和简单变量之间的重要区别。

5.2　定长数组

在 VB 中，数组按长度分可分为具有固定长度的定长数组和不定长度的动态数组；按维数分可分为一维数组和多维数组。这一节介绍定长数组的声明和引用方法。

5.2.1　一维数组

由前面的学习我们知道，一个简单变量，可以不声明直接引用。但数组不同，必须先声明后使用。在 VB 中，数组可分为具有一个下标的一维数组与多个下标的多维数组，这一小节介绍一维数组的声明与引用。

1. 一维数组的声明

【格式】

Public|Private|Dim 数组名（［下标下界 To］下标上界）［As 数据类型］

【功能】声明数组的名称、数组下标的下界和上界以及数据类型。

【说明】

（1）Public：指可将数组声明为全局数组，用在模块或窗体的通用声明段中。

（2）Private：指可将数组声明为模块或窗体级数组，用在模块或窗体的通用声明段中。

（3）若省略"下标下界 To"，则下标下界由 0 开始。下标值可正可负，但下界一定要小于上

界。且下标值一定是常数，不能是变量和表达式。例如，下面显示的是错误的数组声明。

$$dim\ a(3\ to\ 1)、dim\ b(x\ to\ 10)、dim\ c(1\ to\ k+3)$$

（4）若省略"As 数据类型"，则类型为 Variant 类型。此种声明时缺省类型的数组，我们称为"默认数组"。

例如，

```
Dim a(1 To 4) As Integer        a 数组元素为：a(1)、a(2)、a(3)、a(4)
Dim b(5) As Single              b 数组元素为：b(0)、b(1)、b(2)、b(3)、b(4)、b(5)
Dim c(-3 To 1)                  c 数组元素为：c(-3)、c(-2)、c(-1)、c(0)、c(1)
```

数组 c 为默认数组。

2. Option Base 语句

在一般情况下，省略下标的下界，其默认值为 0。如果希望下标的下界值从 1 开始，可以通过 Option Base 语句来设置，格式如下。

【格式】`Option Base n`

【功能】设置数组下标的下界值。

【说明】n 为数组下标的下界值，只能取值 0 或 1。若不使用该语句设定数组下标的下界值，则默认下标值为 0。Option Base 语句必须在窗体或模块的通用声明区中，并在 Dim 语句之前使用，不能出现在过程中。通用声明区如图 5-2 所示。

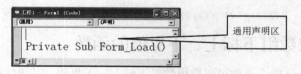

图 5-2　通用声明区位置图

3. 一维数组元素的引用

一维数组元素的引用非常简单，格式如下。

【格式】　　　　数组名（下标值）

数组元素的应用可以与简单变量一样赋值和参与运算，没有任何的区别。

例如，a(1)=5；a(2)=10* a(1)；a(i)<>a(j)等。

5.2.2　多维数组

1. 多维数组的声明

【格式】

Dim 数组名（[下标 1 下界 To] 下标 1 上界，[下标 2 下界 To] 下标 2 上界…）[As 类型]

【功能】声明多维数组的名称、维数、数组各维下标的下界和上界以及数据类型。

【说明】

（1）Public、Private：在这里省略，用法同一维数组。

（2）声明时，有几个下标，即为几维数组，不同的下标之间用逗号隔开。数组元素的个数为每一维大小的乘积。

（3）Option Base 语句也可用于多维数组，设定的是多维数组每一维下标的下界起始值。

（4）若省略"As 数据类型"，则类型为 Variant 类型。

例如，Dim Record(2,3) As string

声明了一个二维数组，该数组名为 Record ，类型为（string），包含 12 个字符型的数据元素，其第一维下标范围为 0～2，代表行；第二维下标范围为 0～3，代表列。占据着 3×4 个字符型的内存空间。Record 数组排列方式见表 5-1。

表 5-1　二维数组 Record 各元素排列方式

Record(0,0)	Record(0,1)	Record(0,2)	Record(0,3)	← 第 0 行
Record(1,0)	Record(1,1)	Record(1,2)	Record(1,3)	← 第 1 行
Record(2,0)	Record(2,1)	Record(2,2)	Record(2,3)	← 第 2 行

第 0 列　　第 1 列　　第 2 列　　第 3 列

又如，Dim a(1,2,3) as Integer

声明了一个三维整型数组，第一维下标范围为 0～1，第二维下标范围为 0～2，第三维下标范围为 0～3。

2．多维数组元素的引用

多维数组元素的引用非常简单，格式如下。

【格式】数组名（下标值 1，下标值 2…）

【说明】多维下标之间用逗号隔开。维数最多可达 60 维。

例如，a(1,2)=5；a(2,2)=10* a(1,1)；a(i,i)<>a(j,j)等。

5.2.3　获取数组下标上、下界值的函数

Lbound 和 Ubound 两个函数可以取得数组下标上、下界值。其语法格式如下。

【格式】LBound（数组名[，维数]）

【功能】返回一个 Long 型数据，其值为指定数组之某一维的下标下界值。

【格式】UBound（数组名[，维数]）

【功能】返回一个 Long 型数据，其值为指定数组之某一维的下标上界值。

【说明】

（1）数组名：必需的，指定取得下标上、下界值的数组名称。

（2）维数：可选的，指定返回哪一维的下标界值。1 表示第一维，2 表示第二维，依次类推。如果省略维数，默认为是 1。

例如，声明一个二维数组，如下。

```
Dim A(1 To 10,5 To 15)
```
则，LBound（A，1）返回值是 1。（表示第一维的下标下界值）

　　UBound（A，1）返回值是 10。（表示第一维的下标上界值）

　　LBound（A，2）返回值是 5。（表示第二维的下标下界值）

　　UBound（A，2）返回值是 15。（表示第二维的下标上界值）

5.2.4　静态数组

用 Static 关键字声明的变量，称为静态变量，用 Static 关键字声明的数组，称为静态数组。Static 关键字只能在过程内部，声明局部变量或局部数组，不能用于过程外。静态数组的特点为：当过程运行结束后，静态数组元素值还保留运行结束时的值不变，当下一次再调用同一过程时，

数组元素值由上一次保留的值开始变化，直到应用程序结束。静态变量同理。而在某过程中用 Dim 声明数组，当该过程结束时数组元素值释放掉原来的值，当下一次再调用同一过程时，再重新赋值。用 Static 关键字声明数组的格式与引用方法与 Dim 声明数组一样，只把 Dim 换成 Static 即可。

1. 过程中 Static 和 Dim 用法的区别

【例 5-2】 比较在过程中，分别用 Static 声明数组与用 Dim 声明数组对程序运行结果的影响。

【程序 A】

```
Private Sub Form_Click()
   Static a(2) As Integer
   a(0) = a(0) + 2
   a(1) = a(1) + 2
   Print "a(0)="; a(0)
   Print "a(1)="; a(1)
   Print
End Sub
```

【程序 B】

```
Private Sub Form_Click()
   dim a(2) As Integer
   a(0) = a(0) + 2
   a(1) = a(1) + 2
   Print "a(0)="; a(0)
   Print "a(1)="; a(1)
   Print
End Sub
```

【结果】运行结果如图 5-3 所示。

【分析】由程序与图 5-3 可见，程序 A 与程序 B 基本一样，差别在于一个用 Static 声明数组，一个用 Dim 声明。由于静态数组的特点，因此程序 A 单击 3 次窗体后在用户界面上给出了 3 次不同的结果，第 1 次的结果是在 a 数组初始值（为 0）基础上运算所得，第 2 次的结果是在第 1 次的结果上运算所得，而第 3 次的结果是在第 2 次的结果上运算所得。程序 B 第 2

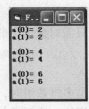 

（a）程序 A 界面　　（b）程序 B 界面

图 5-3　在过程中 Static 和 Dim 用法的区别

行用 Dim 声明了数组 a，单击 3 次窗体后，a 数组元素值的变化均在初始值（为 0）基础上运算所得，因此在用户界面上给出了 3 次相同的结果。

2. Static 和 Dim 用法相同的地方

我们来看下面【例 5-3】，Dim 声明数组所在位置不同可以得到与 Static 声明数组相同的结果。

【例 5-3】分别用 Static 声明数组与用 Dim 声明数组，可以得到相同的运行结果。

【程序 A】

```
Private Sub Form_Click()
   Static a(2) As Integer
   a(0) = a(0) + 2
   a(1) = a(1) + 2
   Print "a(0)="; a(0)
   Print "a(1)="; a(1)
   Print
End Sub
```

【程序 B】

```
Dim a(2) As Integer
Private Sub Form_Click()
   a(0) = a(0) + 2
   a(1) = a(1) + 2
   Print "a(0)="; a(0)
   Print "a(1)="; a(1)
   Print
End Sub
```

【结果】运行结果如图 5-4 所示。

【分析】

【例 5-3】与【例 5-2】不同的地方在于，两个程序 B 中 Dim 语句所在的位置不同。若在窗体的通用声明区用 Dim 声明数组，则 a 数组为窗体级数组。它的生存周期为：只要窗体不关闭（不结束），则 a 数组的元素值就有效保持。因此程序 B 单击 3 次窗体后在用户界面上给出了 3 次不同的结果，第 1 次的结果是在 a 数组初始值（为 0）基础上运算所得，第 2 次的结果是在第 1 次的结果上运

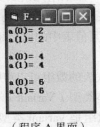 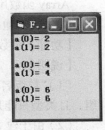

（程序 A 界面）　　　（程序 B 界面）

图 5-4　【例 5-3】的运行结果图

算所得，而第 3 次的结果是在第 2 次的结果上运算所得。

5.3 数组的基本操作

数组是程序设计中最常用的结构类型，将数组元素的下标和循环语句结合使用，能解决大量的实际问题。下面，我们来讲述数组元素的输入、输出与复制等基本操作。

5.3.1 数组元素的输入、输出与复制

1. 数组元素的输入（赋值）

给数组元素赋值有 3 种方式：用赋值语句直接赋值、用循环结构输入以及用输入框或文本框输入。但在赋值时要注意，所赋值的类型与数组声明时的类型应保持一致。

（1）用赋值语句直接赋值

当数组元素较少或只需对数组中的指定元素赋值时，可以用赋值语句来实现数组元素的输入。例如，X(0)=5、X(1)=15、Y(1,1)=100 等。

（2）用循环结构输入

当数组元素很多或是多维数组时，元素的输入可以通过循环或多重循环语句来实现。对于多维数组，一般情况下，将每一维下标与多重循环的不同层循环变量相结合。通过循环的变化，以达到给多维数组赋值或输出的目的。例如，

```
Dim Arr(2,4)
For i=0 to 2                  'arr 数组第 1 维下标与变量 i 匹配，即按行
  For j=0 to 4                'arr 数组第 2 维下标与变量 j 匹配，即按列
    Arr(i,j)=i+j             '将 i+j 赋给 Arr(i,j)
  Next j
Next i
```

（3）用输入框或文本框输入

用输入框或文本框输入数组元素值比较直观。例如，输入学生成绩可用 InputBox 函数，程序段如下。

```
For i = 1 To 30
  s(i) = Val(InputBox("请输入学生成绩"))    '用输入框输入成绩
  sum = sum + s(i)                          'sum 为学生成绩总和
Next i
```

当然，对于大量的数据输入，为了便于编辑一般不用 InputBox 函数，而用文本框输入。

（4）用 Array 函数给一维数组赋值

Array 函数用于给一维数组元素赋初值，格式如下。

【格式】数组名= Array（数组元素值表）

【功能】将数组元素值表中的值，赋给具有 Variant 类型数组名的对应元素。

【说明】

（1）"数组名"所代表的数组可以声明为没有下标和维数的动态数组或连圆括号都可省略的数组，且类型只能是变体类型（Variant）。

（2）由于建立的数组是 Variant 类型，所以"数组元素值表"中的值可以是任意数据类型，数据类型也可以不必完全一样。若参数的个数超过两个，中间必须用逗号隔开。

（3）数组的下界默认为 0，也可以通过 Option Base 语句设定；上界由 Array 函数括号内的元素个数决定，也可通过 Ubound 函数获得。

（4）Array 函数只能给一维数组赋值，对二维以上的多维数组不适用。

【例 5-4】Array 函数应用的例子。运行结果如图 5-5 所示。

【程序】

```
Private Sub Form_Click()
    Dim a(), b
    a = Array(3, "K", Time, True)
    b = Array(1, 2, 3, 4)
    Print b(2); a(3)
End Sub
```

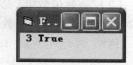

图 5-5　【例 5-4】的运行结果

2. 数组元素的输出

数组元素可以像输出其他数据一样，用 Print 语句、标签和文本框等实现。可用一维或二维数组输出各种不同形状的图形，比如，方阵、直角三角和等腰三角等。

【例 5-5】利用一维数组，输出如图 5-6 所示图形。

【程序】

```
Option Base 1
Private Sub Form_Click()
    Dim i%, b()
    Form1.FontSize = 12
    Form1.FontBold = True
    b() = Array("北", "京", "欢", "迎", "你! ")
    For i = 1 To 5
        For j = 1 To i
            Print b(j);
        Next j
        Print
    Next i
End Sub
```

图 5-6　【例 5-5】运行结果图

【例 5-6】利用二维数组打印输出如图 5-7 所示矩阵。

【程序】

```
Option Base 1
Private Sub Form_Click()
    Dim a(5, 5) As String, i%
    For i = 1 To 5
        For j = 1 To 5
            a(i, j) = i * j
            Print Tab(6 * j); a(i, j);
        Next j
        Print
    Next i
End Sub
```

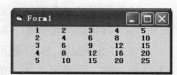

图 5-7　【例 5-6】运行结果图

3. 数组元素的复制

单个数组元素可以像简单变量一样从一个数组复制到另一个数组，而不管数组的维数是否相同。例如，

```
Dim a(2,3) As Integer,b(5) As Integer
B(3)=a(1,3)
```

VB 6.0 新提供了整个数组的复制功能，可以将一个数组的各个元素值赋给另一个数组元素，且只通过一个简单的语句即可。其语法格式如下。

【格式】被赋值数组名= 数组名

【功能】将"数组名"代表的数组所有元素一次性的赋给"被赋值数组名"代表的数组。

【说明】

（1）数组复制时，赋值号两边的数据类型必须一致。

（2）"被赋值数组"必须是声明为没有下标和维数的动态数组或连圆括号都可省略的数组。赋值时系统自动的将动态数组重声明（ReDim）成与右边同样大小的数组。

```
例如, Dim a(4) As Integer, b() As Integer
     a(0) = 1: a(1) = 2: a(2) = 3: a(3) = 4: a(4) = 5
     b = a                          '将a数组各元素的值赋给b数组对应的元素
```

b＝a 语句相当于执行了下列语句。

```
ReDim b(UBound(a))               'ReDim重新定义b数组的长度，见5.4动态数组
For i=0 to UBound(a)
  b(i)=a(i)
Next i
```

5.3.2　FOR Each……Next 语句

For Each…Next 语句与 For…Next 语句相似，都是用来执行指定重复次数的一组语句，但 For Each…Next 语句专门用于数组或对象集合（本书略）中的每个元素。其语法格式如下。

```
【格式】For Each 变量 In 数组名
       [语句组]
     [Exit For]
     ……
     Next [变量]
```

【功能】将所引用数组元素的个数，作为循环的次数，重复执行某个语句段落。每进入循环 1 次，就将数组元素，由第一个元素开始依次赋给指定的"变量"。

【说明】

（1）变量：必需的，只能是一个 Variant 类型变量。Next 后面的变量可省略。

（2）数组名：必需的，数组的名称（用户自定义类型的数组除外），没有括号和上下界。

（3）语句组：可选的，针对数组中的每一项执行的一条或多条语句。

（4）For Each…Next 既可用于一维数组，也可用于二维数组。循环时，二维数组循环的顺序为以列为准，先是第 1 列，依次第 2 列，第 3 列等。

如果不知道一个数组中有多少个元素，使用 For Each…Next 语句是非常方便的。

【例 5-7】统计若干个学生的平均身高。利用文本框输入学生身高，用 For Each…Next 语句来解决这个问题。初始界面与运行结果界面如图 5-8 所示。

图 5-8　【例 5-7】初始界面与运行结果界面

【画面说明】

当在文本框中输入学生身高后，单击"输入确定"命令按钮进行确定，输入完所有的学生身高后，单击"显示结果"命令按钮显示运行结果，按"结束" 命令按钮结束程序运行。

【控件属性】见表 5-2。

表 5-2　控件及其属性设置

控件名称(Name)	标　　题(Caption)	控件名称(Name)	标　　题(Caption)
Label1	请输入学生身高	Command1	输入确定
Label2	空	Command2	显示结果
Text1	Text 属性为空	Command2	结束

【程序】
```
Dim k As Integer                          '在通用的"声明"段输入
Dim sum(1 to 100) As Integer              '声明身高数组
Private Sub Form_Load()
  k = 0                                   '给学生人数 k 赋初值
End Sub
Private Sub Command1_Click()
  k = k + 1                               '每输入一个身高,学生人数加 1
  sum(k) = Val(Text1.Text)                '把文本框中的身高赋给数组元素
  Text1.Text = " "                        '清空文本框
  Text1.SetFocus                          '使文本框获得焦点
End Sub
Private Sub Command2_Click()
  Dim e_sum As Variant
  For Each e_sum In sum
    total = total + e_sum                 '求身高总和
  Next
  Avg = total / k                         '求平均身高
    '显示结果
    Label2.Caption = "共输入" + Str(k) + "个学生身高" + Chr(10) + Chr(13) _
                  + "其平均身高为: " + Str(avg) + "厘米"
End Sub
Private Sub Command3_Click()
  End                                     '退出程序
End Sub
```
【分析】

在通用的"声明"段中声明了"身高数组"为变体类型,变量 k 和数组 sum 为窗体级变量和数组。Command2_Click()事件过程中的第一个 For Each…Next 语句用于求身高总和。这里的 e_sum 类似于 For…Next 循环的循环控制变量,但不需要为其提供初值和终值,而是根据身高数组中身高的个数确定执行循环的次数。e_sum 的值处于不断地变化之中,开始执行时,e_sum 是身高数组第一个身高的值,完成第一次循环进入第二次循环时,e_sum 变为身高数组第二个身高的值,……当 e_sum 为最后一个身高的值时,执行最后一次循环。Label2 用于显示结果。Val 函数是将字符型的数据转换成数值类型。

【例 5-8】在二维数组中应用 For Each…Next 语句,运行结果界面如图 5-9 所示。

图 5-9　【例 5-8】运行结果图

【程序】
```
Option Base 1
Private Sub Form_Click()
    Dim a(2, 2) As Integer
    a(1, 1) = 11:a(1, 2) = 12
```

```
    a(2, 1) = 21:a(2, 2) = 22
    For Each k In a
        Print k
    Next k
End Sub
```

【分析】由图 5-9 运行结果看出，For Each…Next 语句对于二维数组的循环，是以列为单位进行的。

5.4   动态数组

我们前面讲的定长数组，在声明时，下标只允许出现常数或符号常量。而在声明时，用变量作为下标的，长度可以变化的数组称为动态数组。

若从数组存储分配上来看，定长数组是指声明数组时，计算机即开辟固定的存储空间，以备定长数组存储数据而用，直到程序执行完毕。动态数组是指声明数组时，计算机未分配内存给该数组，而是等到程序执行到 Redim 声明时才给数组开辟存储空间，当不需要时，可以用 Erase 语句删除它，收回分配给它的存储空间，还可以用 Redim 语句再次分配存储空间。

1. 动态数组的声明

动态数组的声明通常分为以下两步格式。

【格式 1】

Public|Private|Static|Dim 数组名（）［As 数据类型］

【功能】首先在窗体层、标准模块或过程中，用 Public、Private、Static 或 Dim 语句声明一个维数定义为空（保留空括号）的数组。

【格式 2】

ReDim [Preserve] 数组名（维数定义）［As 数据类型］

【功能】其次在过程中用 ReDim 语句声明实际的元素个数。

例如，Dim Larr（）As String
        ReDim Larr（3, 4）As String

【说明】

（1）ReDim 语句是一个可执行语句，只能出现在过程中。

（2）在定长数组声明中的下标只能是常量，而在动态数组 ReDim 语句中的下标可以是常量，也可以是有了确定值的变量。

（3）在一个过程中，可以多次用 ReDim 声明同一个数组，不仅可以改变每一维的上下界值，也可以改变数组的维数。但是不能在将一个数组声明为某种数据类型之后，再使用 ReDim 将该数组改为其他数据类型，除非是 Variant 所包含的数组。

（4）可省略声明动态数组的格式 1，只用 ReDim 语句直接声明动态数组。动态数组的维数可达 8 维。

（5）每次使用 ReDim 语句后，都会使原来的元素值丢失，可以在 ReDim 语句后加 Preserve 参数来保留数组中的数据。

2. 动态数组的应用

动态数组的引用与定长数组相同。

【例 5-9】利用动态数组计算一个班学生总平均成绩，然后统计高出平均分的人数。要求学生的人数改为由键盘动态输入。

【程序】

```
Private Sub Form_Activate()
    Dim sum() As Integer, k%                           '声明动态数组
    K=Val(InputBox("请输入学生人数", "人数"))              '用输入框输入学生人数
    ReDim sum(1 To k) As Integer                       '用 ReDim 重新设定元素个数
    For i = 1 To k
        sum(i) = Val(InputBox("请输入学生成绩","输入成绩"))
        sum_mt = sum_mt + sum(i)
        Print "sum("; i; ")="; sum(i)
    Next i
    ReDim preserve sum(1 To k+2) As Integer            '增加两个元素
    Sum(k+1) = sum_mt / k                              '计算平均分
    Sum(k+2) =0                                        '存放高出平均分的人数
    For i = 1 To k
      If sum(i) > Avg Then sum(k+2) = sum(k+2) + 1     '算高出平均分的人数
    Next i
    Print "总平均分为: " + Str(Sum(k+1))
    Print "高出平均分的人数为: " + Str(sum(k+2))
End Sub
```

当输入 5 个学生成绩为 55、66、77、88、99 时，程序的运行结果如图 5-10 所示。

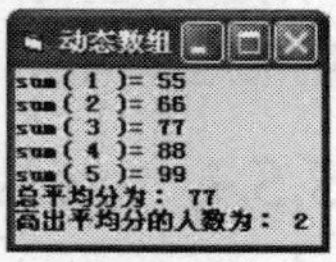

图 5-10　计算平均分的运行结果

【说明】

该题运用了动态数组，在一开始声明了没有维数的 Sum()数组，接下来由键盘动态输入学生人数 k，然后第一次用 ReDim 语句重新设定下标为 1 To k ，第二次用带参数 Preserve 的 ReDim语句，在保留学生成绩的基础上添加两个数组元素 Sum(k+1)和 Sum(k+2)，Sum(k+1)用于存放总平均分，Sum(k+2)用于存放高出平均分的人数。

3. 清除数组

Erase 语句用于清除数组，语法格式如下。

【格式】`Erase 数组名[, 数组名]……`

【功能】可释放动态数组的存储空间或将静态数组的元素清空重置为默认值。

【说明】

（1）数组名是要清除数组的名称，且不带括号和下标。若有多个数组时，数组名间用逗号隔开。

（2）当把 Erase 语句用于静态数组时，若数组是数值类型，则把数组中的所有元素重置为 0；若数组是字符串类型，则把数组中的所有元素重置为空字符串；若数组是 Variant 类型数组时，每个元素被重置为空（Empty）。

（3）当把 Erase 语句用于动态数组时，将删除整个数组结构并释放数组所占用的内存空间。也就是说，动态数组经过 Erase 语句处理后已不存在。当下一次引用该动态数组之前，必须用 ReDim语句重新声明该动态数组的维数。

【例 5-10】用静态和动态数组分别测试利用 Erase 语句后的结果。运行结果如图 5-11 所示。

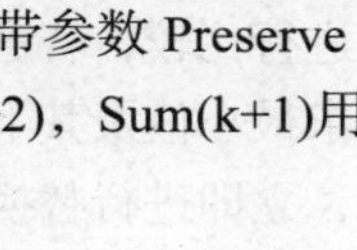

图 5-11　利用 Erase 语句前、后的结果

【程序】

```
Private Sub Form_Activate()
    ReDim a(1 To 5) As String
    Dim b(1 To 5) As String
    Dim c(1 To 5) As Integer
```

```
          a(1) = "快"
          b(1) = "乐"
          c(1) = 1
          Print a(1); b(1); c(1); "+"; c(1)
          Erase a, b, c
          Print b(1); c(1); "+"; c(1)
     End Sub
```

当利用 Erase 语句后，若用 Print a(1); b(1); c(1); "+"; c(1)输出结果，则会出现"下标越界"错误，证明数组 a 已被清除；b 数组元素被清为空字符串，c 数组元素被清为 0。

5.5 应用举例

在日常生活中，经常会遇到在一组数据中求最大值、最小值、统计、排序和查找等问题。例如，对某班学生的成绩进行排序，并给出最高分和最低分的成绩。利用数组和循环语句可以很容易地解决这些问题。下面，介绍几种比较常用的数组应用。

5.5.1 求最大、最小和交换问题

1. 求最大值或最小值及其下标

方法为首先假设数组的第一个元素及下标就是最大值及最大值的下标，实际上将第一个元素及下标赋给两个用于代表最大值及最大值的下标变量；然后将代表最大值的变量与数组中的其他元素逐一进行比较，若遇到比该变量数大的元素，立即将元素值赋给该变量，同时也替换最大值的下标。求最小值及其下标的方法同求最大值，只是遇到比该数小的元素，立即进行替换。

【例 5-11】随机产生 10 个数，求出其中的最大值及其下标。运行结果如图 5-12 所示。

图 5-12　求最大值的运行结果

【程序】
```
Private Sub Form_Click()
    Dim Arr(1 to10) As Integer, Max As Integer, iMax As Integer
    For i = 1 To 10
      Arr(i) = Fix(101 * Rnd)              '随机产生 10 个 0 到 100 之间的数赋给数组
      Print Arr(i);                        '显示数组
    Next i
    Max = Arr(1)                           '将 Arr(1)赋给最大值，假设 Arr(1)是最大值
    iMax = 1                               '将 1 赋给最大值下标，假设 1 是最大值下标
    For i = 2 To 10
      If Arr(i) > Arr(iMax) Then iMax = i: Max = Arr(i) '将 Arr(2)~Arr(10)依次与 Arr(iMax)
    Next I                                 '比较，若大于它，则进行替换。
    Print
    Print "最大值为: "; Max; "最大值下标为: "; iMax
End Sub
```
【结果】
注意：If　Arr(i) > Arr(iMax)语句与 If　Arr(i) > Max 语句作用等价。

2. 交换数组中各元素

数组中各元素的交换实际上是找下标之间的规律。例如，要求将数组第一个元素与最后一个

元素交换，第二个元素与倒数第二个元素交换，以此类推。解决的方法为，首先找出数组下标的中间值，若数组有 n 个元素，则中间值为 n/2，为了避免出现小数，用整除 n\2 取中间值；然后通过循环语句，利用某个中间变量，将数组的元素交换。

【例 5-12】用 Array 函数输入 10 个数，并交换数组中各元素。运行结果如图 5-13 所示。

【程序】

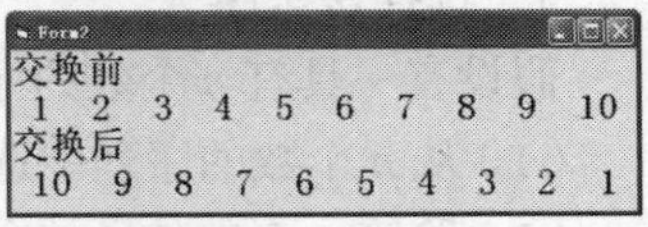

```
Option Base 1
Private Sub Form_Activate()
    Dim Arr, t As Integer
    Arr = Array(1, 2, 3, 4, 5, 6, 7, 8, 9, 10)
    Print "交换前"
    For i = 1 To 10
        Print Arr(i);
    Next i
    For i = 1 To 10 \ 2
        t = Arr(i): Arr(i) = Arr(10 - i + 1): Arr(10 - i + 1) = t    '利用中间变量 t 将元素值交换
    Next i
    Print
    Print "交换后"
    For i = 1 To 10
        Print Arr(i);
    Next i
End Sub
```

图 5-13　交换数组元素的运行结果图

5.5.2　分类统计问题

分类统计问题实际上就是利用给定的分类条件进行检测，在数组中找出满足条件的元素，然后进行计数、或求和、或求平均值等。条件的检测多用 if 语句、case 语句、choose 语句，并与循环语句一起解决这类问题。

【例 5-13】根据一个班学生（30 人）的某科成绩，统计给出优、良、中、及格与不及的人数。运行结果如图 5-14 所示。

【程序】

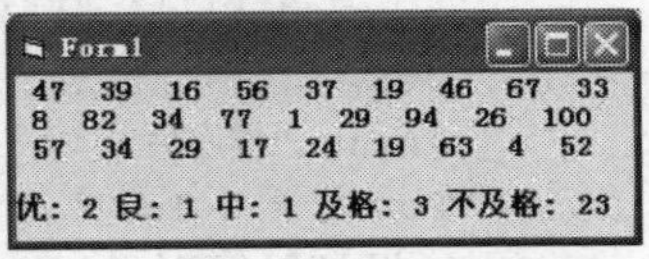

```
Private Sub Form_Click()
    Dim a%(1 To 30), i%
    Dim k1%, k2%, k3%, k4%, k5%
    For i = 1 To 30
        Randomize: a(i) = 101 * Rnd
        If i Mod 10 = 0 Then Print a(i); Print Else Print a(i);
        Select Case a(i)
        Case 90 To 100
            k1 = k1 + 1
        Case 80 To 89
            k2 = k2 + 1
        Case 70 To 79
            k3 = k3 + 1
        Case 60 To 69
            k4 = k4 + 1
        Case Else
            k5 = k5 + 1
        End Select
    Next i
    Print
    Print "优:"; k1; "良:"; k2; "中:"; k3; "及格:"; k4; "不及格:"; k5
End Sub
```

图 5-14　【例 5-13】运行结果图

5.5.3 排序问题

排序有多种方法，常用的有选择法、冒泡法、插入法和合并排序法等。下面介绍最简单的排序方法——选择法排序和冒泡法排序。

1. 选择法排序

假设有一具有 *n* 个数的序列（数组），用选择法按递增次序排序的思路如下。

（1）从 *n* 个数的序列中选出最小的数（递增），与第 1 个数交换位置（外循环的第 1 次循环）。

（2）除第 1 个数外，其余 *n*-1 个数再按（1）的方法选出次小的数，与第 2 个数交换位置（外循环的第 2 次循环）。

（3）依次重复（1）*n*-1 遍，最后构成递增序列。

【例 5-14】用选择法按递增次序对 10 个数进行排序。运行结果如图 5-15 所示。

【程序】

图 5-15　选择法排序

```
Option Base 1
Private Sub Form_Activate()
  Dim Arr, iMin As Integer, t As Integer
  Arr = Array(3, 6, 12, 5, 8, 24, 7, 1, 10, 9)
  n=Ubound(Arr)
  Print "排序前"
  For i = 1 To n
    Print Arr(i);
  Next i
  For i = 1 To n – 1                      '进行了 n-1 轮比较
    iMin = I                             '在第 i 轮比较时，初始假定第 i 个元素最小
    For j = i + 1 To n
      If Arr(j) < Arr(iMin) Then iMin = j '求 Arr(i)～Arr(n)之间的最小值下标
    Next j
    t = Arr(i): Arr(i) = Arr(iMin): Arr(iMin) = t  '将第 i 轮比较求得的最小值
  Next I                                 '与第 i 个元素交换
  Print "排序后"
  For i = 1 To 10
    Print Arr(i);
  Next i
End Sub
```

【分析】可以看到选择法排序是由双层循环来实现的。内循环用于找最小值，外循环用于计量找最小值的个数。当外循环第一次循环时，将第 1 个元素的下标假定为最小数的下标；而内循环用 Arr(iMin)元素与其余的 *n*-1 个元素进行比较，求出了最小值的下标（递增），退出内循环后，将最小数与第 1 个元素交换位置，即排出了第一个数。当外循环第二次循环时，将第 2 个元素的下标假定为次小数的下标；而内循环用 Arr(iMin)元素与其余的 *n*-2 个元素进行比较，求出了次小数的下标，退出内循环后，将次小数与第 2 个元素交换位置，即排出了第二个数，以此类推。内循环每循环一次求出 Arr(i)～Arr(n)之间的最小值下标，而外循环每循环一次就排出一个元素，共循环了 *n*-1 次，排出了 *n* 个数的次序（最后循环排了两个数）。

2. 冒泡法排序

假设有一具有 *n* 个数的序列（数组），用冒泡法按递增次序排序的思路如下。

（1）从数据的第一项开始，每一项（I）都与下一项（I+1）进行比较，如果下一项（I+1）的值较小，就将这两项的值交换，从而使较大的数据项排在后面。这样反复处理，直到 n 个数比较结束。这样就比较出最大的数放在最后的第 n 位置上（外循环的第 1 次循环）。

（2）除第 n 个数外，其余 $n-1$ 个数再按（1）的方法选出次大的数，放在后边的第 $n-1$ 位置上（外循环的第 2 次循环）。

（3）依次重复（1）$n-1$ 遍，最后构成递增序列。

冒泡法关键的程序段如下。

【程序段 A】

```
For i = n To 2 step -1
  For j = 1 To i-1
    If A(j) >A(j+1) Then
      t= A(j): A(j) = A(j+1): A(j+1) = t
    end if
  Next j
Next i
```

【程序段 B】

```
For i = 1 To n-1
 For j = n To i+1 step -1
   If A(j) <A(j-1) Then
     t= A(j): A(j) = A(j-1): A(j-1) = t
   end if
 Next j
Next i
```

比较一下上面两段程序，基本的结构没变，但内、外循环循环变量的初值和终值发生了变化，比较与交换语句也随之发生了变化。实际上，两段程序都可实现递增序列的排序，只是程序段 A 是比较出最大值放在最后；而程序段 B 是比较出最小值放在最前面。

5.5.4 查找问题

查找有多种方法，常用的有顺序查找法、二分查找法等。下面介绍最简单的查找方法："顺序法查找"。

"顺序查找法"是在一组数据中，由第一个元素开始一个一个地按顺序往下查找，直到找到被查寻的数据，或全部数据查完为止。此种方法常用于查找少量数据或查找的数据未经排序的情况。

【例 5-15】利用顺序查找法查找一组数据中是否含有数 5，若有，则返回是第几个数。运行结果如图 5-16 所示。

【程序】

图 5-16 顺序法查寻

```
Option Base 1
Private Sub Form_Click()
  Dim Arr, num%, inum%, i%
  Arr = Array(3, 6, 12, 5, 8, 24)
  Print "原始数据"
  For i = 1 To UBound(Arr)
    Print Arr(i);
  Next i
  num = 5 : inum = 0                  '将查找的数赋给 num，将 0 赋给 inum
  For i = 1 To UBound(Arr)
    If Arr(i) = num Then inum = i
  Next i
  If inum = 0 Then Print "查无此数据"; num Else Print "第"; inum; "个数据是"; num
End Sub
```

利用循环，将数组的各元素同 num 比较，若找到与该值相等的元素，则将该元素的下标值赋给变量 inum（不为 0）；若找不到，则 inum=0。

5.5.5 插入和删除问题

插入和删除问题，是在一个序列（有序与无序均可）中插入一个数值或删除一个数值。其重点是找到这个要插入或要删除的位置。这个序列用数组来存储，位置用数组下标来标定。

1. 插入

假定数组中有 n 个元素 $a_1 \sim a_n$，若要在 a_i 位置插入 x，则只需将 $a_i \sim a_n$ 的元素值依次向后移动一个位置，空出原来 a_i 的位置，将 x 插入即可。如图 5-17 所示。

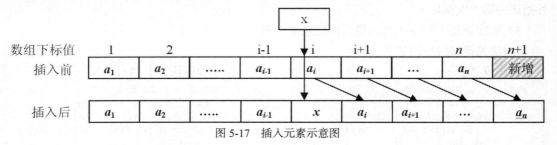

图 5-17 插入元素示意图

【例 5-16】将数值 5 插入到一数组中第 4 个位置。运行结果如图 5-18 所示。

【程序】

```
Option Base 1
Private Sub Form_Click()
  Dim a(), i%, k%, m%
  a = Array(2, 4, 6, 8, 10, 12)
  Print "原始数据: 2, 4, 6, 8, 10, 12"
  k = 4                          'k代表插入的位置
  m = UBound(a)                  'm代表原数组的下标上界
  ReDim Preserve a(m + 1)        '重新定义 a 数组，使其大小增 1
  For i = m To k Step -1
     a(i + 1) = a(i)             '由 a(m) 到 a(4)，元素值依次向后移动一个位置
  Next i
  a(k) = 5                       '在 k 位置插入值 5
  Print "插入后数据: ";
  For i = 1 To m + 1
    Print a(i);
  Next i
End Sub
```

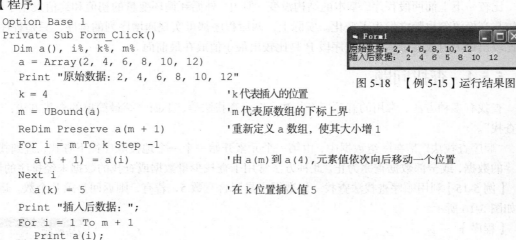

图 5-18 【例 5-15】运行结果图

2. 删除

假定数组中有 n 个元素 $a_1 \sim a_n$，若要将 a_i 元素删除，则只需将 $a_{i+1} \sim a_n$ 的元素值依次向前移动一个位置即可。删除示意图如图 5-19 所示。

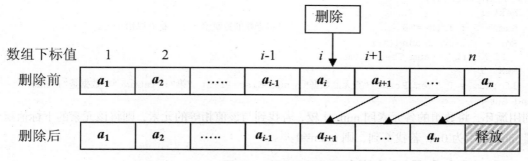

图 5-19 插入元素示意图

【例 5-17】删除数组中第 4 个元素。运行结果如图 5-20 所示。

【程序】

```
Option Base 1
Private Sub Form_Click()
  Dim a(), i%, k%, m%
  a = Array(2, 4, 6, 8, 10, 12)
  Print "原始数据: 2, 4, 6, 8, 10, 12"
  k = 4                              'k 代表删除的位置
m = UBound(a)                        'm 代表原数组的下标上界
  For i = k+1 To m
    a(i-1) = a(i)                    '由 a(m) 到 a(4)，元素值依次向后移动一个位置
  Next i
  ReDim Preserve a(m - 1)           '重新定义 a 数组，使其大小减 1
  Print "删除后数据: ";
For i = 1 To m - 1
    Print a(i);
  Next i
End Sub
```

图 5-20 【例 5-17】运行结果图

5.6 控件数组

5.6.1 控件数组的概念

控件数组是一组具有相同名称和类型的控件。它们的事件过程也相同。通常用于对若干个控件执行大致相同的操作。当建立控件数组的时候，系统给每个元素赋一个唯一的索引值（Index）或称下标值，第一个控件的下标值是 0，第二个为 1，依次类推，通过属性窗口的 Index 属性，不仅可以知道该控件的下标值是多少，也可以将该控件的下标值设为其他值。

控件数组中元素的引用同一般数组元素引用一样，可以通过数组名和括号中的下标来引用。例如，Cmd（2）表示命令按钮控件数组的第 3 个元素。

一个控件数组至少应有一个元素，而同一控件数组中的元素可以有自己的属性设置值。

例如，图 5-21 显示的是窗体上建一个有 3 个元素的 Text1 控件数组，在属性窗口下拉列表框中可见 Text1 控件数组 3 个元素的名称。

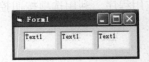

图 5-21 控件数组与它们的名称

5.6.2 控件数组的建立和应用

控件数组的建立方法有在设计时创建和在运行时添加两种方式。

1. 在设计时创建控件数组又有 3 种方法

【方法 1】将相同名字赋予多个同类型控件，其步骤如下。

步骤 1 在窗体上画出作为控件数组的各个控件（必须为同一类型的控件）。并决定哪一个控

件作为数组中的第一个元素。

步骤 2 以作为数组中第一个元素为基准，选定第二个控件，将其 Name 属性值改成与数组第一个元素 Name 属性值相同。修改 Name 属性时，VB 将显示一个对话框见图 5-22，要求确认是否要创建控件数组。此时选择"是"确认操作。

图 5-22　是否确认创建控件数组提示框

步骤 3 重复步骤 2，直到将作为控件数组元素的控件都加入到数组中为止。

以作为数组中第一个元素的控件具有索引值 0，其后每个新数组元素的索引值与其添加到控件数组中的次序相同。

用这种方法添加的控件仅仅共享 Name 属性和控件类型；其他属性与最初绘制控件时的值相同。

【方法 2】复制现有的控件并将其粘贴到窗体上。

当第一次粘贴时也会出现如图 5-22 所示提示，其后再粘贴时不会出现图 5-22 了。这样添加的控件，大多数可视属性，例如高度、宽度和颜色，将从数组中第一个控件复制到新控件中。绘制的第一个控件具有索引值 0，其后每个新数组元素的索引值与其添加到控件数组中的次序相同。

【方法 3】将控件的 Index 属性设置为非空数值。

步骤 1 绘制控件数组中的第一个控件，并将 Index 属性设为 0（或任意非空值）。

步骤 2 再用方法 1 或方法 2 创建其他的控件元素即可。只是没有了提示框。

用控件数组设计程序，可以使程序简洁。因为控件数组中所有控件具有相同的事件过程。为了区分控件数组中的各个元素，VB 会把下标值 Index 传递给过程，以区分不同的元素。

例如，建立一个选项按钮数组 Option1，单击任意一个选项按钮，都会调用同一个过程，只是根据传递给过程的 Index 值的不同，给出不同的结果。如下。

```
Private Sub Option1_Click(Index As Integer)    '传递 Index 下标值
  Select Case Index                            '判断 Index 的值,执行相应的语句
    Case 0
      Print "单击了第一个选项按钮"
    Case 1
      Print "单击了第二个选项按钮"
    Case 2
      Print "单击了第三个选项按钮"
  End Select
End Sub
```

【例 5-18】建立一个能够填写简历的小应用程序。利用选项按钮控件数组来进行"性别"及"学历"的选择。

【界面设计】

建立如图 5-23 所示的初始窗体界面。

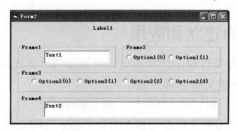

图 5-23　初始时的窗体界面

【控件属性】见表 5-3。

表 5-3 控件及其属性设置

控件名称(Name)	标 题(Caption)	控件名称(Name)	标 题(Caption)
Label1	请填写个人简历	Option1（0）	男
Frame1	姓名：	Option1（1）	女
Frame2	性别：	Option2（0）	高中
Frame3	学历：	Option2（1）	本科
Frame4	简历：	Option2（2）	硕士
Text1	Text 属性为空	Option2（3）	博士
Text2	Text 属性为空		

【程序】

```
Private Sub Text1_Change()
    Text2 = "该生姓名为: " + Text1
End Sub
Private Sub Option1_Click(Index As Integer)
    Select Case Index
        Case 0
            Text2 = Text2 + "; 性别为: " + Option1(Index).Caption
        Case 1
            Text2 = Text2 + "; 性别为: " + Option1(Index).Caption
    End Select
End Sub
Private Sub Option2_Click(Index As Integer)
    Select Case Index
        Case 0
            Text2 = Text2 + "; 学历为: " + Option2(Index).Caption
        Case 1
            Text2 = Text2 + "; 学历为: " + Option2(Index).Caption
        Case 2
            Text2 = Text2 + "; 学历为: " + Option2(Index).Caption
        Case 3
            Text2 = Text2 + "; 学历为: " + Option2(Index).Caption
    End Select
End Sub
```

运行结果如图 5-24 所示。

2. 运行时添加控件数组

在运行时，可用 Load 和 Unload 语句添加和删除
控件数组中的控件。然而，添加的控件必须是现有控件
数组的元素。建立控件数组的步骤如下。

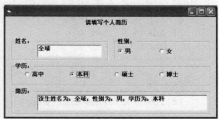

图 5-24 运行时的窗体界面

步骤 1 在设计时创建一个（在大多数情况下）Index
属性为 0 的控件，表示该控件是控件数组的第一个元素。

步骤 2 在编程时通过 Load 和 Unload 语句添加或删除控件数组中的元素。

步骤 3 每个新添加的控件数组元素通过 Left 和 Top 属性，确定其在窗体中的位置，并将
Visible 属性设置为 True，因为添加的控件不可见。

Load 和 Unload 语句格式如下。

【格式】Load 控件名(下标值)

【功能】添加控件数组元素。不能对数组中已存在的索引值使用 Load 语句。

【格式】`Unload 控件名(下标值)`

【功能】 删除控件数组元素。Unload 语句只能删除由 Load 语句创建的控件，不能删除设计时创建的控件数组元素。

【说明】

（1）控件名：在控件数组中添加或删除的控件名称。

（2）下标值：控件在数组中的索引值。

例如，`Laod Option1(1)`，`UnLaod Option1(1)`。

【例 5-19】利用在运行时添加选项按钮控件数组的方法，通过选择不同的选项按钮显示不同的图片。运行界面如图 5-25 所示。

【界面设计】建立如图 5-24 所示的窗体界面。

图 5-25 【例 5-17】动态添加控件数组显示

【控件属性】见表 5-4。

表 5-4 控件及其属性设置

控件名称(Name)	标 题(Caption)	索 引 值（Index）
Option1	图形方案 0	0
Command1	添加图形方案	（默认值）
Shape1	—	（默认值）

【程序】

```
Private Sub Command1_Click()
  Static idx As Integer                      '设下标值 idx 为静态变量
  If idx = 0 Then
    idx = 1
  Else
    idx = idx + 1
  End If
  If idx > 5 Then Exit Sub                   'idx 大于 5 退出过程
  Load Option1(idx)                          '建立新的控件数组元素
  Option1(idx).Top = Option1(idx - 1).Top + 360
          '把新建的选项按钮放在原有的选项按钮的下面
  Option1(idx).Visible = True                '使新的选项按钮可见
  Option1(idx).Caption = "图形方案" + Str(idx) '设置新按钮标题
End Sub
Private Sub Option1_Click(Index As Integer)
  Shape1.Shape = Index                       '变换形状控件 Shape1 的形状
End Sub
```

【注释】

（1）事件过程 Command1_Click()用来添加选项按钮，每单击一次命令按钮，通过 Load 语句为控件数组 Option1 添加一个元素。设下标值 idx 为静态变量，由于每单击一次命令按钮，所添加控件数组元素的索引值要求是前一个添加元素的索引值加 1，只有设 idx 为静态变量，才能实现该操作。添加操作只能进行 5 次，超过 5 次后，将通过"Exit Sub"语句退出该事件过程。

（2）事件过程 Option1_Click(Index As Integer)用来显示图形，并根据单击选项按钮所传递过来的索引值 Index 的不同，设置形状控件的 Shape 属性，显示不同形状图形。一共有 6 种（0~5）形状图行。

5.7　列表框和组合框

5.7.1　列表框和组合框的说明

列表框（ListBox）和组合框（ComboBox）与单选按钮和复选框一样都是选择控件，均可提供多个选项供用户选择，以达到交互的目的。但二者是有区别的，列表框仅仅把可以选择的项目列出来，不能直接修改项目；而组合框是列表框和文本框的组合，不仅可以选择项目，还允许用户输入数据。列表框按钮（ListBox）和组合框按钮（ComboBox）在工具箱中的位置如图 5-26 所示。列表框默认名是 List1，组合框默认名是 Combo1。

1. 列表框的说明

列表框中可以显示多个选项，供用户通过鼠标选择所需的选项。当项目太多超出列表框设计时的长度时，VB 自动给列表框加上垂直滚动条。一般列表框的高度应不少于 3 行。列表框图样如图 5-27 所示。

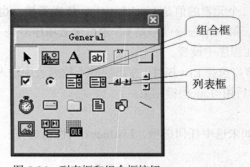

图 5-26　列表框和组合框按钮

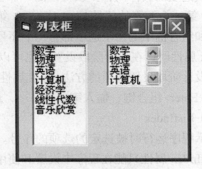

图 5-27　列表框示例

2. 组合框的说明

组合框是将列表框和文本框的特性组合而成的控件,因而组合框兼有列表框和文本框的功能。一方面可以像列表框一样让用户通过鼠标选择所需要的项目，所选的项目会自动装入文本框；另一方面，当列表中没有所需的选项时，还可以在文本框中由键盘输入，但键入的内容不能自动添加到列表框中。

组合框有 3 种形式，由 Style 属性值决定，Style 值可为 0、1 或 2，如图 5-28 所示。

（1）Style=0 为下拉式组合框，0 为默认值。

显示在屏幕上的仅是文本编辑框和一个下拉箭头按钮。执行时，可单击下拉按钮，用鼠标从列表中选择，也可以用键盘直接在文本框中输入内容。

（2）Style=1 为简单组合框。

显示在屏幕上的是文本编辑框和一个可带有滚动条的列表框，列表框中列出选项，列表框不能被收起或下拉。可从列表中选项目也可在文本框中输入内容。

（3）Style=2 为下拉式列表框。

显示在屏幕上的是一个带有下拉箭头的列表框。只能选项目，不能输入没有的选项。

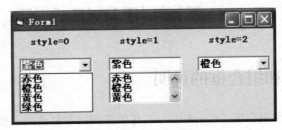

图 5-28　组合框示例

在图 5-28 中 3 个组合框中均输入了"赤色、橙色、黄色、绿色"4 色项目，Style 值为 0、1 时，可输入其他项目，Style 值为 2 时，只能选择"赤橙黄绿"4 色中的一种。

5.7.2　列表框和组合框的属性、方法和事件

1. 属性

下列属性是列表框和组合框共有的。

（1）List

存放选项的具体内容。该属性是一个字符型数组，存放列表框或组合框的选项。数组下标从 0 开始，第一个元素的值是 List1.List(0)，第二个元素的值是 List1.List(1)，依次类推。也就是说，列表框和组合框中的每个选项都有一个序号，第一个选项序号是 0，第二个选项序号是 1，……。

List 属性既可在设计阶段设置，也可以在程序中设置。

在设计阶段设置选项的方法是：在属性窗口选择 List 属性；在出现的下拉列表中输入第一项，按<Ctrl+Enter>组合键；输入第二项……，最后用<Enter>键结束。

（2）ListIndex

表示程序运行时被选定的选项的序号。如未选中任何选项，ListIndex 属性值为-1。

ListIndex 属性只能在程序中设置和使用。

（3）ListCount

表示选项数目。ListCount –1 表示最后一项的序号。ListCount 属性值始终比最大的 ListIndex 属性值大 1。

ListCount 属性只能在设计阶段设置。

（4）Sorted

决定在程序运行期间列表框或组合框的选项是否按字母顺序排列显示。当 Sorted 为 True 时，选项按字母顺序排列显示；当 Sorted 为 False 时，选项按加入的先后顺序排列。

Sorted 属性只能在设计阶段设置。

（5）Text

被选定选项的文本内容，因此，List1.Text=List1.List(List1.ListIndex)。

Text 属性只能在程序中设置或引用。

除此之外，列表框还有以下常用属性。

（1）MultiSelect

控制是否允许在列表框中选择多项以及如何进行多选。有 0、1、2 三种取值，含义如下。

0——None。默认值。禁止多项选择。

1——Simple。简单多项选择。用鼠标单击或按下空格键在列表中选中或取消选项。可用箭头键移动焦点。

2——Extended。扩展多项选择。可配合<Ctrl>或<Shift>键选择。按下<Shift>键并单击鼠标或按下<Shift>键以及一个箭头键（上、下、左、右箭头）将在以前选中项的基础上扩展选择到当前选中项。按下<Ctrl>键并单击鼠标在列表中选中或取消选中项。

（2）Selected

该属性是一个逻辑数组，其元素对应列表框中相应的选项，表示对应的选项在程序运行期间是否被选中。例如，List1.Selected(0)的值为 True 表示第一项被选中，为 False 表示未被选中。

2．方法

列表框和组合框中的选项可以简单地在设计阶段通过 List 属性设置，也可以在程序中用 AddItem 方法来添加，用 RemoveItem 或 Clear 方法删除。通常将项目增减的语句放入 Form_Load 事件里。

（1）AddItem 方法

AddItem 方法把一个选项加入到列表框或组合框。格式为：

对象名.AddItem Item [,index]

这里，对象可以是列表框或组合框；Item 是要加入对象中的字符串表达式，非字符串类型可通过 Str 函数或 Format 函数来转换；index 决定项目的加入位置，即要加入选项的序号，省略时加在最后。

例如，List1.AddItem "操作系统"

在 List1 最后加入一个选项，内容为 "操作系统"。

Combo1.AddItem "计算机网络",2

将 "计算机网络" 加入到 Combo1 中序号为 2 的地方，即做为第 3 项。

（2）RemoveItem 方法

RemoveItem 方法从列表框或组合框中删除一个选项。格式为：

对象. RemoveItem index

这里，对象可以是列表框或组合框；index 是要删除项目在列表框或组合框中的位置，即要删除选项的序号，如第一个选项的 index 为 0。

如 List1.RemoveItem　0 的作用是删除第一项，这时原来的第二项就变成了第一项。

（3）Clear 方法

Clear 方法清除列表框或组合框中的所有内容。格式为：

对象. Clear

这里，对象可以是列表框、组合框或剪贴板。

3. 事件

列表框可响应 Click 和 DblClick 事件。所有类型的组合框都能响应 Click 事件，但只有简单组合框（Style=1）才能接收 DblClick 事件。一般情况下，不需要编写 Click 事件过程。

【例 5-20】改进【例 5-18】。建立一个能够填写简历的小应用程序。利用列表框控件来进行"性别"选择；利用组合框控件来进行"学历"的选择。【例 5-20】的运行结果如图 5-29 所示。

【界面说明】

在【例 5-18】建立的初始窗体界面中（见图 5-23），删除选项按钮控件数组 option1 和 option2。在框架 Frame2 中创建列表框 list1，在框架 Frame3 中创建组合框 combo1。列表框 list1 和组合框 combo1 的所有属性默认。

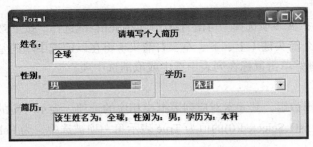

图 5-29　【例 5-20】的运行结果

【程序】

```
Private Sub Form_Load()
    List1.AddItem "男"                          '向 list1 中添加项目
    List1.AddItem "女"
    Combo1.AddItem "高中", 0                     '向 combo1 中添加项目
    Combo1.AddItem "本科", 1
    Combo1.AddItem "硕士", 2
    Combo1.AddItem "博士", 3
End Sub
Private Sub Text1_Change()
    Text2 = "该生姓名为: " + Text1
End Sub
Private Sub List1_Click()
    Text2 = Text2 + "; 性别为: " + List1.Text
End Sub
Private Sub Combo1_Click()
    Text2 = Text2 + "; 学历为: " + Combo1.Text
End Sub
```

在【例 5-20】中，只能利用组合框控件来选择"学历"，但不能直接输入不存在的学历，如，"小学"和"初中"等。

【例 5-21】修改【例 5-20】。建立一个能够填写简历的小应用程序。利用列表框控件来进行"性别"选择；利用组合框控件来选择和添加"学历"。【例 5-21】的运行结果如图 5-30 所示。

【界面说明】

在【例 5-20】题的界面中增加一命令按钮 Command1，其 Option 属性为"确定"。

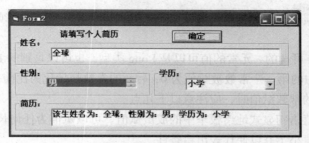

图 5-30 【例 5-21】的运行结果

【程序】

```
Private Sub Form_Load()
    List1.AddItem "男"                              '向 list1 中添加项目
    List1.AddItem "女"
    Combo1.AddItem "高中", 0                         '向 combo1 中添加项目
    Combo1.AddItem "本科", 1
    Combo1.AddItem "硕士", 2
    Combo1.AddItem "博士", 3
End Sub
Private Sub Command1_Click()
Text2 = "该生姓名为: " + Text1
Text2 = Text2 + "; 性别为: " + List1.Text
Text2 = Text2 + "; 学历为: " + Combo1.Text
End Sub
```

5.8　枚举类型

同其他高级语言一样，VB 提供了枚举类型。在程序设计中，我们经常会遇到有些数据无法直接用整型或实型来表示，必须经过某种转换，把本来不是简单地用整数来表示的问题用几个整数去描述，因而降低了程序的可读性。当一个变量有几种可能值时，可以定义为枚举类型。所谓"枚举"就是把变量的值一一列举出来，变量的值只限于列举出来的值的范围。

枚举类型提供了方便的方法来处理有关的常数，或使名称与常数数值相关联。例如，可以把与星期相关联的一组整数声明为一个枚举类型，然后在代码中使用星期的名称而不使用其整数数值。

枚举类型通过在窗体模块、标准模块或公用类模块中的通用声明部分，用 Enum 语句声明一个枚举类型来创建。Enum 语句格式如下。

【格式】[Public|Private]Enum 类型名称

　　　　　成员名[=常数表达式]

　　　　　成员名[=常数表达式]

　　　　　……

　　　　End Enum

【说明】

（1）Public|Private：标明所声明枚举类型的作用范围。

（2）类型名称：必需的。确定该 Enum 类型的名称。类型名称必须是一个合法的 VB 标识符，在定义该 Enum 类型的变量或参数时用该名称来指定类型。

（3）成员名：必需的，用于指定组成该 Enum 类型的元素名称，也必须是一个的合法 VB 标识符。

（4）常数表达式：可选的，元素的值可以是 Long 类型，也可以是别的 Enum 类型。如果省略常数表达式，则枚举中的第一个常数被赋值为 0，后面的常数初始化为比前一个的值大 1 的数值。

在给枚举类型中的常数赋值时，应注意以下几点。

（1）可以使用赋值语句显式地给枚举中的成员赋值。可以赋值为任何长整数，包括负数。例如，可能希望常数数值小于 0 以便代表出错条件。

<table>
<tr><td>程序 A</td><td>程序 B</td></tr>
<tr><td>

```
Public Enum Days
  Saturday
  Sunday = 0
  Monday
  Tuesday
  Wednesday
  Thursday
  Friday
  Invalid = -1
End Enum
```

</td><td>

```
Public Enum WorkDays
  Sunday = 0
  Monday
  Tuesday
  Wednesday
  Thursday
  Friday
  Saturday = Days.Saturday - 6
  Invalid = -1
End Enum
```

</td></tr>
</table>

在程序 A 的枚举中，成员 Invalid 被显式地赋值为-1，而成员 Sunday 被赋值 0。因为 Saturday 是枚举中的第一个元素，所以也被赋值 0。Monday 的数值为 1（比 Sunday 的数值大 1），Tuesday 的数值为 2 等。

（2）当向一个枚举中的成员赋值时，也可以使用另一个枚举中的成员的数值。为了避免模糊引用，应在成员名称前冠以枚举名。例如，程序 B 中 WorkDays 枚举的声明引用了程序 A 中声明 Days 类型的成员。

（3）VB 将枚举中的成员类型看作长整数。如果将一个浮点数值赋给他，VB 会将该数值取整为最接近的长整数。

声明枚举类型后，就可以声明该枚举类型的变量，然后使用该变量。

【例 5-22】利用枚举类型输出是否是工作日。运行结果如图 5-31 所示。

【程序】

图 5-31 测试工作日

```
Public Enum WorkDays
  Saturday    '值为 0
  Sunday      '值为 1
  Monday      '值为 2
  Tuesday     '值为 3
  Wednesday   '值为 4
  Thursday    '值为 5
  Friday      '值为 6
  Invalid = -1
End Enum
```

```
Private Sub Form_Click()
  Dim MyDay As WorkDays
  MyDay = Wednesday
  If MyDay < Monday Then
    MsgBox "周末，非工作日！"
  Else
    MsgBox "工作日！"
  End If
End Sub
```

【注释】

该程序定义了一个枚举类型 WorkDays 的一个变量 MyDay，并把元素 Wednesday 赋给该变量，由于 Wednesday 的值为 4，而 Monday 的值为 2，If 语句的条件为假，因而显示"工作日"信息框。

5.9　自定义的数据类型

5.9.1　自定义类型的定义

数组能够存放一组类型相同的数据集合，但有时侯我们需要用单个变量来处理一组类型不同的相关数据组合。例如，学生档案信息，包括学生姓名、性别、出生日期和籍贯等。每名学生的信息都要包括这几项，而且还要把这几项作为一条信息来处理，这时用 VB 提供的自定义类型来处理是非常方便的。

自定义类型，也可称为记录类型。用 Type 语句创建自定义类型，该语句可放在窗体模块、标准模块或公用类模块的通用声明部分。Type 语句的格式如下。

【格式】[Private|Public]Type 自定义类型名
　　　　　元素名 1[（[维数定义]）]As 类型名 1
　　　　　[元素名 2[（[维数定义]）]As 类型名 2
　　　　　……
　　　　　[元素名 n[（[维数定义]）]As 类型名 n]
　　　　End Type

【说明】

（1）Public|Private：标明所声明自定义类型的作用范围。

（2）自定义类型名：必需的，用户自定义类型的名称，遵循标准的变量命名约定。

（3）元素名：必需的，用户自定义类型的元素名称。除了可以使用的关键字，元素名称也应遵循标准变量命名约定。

（4）维数定义：可选的，数组元素的维数。当定义大小可变的数组时，只需圆括号。

（5）类型名：必需的，元素的数据类型。可以是 Byte、Boolean、Integer、Long、Currency、Single、Double、Date、String（对变长的字符串）、String*length（对定长的字符串）、Object、Variant、其他的用户自定义的类型或对象类型。

例如，可以创建一个记录学生信息的用户自定义类型 Student。

```
Private Type Student
    No As String*8                    '学号
    Name As String*10                 '姓名
    Sex As String*1                   '性别
    Ach（1 To 4）As Single             '4 门科成绩
    Total As Single                   '总分
End Type
```

5.9.2　自定义类型变量的声明和使用

使用 Type 语句声明了一个用户自定义类型后，就可以在该声明范围内的任何位置声明该类型的变量。可以使用 Dim、Private、Public、ReDim 或 Static 来声明用户自定义类型的变量。例如，声明一个具有 Student 类型的变量如下。

```
Dim Stud As Student
```

在程序中引用自定义类型变量的元素采用下列格式。

【格式】

自定义类型变量名.元素名

例如，Stud.Sex 指的是自定义类型变量 Stud 的 Sex 元素成员。

可以直接给自定义类型变量的元素赋值，也可以通过两个都属于同一个用户自定义类型的变量，将其中一个变量赋给另一个变量来赋值。这种赋值是将一个变量的所有元素赋给另一个变量的对应元素。

【例 5-23】向 Stud 变量各元素赋值，并计算总分。运行结果如图 5-32 所示。

【程序】

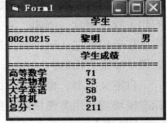

图 5-32 【例 5-23】的运行结果

```
Private Type Student
No As String*8                          '学生编号
Name As String*10                       '学生姓名
Sex As String*1                         '学生性别
CurName(1 To 4) As String * 8           '课程名称
CurAch(1 To 4) As Single                '课程成绩
Total As Single                         '总分
End Type
Private Sub Form_click()
  Dim Stud As Student, St As Student    '声明自定义类型变量 Stud、St
  Stud.No = "00210215"
  Stud.Name = "黎明"
  Stud.Sex = "男"
  Stud.CurName(1) = "高等数学"
  Stud.CurName(2) = "大学物理"
  Stud.CurName(3) = "英语"
  Stud.CurName(4) = "计算机"
  For i = 1 To 4
    Stud.CurAch(i) = Int(Rnd * 101)     '随机产生 0~100 之间的分数
    Stud.Total = Stud.Total + Stud.CurAch(i) '总分累加
  Next i
  St = Stud                             '将 Stud 各元素赋给 St 各元素
  Print "              学生"
  Print "=========================="
  Print St.No, St.Name; St.Sex
  Print "=========================="
  Print "          学生成绩"
  Print "=========================="
  For i = 1 To 4
    Print St.CurName(i);
    Print St.CurAch(i);
  Next i
  Print "总分: ", St.Total
End Sub
```

【注释】

在窗体窗口中定义了一个自定义类型 Student，声明了两个 Student 类型的变量 Stud 和 St。用直接赋值的方法给 Stud 变量的元素赋值，又将 Stud 变量元素的值赋给了同一个自定义类型变量

St 的对应元素，并将赋值结果显示出来。

5.9.3 自定义类型数组及应用

数组也可以被声明为自定义类型，如果一个数组中的各元素的数据类型均为自定义类型，则称此数组为自定义类型数组或记录数组。

例如，把一个班 30 人作为一组声明为 Student 类型如下。

```
Dim Sstud(1 To 30)As Student
```

引用记录数组元素的方法与引用记录变量元素的方法类似，如下。

【格式】

记录数组名.记录数组元素的成员名

例如，Sstud(1).Name 表示记录数组 Sstud 中第一个元素 Sstud(1)的 Name 成员。

【例 5-24】在【例 5-23】的基础上运用记录数组输入并显示某班若干名学生的信息。运行结果如图 5-33 所示。

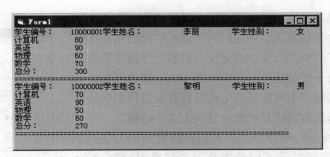

图 5-33 利用记录数组输入和显示学生成绩

【程序】在窗体的代码窗口中输入下面的代码，定义 Student 类型的程序不变。

```
Private Sub Form_Click()
 Dim Sstud() As Student
  k = Val(InputBox("请输入学生人数"))
 ReDim Sstud(k) As Student
 For i = 1 To k
   Sstud(i).No = InputBox("请输入学生编号")
   Sstud(i).Name = InputBox("请输入该学生姓名")
   Sstud(i).Sex = InputBox("请输入该学生性别")
   For j = 1 To 4
     Sstud(i).CurName(j) = InputBox("请输入课程名称")
     Sstud(i).CurAch(j) = Val(InputBox("请输入该课程成绩"))
     Sstud(i).Total = Sstud(i).Total + Sstud(i).CurAch(j)
   Next j
 Next i
 For i = 1 To k
   Print "学生编号：", Sstud(i).No;
   Print "学生姓名：", Sstud(i).Name;
   Print "学生性别：", Sstud(i).Sex
   For j = 1 To 4
     Print Sstud(i).CurName(j),
     Print Sstud(i).CurAch(j)
   Next j
```

```
    Print "总分: ", Sstud(i).Total
    Print "========================================"
  Next i
End Sub
```

【注释】

在窗体窗口中声明了 Student 类型的动态记录数组 Sstud()，用输入框从键盘输入了学生人数 k，接下来用 Redim 语句重新声明了数组 Sstud（1 To k）。第一个嵌套循环用于给数组 Sstud 赋值，第二个嵌套循环用于显示数组 Sstud 的值。

5.10 综合应用

5.10.1 简易计算器设计思路

计算器的编程是控件数组的典型应用。其思路为：将 0~9 及小数点作为一个命令按钮数组，用他们的 Caption 属性相连接组成数字；将"+""-""*""/" 4 个符号（或具有两个运算数的运算符）组成另一个命令按钮数组，用它们的 index 属性值来区分运算符；等号命令按钮用来判断所按何种运算符及进行相应的运算；若是具有一个运算数的运算需单独设一个命令按钮。

【例 5-25】利用在运行时添加选项按钮控件数组的方法，通过选择不同的选项按钮显示不同的图片。运行界面如图 5-34 所示。

图 5-34 计算器界面

【控件属性】见表 5-5。

表 5-5 控件及其属性设置

控件名称(Name)	标　　题(Caption)	控件名称(Name)	标　　题(Caption)
Command1(0)	0	Command2(0)	+
Command1(1)	1	Command2(1)	-
Command1(2)	2	Command2(2)	*
Command1(3)	3	Command2(3)	/
Command1(4)	4	Command3	+/-
Command1(5)	5	Command4	=
Command1(6)	6	Command5	1/x
Command1(7)	7	Command6	x^2
Command1(8)	8	Command7	CE
Command1(9)	9	Text1	清空 text 属性

【程序】

```
Dim date_one As Double, a As Integer
Private Sub Command1_Click(Index As Integer)          'Command1 用于表示 0~9 及小数点
  Text1.Text = Text1.Text & Command1(Index).Caption
End Sub
Private Sub Command2_Click(Index As Integer)          'Command2 用于表示"+、-、*、/"
  date_one = Val(Text1.Text)                          'date_one 用于保存第一个运算数
```

```
      Text1.Text = ""
      a = Index                                    '在 a 中保留所按运算符的下标值
    End Sub
    Private Sub Command3_Click()
      Text1.Text = -1 * Val(Text1.Text)            '正负号之间的切换
    End Sub
    Private Sub Command4_Click()                    'Command4 为等号键
      If a = 0 Then                                 '根据 a 的值，进行相应的运算
        Text1.Text = date_one + Val(Text1.Text)
      ElseIf a = 1 Then
        Text1.Text = date_one - Val(Text1.Text)
      ElseIf a = 2 Then
        Text1.Text = date_one * Val(Text1.Text)
      ElseIf a = 3 Then
        If val(Text1.Text) = 0 Then
          MsgBox "除数不能为零", 50, "调试"
        Else
          Text1.Text = date_one / Val(Text1.Text)
        End If
      End If
    End Sub
    Private Sub Command5_Click()                    '计算 1/x
      If val(Text1.Text ) = 0 Then
        MsgBox "除数不能为零", 50, "调试"
      Else
        Text1.Text = 1 / Val(Text1.Text)
      End If
    End Sub
    Private Sub Command6_Click()                    '计算 x^2
      Text1.Text = Val(Text1.Text) ^ 2
    End Sub
    Private Sub Command7_Click()                    'Command7 为 CE 按钮
      Text1.Text = ""
    End Sub
```

5.10.2　扫雷程序设计思路

扫雷游戏的编程是控件数组的典型应用。其思路为：用一个图片框作为雷区；用一个命令按钮数组作为雷区的一组按钮，使命令按钮数组的元素按照行和列排成方阵。建一个二维数组，使二维数组的下标与命令按钮数组元素的下标之间建立关联。二维数组元素值代表所关联按钮是否是雷，若是雷，则值为-1；若不是雷，则代表四周相邻 8 个位置上雷的个数。挖雷时，用鼠标左键挖雷，用鼠标右键插旗，标定为雷，若两次单击右键取消插旗。若按钮是雷，则按钮颜色标定为红色；若按钮不是雷，但周围有雷，则按钮颜色标定为浅蓝色；若按钮不是雷，但周围无雷，则按钮颜色标定为白色。

以 9 个按钮为例设计一雷区。设命令按钮数组名为 Cmd，index 范围为 0~8。与之对应的二维数组名为 A(0 to 2,0 to 2)。按钮各元素排列顺序如图 5-35(a)所示。与按钮对应的二维数组的下标排列如图 5-35(b)所示，按钮对应的二维数组的元素值与按钮所标定的颜色如图 5-35(c)所示。

Cmd(0)	Cmd(1)	Cmd(2)
Cmd(3)	Cmd(4)	Cmd(5)
Cmd(6)	Cmd(7)	Cmd(8)

A(0,0)	A(0,1)	A(0,2)
A(1,0)	A(1,1)	A(1,2)
A(2,0)	A(2,1)	A(2,2)

-1	-1	1
3	3	1
-1	1	0

    (a) 按钮排列顺序   (b) 对应的二维数组   (c) 二维数组元素值

图 5-35 扫雷程序雷区按钮排列顺序，与之对应的二维数组及二维数组元素值

由上面分析可知，关键问题是如何将命令按钮数组 Cmd 的下标值与二维数组 A 的下标值相关联。我们知道，要把 2 位数分离出十位数和个位数，我们可采用下面的方法得到。

设 x=23

求十位数：   int(x/10)=int(23/10)=int(2.3)=2

求个位数：   x mod 10=23 mod 10=3

若应用此方法拆分 0~19 之间的数，其拆分结果见表 5-6。

表 5-6 0~19 之间的数拆分结果

index	0	1	2	3	4	5	6	7	8	9
拆分结果	0,0	0,1	0,2	0,3	0,4	0,5	0,6	0,7	0,8	0,9
index	10	11	12	13	14	15	16	17	18	19
拆分结果	1,0	1,1	1,2	1,3	1,4	1,5	1,6	1,7	1,8	1,9

由表 5-6 可知，0~19 之间数的拆分可与 2 行 10 列的二维数组相关联。用基数 10 拆分得到的是 10 列，我们所设雷区为 3 行 3 列矩阵，因此我们采用 3 作为基数代替 10 来拆分，其拆分过程与结果见表 5-7。

表 5-7 0~8 之间的数拆分结果

index	拆分过程	拆分结果	index	拆分过程	拆分结果
0	Int(0/3)=0，0 mod 3=0	0,0	5	Int(5/3)=1，5 mod 3=2	1,2
1	Int(1/3)=0，1 mod 3=1	0,1	6	Int(6/3)=2，6 mod 3=0	2,0
2	Int(2/3)=0，2 mod 3=2	0,2	7	Int(7/3)=2，7 mod 3=1	2,1
3	Int(3/3)=1，3 mod 3=0	1,0	8	Int(8/3)=2，8 mod 3=2	2,2
4	Int(4/3)=1，4 mod 3=1	1,1			

由表 5-7 可知，用 3 作为基数拆分 0~8 之间的数，可与 3 行 3 列的二维数组相关联。

【例 5-26】设计一具有 4 个按钮的简易挖雷程序。其中只有一个雷。其设计界面与运行结果界面如图 5-36 所示。界面上放置 1 个图片框（名称为 Pic1）和 1 个命令按钮（名称为 start），图片框内放置 1 命令按钮数组（名称为 Cmd）的第一个元素。

【控件属性】见表 5-8。

图 5-36 【例 5-26】设计与运行界面

表 5-8 控件及其属性设置

控件名称	属 性（name）	属 性（Caption）	属 性（style）
Command1（数组）	Cmd(0)	空	1
Command2	Start	重玩	0
Pictrue1	Pic1		

【程序】

```
Dim a(1, 1) As Integer, coun As Integer, rei As Integer
'在图片框 Pic1 中加载 4 个 Cmd 命令按钮数组的元素
Private Sub Form_Load()
  Pic1.Height = Pic1.Width                    '图片框 Pic1 的高和宽相等
  Cmd(0).Width = (Pic1.Width - 200) / 2
          '设定命令按钮 cmd 数组, 第一个元素 cmd (0) 的宽为 Pic1 的宽度减去 200 除以 2
  Cmd(0).Left = Pic1.ScaleLeft + 50      '设定数组第一个元素 cmd (0) 的左坐标, 50 为 Pic1 左边
界与 cmd (0) 之间留的空隙
  Cmd(0).Height = Cmd(0).Width
  Cmd(0).Top = Pic1.ScaleTop + 50
  For m = 1 To 3                              '加载其他 3 个 Cmd 命令按钮数组的元素
    Load Cmd(m)
    Cmd(m).Visible = True
    Cmd(m).Width = Cmd(0).Width
    Cmd(m).Height = Cmd(0).Width
    Cmd(m).Left = Cmd(0).Left + (Cmd(0).Width + 50) * (m Mod 2)
                                  '设定 Cmd(m) 按钮放置的位置
    Cmd(m).Top = Cmd(0).Top + (Cmd(0).Width + 50) * Int(m / 2)
  Next
  start_Click  '调用 Start_Click 过程, 产生雷, 标定雷位置四周的雷数
End Sub
'产生雷, 标定雷位置四周的雷数
Private Sub start_Click()
  Dim lei As Integer, str As String * 2, i As Integer
  Randomize
  coun = 1                                    '雷数计数器
  rei = 0                                     '正确挖出的雷数
  For i = 0 To 3
    Cmd(i).BackColor = &H8000000A            '暗灰色
    Cmd(i).Caption = ""
  Next
  lei = Int(Rnd * 4)              '随机产生 1 个雷。在[0～3]之间产生 1 个随机数, 作为雷
  a(Int(lei / 2), Int(lei Mod 2)) = -1  '标定雷位置
  str = Int(lei / 2) & Int(lei Mod 2)
  Select Case str                 '在不是雷的其他 3 个按钮上显示附近雷的个数
    Case "00"
      a(0, 1) = 1: a(1, 0) = 1: a(1, 1) = 1
    Case "01"
      a(0, 0) = 1: a(1, 0) = 1: a(1, 1) = 1
    Case "10"
      a(0, 0) = 1: a(0, 1) = 1: a(1, 1) = 1
    Case "11"
      a(0, 0) = 1: a(0, 1) = 1: a(1, 0) = 1
  End Select
End Sub
 '单击左键, 用蓝色标记挖开
```

```
Private Sub Cmd_Click(Index As Integer)
  If Cmd(Index).BackColor <> vbRed Then     '按钮颜色不是红色
    If a(Int(Index / 2), Int(Index Mod 2)) = -1 Then    '挖错了雷,失败
      rei = -1  '标记挖雷已失败
      click        '调用click过程。在命令按钮上显示是否是雷,若不是雷,则显示周围雷数
      MsgBox "提高技术,继续努力!! ", vbOKOnly, "结果"
    End If
    If a(Int(Index / 2), Int(Index Mod 2)) <> -1 And Cmd(Index).BackColor <> vbRed Then
'此位置不是雷,同时未被标为红色
      Cmd(Index).BackColor = &HFFFFC0
        '此位置不是雷,但此位置周围有雷,则按钮颜色设为浅蓝
      Cmd(Index).Caption = a(Int(Index / 2), Int(Index Mod 2)) '命令按钮上显示周围雷数
    End If
  End If
End Sub
''单击右键时红色为插旗,标定为雷,再单击右键时取消插旗
Private Sub Cmd_MouseDown(Index As Integer, Button As Integer, Shift As Integer, X As
Single, Y As Single)
  If rei <> -1 And rei <> 1 Then                '挖雷未失败,雷未被全部挖出
    If Button = 2 Then                         '右键时红色为插旗,再点右键取消
      If Cmd(Index).BackColor = vbRed Then     '若为红色,应是第二次单击右键,取消插旗
        Cmd(Index).BackColor = &H8000000A      '按钮颜色还原为暗灰色
        coun = coun + 1  '未挖雷数加1
        If a(Int(Index / 2), Int(Index Mod 2)) = -1 Then rei = rei - 1
                                               '若按钮是雷,则挖出的雷数减1
      Else  '若不为红色
        If Cmd(Index).BackColor <> &HFFFFC0 Then    '若按钮颜色不是浅蓝
          Cmd(Index).BackColor = vbRed              '设为红色,插旗,挖出1个雷
          coun = coun - 1                           '未挖雷数减1
        End If
        If a(Int(Index / 2), Int(Index Mod 2)) = -1 Then rei = rei + 1
                                               '若按钮是雷,则挖出的雷数加1
      End If
      If rei = 1 Then                          '若雷全部被挖出
        MsgBox "你真棒!! ", vbOKOnly, "结果"
      End If
    End If
  End If
End Sub
                                               '在命令按钮上显示是否是雷,若不是雷,
                                               '则显示周围雷数

Public Sub click()
  For i = 0 To 3
    If a(Int(i / 2), Int(i Mod 2)) <> -1 Then
      Cmd(i).BackColor = &HFFFFC0              '用浅蓝色标记该位置无雷
    Else
      Cmd(i).BackColor = vbRed                 '用红色标记该位置是雷
    End If
    Cmd(i).Caption = a(Int(i / 2), Int(i Mod 2))    '命令按钮上显示周围雷数
  Next
End Sub
```

习题五

一、简答题

1. 什么是数组？什么是数组的元素？

2. 静态数组与动态数组的区别是什么？

3. 数组数据的输入和输出经常使用什么语句进行控制？

4. 使用 ReDim 语句重声明数组时，可以改变数组的类型吗？

5. 什么是自定义类型？可以在过程内部定义自定义类型吗？

6. 已声明了静态数组 A（2，3），能否用 ReDim 语句重声明数组为 A（4，2）？

7. 列表框与组合框的区别。

二、选择题

1. 要分配存放 12 个元素的整型数组，下列数组声明（下界若无，按默认规定）哪些符合规定？

（1）
```
n=12
Dim a(1 To n) As Integer
```

（2）
```
Dim a() As Integer
n=11
ReDim a(n)
```

（3）`Dim a(1,2,3) As Integer`

（4）`Dim a[2,3] As Integer`

（5）
```
Dim a() As Single
ReDim a(3,4) As Integer
```

（6）
```
Dim a(10) As Integer
ReDim a(1 To 12)
```

（7）`Dim a(1 To 2 1 To 3) As Single`

（8）`Dim a(2,3) As Single`

2. 用下面的语句所声明的数组元素个数是多少？

（1）`Dim a(-1 To 5) As Integer`

A. 9　　　　　B. 8　　　　　C. 7　　　　　D. 6

（2）`Dim a(-1 To 5, 2 To 4)`

A. 24　　　　B. 23　　　　C. 22　　　　D. 21

3. 要存放如下方阵的数据，在不浪费存储空间的基础上_____声明语句能实现。

$$\begin{bmatrix} 1 & 2 & 3 \\ 2 & 4 & 6 \\ 3 & 6 & 9 \end{bmatrix}$$

A. Dim A（3，3）As Integer

B. Dim A（9）As Integer

C. Dim A（-1 To 1，-3 To 3）As Integer

D. Dim A（-3 To -1，1 To 3）As Integer

4. 以下程序输出的结果是_____。

```
Option Base 1
Private Sub Form_Activate()
  Dim a(5), b(3) As Integer
  n = 3
  For i = 5 To 1 Step -1
    a(i) = i
    b(n) = i * a(i)
  Next i
```

```
        Print a(n); b(n)
      End Sub
```

    A. 3　3　　　　B. 3　1　　　　C. 1　3　　　　D. 3　2

5. 以下程序输出的结果是_____。

```
    Private Sub Form_Activate()
      Dim a
      a = Array(1, 2, 3, 4, 5)
      For i = LBound(a) To UBound(a)
        a(i) = i * a(i)
      Next i
      Print i, LBound(a), UBound(a), a(i)
    End Sub
```

    A. 4　0　4　25　　　　　　　　B. 5　0　4　25

    C. 不确定　　　　　　　　　　D. 程序出错

6. 以下程序输出的结果是_____。

```
    Private Sub Form_Activate()
      Dim a
      a = Array(1, 2, 3, 4, 5)
      For i = LBound(a) To UBound(a)
        a(i) = i * a(i)
      Next i
      Print i, LBound(a), UBound(a), a(i - 1)
    End Sub
```

    A. 4　0　4　25　　　　　　　　B. 5　0　4　25

    C. 不确定　　　　　　　　　　D. 程序出错

7. 以下程序输出的结果是_____。

```
    Option Base 1
    Private Sub Form_Activate()
      Dim a, b(3, 3)
      a = Array(1, 2, 3, 4, 5, 6, 7, 8, 9)
      For i = 1 To 3
        For j = 1 To 3
          b(i, j) = a(i + j)
          Print Tab(j * 3); Format(b(i, j), "###");
        Next j
        Print
      Next i
    End Sub
```

    A. 1　2　3　　　　B. 2　　　　　　C. 2　3　4　　　　D. 1　2　3

        4　5　6　　　　　　　3　4　　　　　　3　4　5　　　　　　 4　6

        7　8　9　　　　　　　4　5　6　　　　　4　5　6　　　　　　 9

8. 以下程序输出的结果是_____。

```
    Option Base 1
    Private Sub Form_Activate()
      Dim a, b(3, 3)
      a = Array(1, 2, 3, 4, 5, 6, 7, 8, 9)
      For i = 1 To 3
        For j = 1 To 3
          b(i, j) = a(i * j)
          If (j >= i) Then Print Tab(j * 3); Format(b(i, j), "###");
        Next j
        Print
      Next i
    End Sub
```

A. 1 2 3　　　B. 1　　　　　C. 1 4 7　　　D. 1 2 3
　　4 5 6　　　　　4 5　　　　　2 4 6　　　　　4 6
　　7 8 9　　　　　7 8 9　　　　3 6 9　　　　　　9

三、填空题

1. 根据占用内存方式的不同，可将数组分为_____和_____两种类型。

2. 数组元素下标的下界默认值为_____，如果想改变其默认值，应使用_____语句。

3. 控件数组的名字由_____属性指定，而数组中的每个元素由_____属性指定。

4. 由 Array 函数赋值的数组必须是_____类型。

5. 在运行时添加控件用_____语句，而删除控件用_____语句。

6. _____数组的上，下界可以是赋了值的变量，_____数组的上，下界只能是常数。

7. 下面是用选择法对 10 个数进行排序并显示的程序，填空完成程序。

```
Option Base 1
Private Sub Form_Activate()
    Dim iA, iMax As Integer
    iA = Array(3, 5, 2, 8, 1, 11, 65, 4, 15, 24)
    For i = 1 To _____
      iMax = i
      For j = i + 1 To 10
        If iA(j) < _____ Then iMax = j
      Next j
      t = iA(i):   iA(i) = iA(iMax):   iA(iMax) = t
    Next i
    For j = 1 To 10
      Print iA(j);
    Next j
End Sub
```

8. 下面为用冒泡法对 10 个数进行排序并显示的程序，填空完成程序。

```
Option Base 1
Private Sub Form_Activate()
    Dim A, t, i As Integer, j As Integer, n As Integer
    A = Array(3, 5, 2, 8, 1, 11, 65, 4, 15, 24)
    n = UBound(A)
    For i = 1 To n - 1
      For j = 1 To n - i
        If A(j) > A(j + 1) Then _____: _____: A(j + 1) = t
      Next j
    Next i
    For j = 1 To n
      Print A(j);
    Next j
End Sub
```

四、分析程序，写出运行结果

1. 输入下列程序，当运行程序时，在输入框中分别输入 2 和 5，则输出结果为_____。

```
Private Sub Form_Activate()
    Dim n() As Integer
    Dim a, b As Integer
    a = InputBox("请输入第一个数")
    b = InputBox("请输入第二个数")
    ReDim n(a To b)
    For k = LBound(n, 1) To UBound(n, 1)
      n(k) = k
      Print "n("; k; ")="; n(k)
```

```
        Next k
     End Sub
```

2. 输入下列程序，当运行程序时，输出结果为_____。

```
     Private Sub Form_Activate()
       Dim A(5) As Integer
       For i = 1 To 5
         A(i) = 5 - i
       Next i
       x = 3
       Print A(A(x + 1) + 2)
     End Sub
```

3. 输入下列程序，当运行程序时，输出结果为_____。

```
     Option Base 1
     Private Sub Form_Activate()
       Dim iA, iM As Integer, M As Integer
       iA = Array(3, 5, 2, 8, 1, 11, 65, 4, 15, 24)
       M = iA(1): iM = 1
       For i = 2 To 10
         If iA(i) > M Then
           M = iA(i)
           iM = i
         End If
       Next i
       Print M; iM
     End Sub
```

4. 输入下列程序，当运行程序时，输出结果为_____。

```
     Private Sub Form_Activate()
       Dim a(5)
       For i = 1 To 4
         a(i) = i + 1
         t = i + 1
         If t = 3 Then
           Print a(i);
           a(t - 1) = a(t - 2)
         Else
           a(t) = a(i)
         End If
         If i = 3 Then a(i + 1) = a(t - 4)
         a(4) = 1
         Print a(i);
       Next i
     End Sub
```

5. 输入下列程序，当运行程序时，输出结果为_____。

```
     Option Base 1
     Private Sub Form_Activate()
       Dim iA
       iA = Array(1, 2, 3, 4, 5, 6, 7, 8, 9, 10)
       For i = 1 To 10 \ 2
         t = iA(i)
         iA(i) = iA(10 - i + 1)
         iA(10 - i + 1) = t
       Next i
       For i = 1 To 10
         Print iA(i);
       Next i
     End Sub
```

五、编程题

1. 设有如下两组数据。

　　A组：3，4，2，5，6，8

　　B组：9，12，34，23，22，55

编写程序，把上面的两组数据分别读入两个数组中，然后把两个数组中的对应下标的元素相加，并把相应的结果放入第三个数组中，最后输出第三个数组的值。

2. 对一维数组按顺序进行查找，查找某个由键盘输入的数，找到该数后将其删除。

3. 从键盘输入 n 个数放入一维数组中，将 n 个数按顺序首尾对换，即第 1 个和第 n 个交换，第 2 个和第 n-1 个交换……，并分别输出数组原来各元素的值和对换后数组各元素的值。（要求利用动态数组和从键盘输入 n 值）

4. 编写程序，将下列 A 矩阵按行转存到一维数组 B 中。

$$A = \begin{vmatrix} 1 & 2 & 3 \\ 4 & 5 & 6 \\ 7 & 8 & 9 \end{vmatrix}$$

5. 参照 5.10.1 小节简易计算器程序，编写一功能更加完善的计算器。

6. 编写程序，建立并输出 n 阶方阵的两个主对角线元素和。（从键盘输入 n 值，随机产生方阵的元素值）

7. 设计一成绩统计程序，程序界面如图 5-37 所示，要求先使用 IuputBox 函数输入学生数，数据都输入完后，在窗体内列出所有数据。（请参照多窗体操作）

图 5-37　第 7 题程序界面

8. 利用列表框设置文本框中文字的字体，利用组合框设置文本框中文字的字号。要求可选择列出的字号，也可自己添加字号，列表框和组合框中添加的项目由 Form_Load() 事件初始化。界面如图 5-38 所示。

9. 设某班共 10 名同学，为了评定某门课程的奖学金，按规定超过全班平均成绩 10% 者发给一等奖，超过全班平均成绩 5% 者发给二等奖。试编写程序，输出应获得奖学金的学生名单（包括姓名、学号、成绩和奖学金等级）。

图 5-38　第 8 题程序界面

10. 定义一描述教师情况的用户自定义类型 Teacher，其中包括姓名、年龄、学科、工作年限和基本工资 5 个成员，然后在窗体的 Activate 事件中将一包含 5 名教师的数组 T 声明为此 Teacher 类型，接着使用 IuputBox 函数给数组 T 中的每个数组元素的各个成员赋值，最后将其值全部显示在屏幕上。

第6章
过　程

本章要点：

◇　函数过程的定义与调用。
◇　子过程的定义与调用。
◇　形参与实参的传递方式。
◇　过程的嵌套调用和递归调用。
◇　变量和过程的作用域。

VB 应用程序是由过程组成的。过程又分为事件过程和通用过程两种。事件过程前已叙述。本章将介绍通用过程。在 VB 中，通用过程分为两类，即子过程和函数过程，前者又称为 Sub 过程，后者称 Function 过程。当程序达到一定规模后，应将其分为多个相对独立的通用过程，这样便于编制、阅读、调试和重利用。

6.1　函数（Function）过程

本节介绍 Function 过程的定义和调用，下一节介绍 Sub 过程。

6.1.1　引例

【例 6-1】计算 1！+3！+5！，在窗体上显示计算结果。如图 6-1 所示。

【分析】计算 1！+3！+5！，实际上是求 3 个阶乘的和，每个阶乘求解的方法相同，只是数不同。这种情况用函数过程非常方便。首先定义一个求阶乘的函数过程，然后像调用内部函数一样 3 次调用它，分别求出 1！、3！ 和 5！ 的值，再利用一个窗体 Form_Load()事件过程编写代码调用该函数过程并求和，最后在窗体上显示结果。

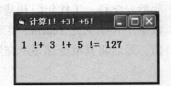

图 6-1　程序运行界面

【程序】

```
Private Function Fact(n As Integer) As Long    '求 n! 的函数
    Dim i As Integer
    Dim f As Long
    f=1
    For i=1 To n
            f=f*i
    Next i
```

```
        Fact=f                              '给函数名赋值
End Function
Private Sub Form_Load()
    Dim i As Integer
    Dim sum As Long
    Print                                   '输出一空行
    For i=1 To 5 Step 2
     sum=sum+Fact(i)                        '调用求阶乘函数
     If i <> 5 Then
     Print i; "!+";
     Else
     Print i; "!="; sum
     End If
    Next i
End Sub
```

程序运行结果如图 6-1 所示。

【说明】

Function Fact()中"Fact=f"语句是必不可少的。

从例 6-1 中可看出，对于重复使用的程序段，可以自定义一个函数过程供多次调用。下面，将详细介绍函数过程的定义与调用方法。

6.1.2 Function 过程的定义

1. Function 过程的格式

【格式】[Public|Private] Function 函数过程名(形参列表) [As 类型]

     [语句块]

  [函数过程名=返回值]   过程体或函数体

    [Exit Function]

    End Function

【说明】

（1）Public 表示函数过程是公用的，可以在程序的任何地方调用它。Private 表示函数过程是私用的，只能被本模块中的过程访问，不能被其他模块中的过程访问。

（2）函数过程名：命名规则与变量的命名规则相同。

（3）形参列表：指出调用时传送给过程的参数的类型和个数，各参数之间用逗号隔开。

   每个形参的格式为：变量名 As 数据类型，其中"变量名"只能是变量或数组。

（4）调用函数过程可返回函数值，返回值的格式为：函数过程名=返回值。

（5）Exit Function：使用该语句可从过程中退出。

（6）过程不能嵌套定义。也就是说，在 Function 过程内，不能定义函数过程。

2. Function 过程的定义

定义函数过程有以下两种方法。

【方法 1】利用"工具"菜单中的"添加过程"命令定义。

步骤 1 在窗体或模块的代码窗口中选择"工具"菜单中的"添加过程"命令，显示"添加过程"对话框，如图 6-2 所示。

步骤 2 在"名称"框中输入函数过程名，如 testfun，在"类型"选项组中选取"函数"，定义过程；在"范围"选项组中选取"公有的"，定义一个公共级的全局函数过程；选取"私有的",定义一个标准模块级/窗体级的局部过程。

此时 VB 已建立了一个函数过程模板,如图 6-3 所示。

步骤 3 在 Function 和 End Function 之间输入程序代码。

 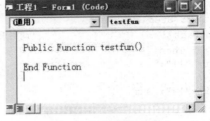

图 6-2 "添加过程"对话框   图 6-3 函数过程模板

【方法 2】利用代码窗口直接定义。

在窗体或标准模块的代码窗口中,把输入点放在所有过程之外,直接输入函数过程。

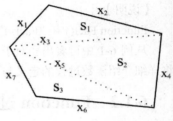

```
Public Function testfun()
……
End Function
```

【例 6-2】已知多边形的各条边的长度,要计算多边形的面积,如图 6-4 所示。

图 6-4 多边形

【分析】计算多边形面积,可将多边形分解成若干个三角形。计算三角形面积的公式如下:

$$Area = \sqrt{d(d-x)(d-y)(d-z)}$$

其中,x,y,z 为任意三角形的三条边,d 为三角形周长的一半,即 $d=\frac{1}{2}(x+y+z)$。

对于求解图 6-4 所示的多边形面积,实际是计算三个三角形面积。每个三角形面积的计算使用的公式相同,不同的只是边长。因此只要先定义一个求三角形面积的函数过程,然后像调用标准函数一样多次调用即可完成多边形面积的求解。

【程序】

```
Public Function Area(x As Single,y As Single,z As Single) As Single
    Dim d As Single
    d =1/2 * (x+y+z)
    Area =Sqr(d * (d -x) * (d -y)*(d -z))
End Function
```

在下一节再介绍如何调用这个过程。

6.1.3 调用 Function 过程

函数过程的调用比较简单,可以像使用 VB 内部函数一样来调用。

【格式】函数过程名(参数列表)

【说明】由于函数过程名返回一个值,因此函数过程不能作为单独的语法加以调用,必须作为表达式或表达式中的一部分,再配以其他的语法成分构成语句。

【注意】

(1)"参数列表":称为实参或实元,它必须与形参个数保持相同,位置与类型一一对应。实参可以是同类型的常数、变量、数组元素和表达式。

（2）调用时把实参的值传递给形参称为参数传递。其中，

① 值传递（是指形参前有 ByVal）时：实参的值不随形参的值变化而改变。

② 引用传递（或称地址传递）：实参的值可随形参的值变化而改变。

【例 6-3】调用【例 6-2】定义的计算三角形面积的函数过程，实现多边形面积求解。

【程序】

```
Private Sub Form_Click()
    Dim x1!,x2!,x3!,x4!,x5!,x6!, x6!, s1!,s2!,s3!
    x1=InputBox（“输入x1”）: x2=InputBox（“输入x2”）
    x3=InputBox（“输入x3”）: x4=InputBox（“输入x4”）
    x5=InputBox（“输入x5”）:x6=InputBox（“输入x6”）
    x6=InputBox（“输入x6”）
    s1=Area(x1,x2,x3)                      '调用Area函数，求s1面积
    s2=Area(x3,x4,x5)                      '调用Area函数，求s2面积
    s3=Area(x5,x6,x6)                      '调用Area函数，求s3面积
    Print
    Print "  s1="; s1; "s2="; s2; "s3="; s3         '显示各三角形面积值
    Print
    Print "  多边形面积="; s1 + s2 + s3          '求多边形面积并显示其值
End Sub
```

在 Form_Click()事件过程中 3 次调用 Area 函数过程，第一次调用是求第一个三角形（s1）的面积，第二次调用求第二个三角形（s2）的面积，最后一次调用求第三个三角形（s3）的面积。

当各边输入值分别为：2，3，4，5，6，6，8 时，各三角形面积及多边形面积值如图 6-5 所示。

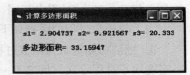

图 6-5 函数调用结果

6.2 Sub 过程

6.2.1 引例

通过【例 6-1】和【例 6-2】体会到使用函数过程给编程带来很多方便。但是，在编写过程时，有时不是为了获得某个函数值，而是为了某种功能的处理，如对某控件的某种操作，或者要得到处理后的多个结果等，此时使用函数过程则有些不便。而 VB 中还提供了功能更强、使用更灵活的 Sub 过程。

【例 6-4】将书写"欢 迎 您 ！"字样的标签进行上下左右移动。如图 6-6 所示。

图 6-6 【例 6-4】运行结果

【分析】该题仅仅是为了实现移动的功能，不是为了计算某个结果，所以编写 Sub 过程即可完成该功能。

【程序】

```
Sub LabelMove(ByVal logo%)
    Label1.Left=Label1.Left+logo*100
    Label1.Top=Label1.Top+logo*100
```

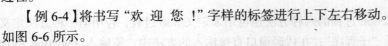

```
End Sub
Private Sub Command1_Click()
  Dim x%
  If Rnd>0.5 Then x=1 Else x=-1
  Call LabelMove(x)
End Sub
```

6.2.2 定义 Sub 过程

1. Sub 过程格式

【格式】

[Private/Public] Sub 过程名[(参数列表)]

语句块

[Exit Sub] 　 过程体或子过程体

语句块

End Sub

【说明】

（1）Sub 过程以 Sub 开头，以 End Sub 结束，在 Sub 和 End Sub 之间是描述过程操作的语句块，称为"过程体"或"子程序体"。格式中的"过程名""参数列表""Public/Private""Exit Sub"的含义与 Function 过程中相同。

（2）与函数过程的区别如下。

① 把某功能定义为函数过程还是子过程，没有严格的界定。但只要能用函数过程定义的，就一定能用子过程定义，反之不一定。也就是说，子过程比函数过程使用范围广。如果过程只有一个返回值时，函数过程直观；如果过程有多个返回值时，习惯用子过程。

② 返回值：

● 函数过程有返回值，所以函数过程名就有类型；同时在函数过程体内必须对函数过程名赋值。

● 子过程没有返回值，所以子过程名就没有类型；同样在子过程体内不能对子过程名赋值。

【注意】

（1）形参个数的确定：不要将过程中所有使用过的变量均作为形参。形参是过程与主调程序交互的接口，通过形参可从主调程序获得初值，或将计算结果返回主调程序。如【例 6-2】中形参 x、y、z 是计算三角形面积必须有的初值；而变量 d 用于存放三角形周长的一半，是临时使用的变量，不必作为形参。

（2）形参没有具体的值，只代表了参数的个数、位置和类型；可以是简单变量、数组；不能是常量、数组元素、表达式。

2. 定义 Sub 过程

前一节所介绍的定义 Function 过程的两种方法也可用来定义 Sub 过程，若用第一种方法定义时，选择过程类型时，应选择"子程序"；在代码窗口直接输入的方法中，原输入 Function 的地方应换成 Sub。

6.2.3 Sub 过程的调用

Sub 过程的调用有两种方式，一种是把子过程的名字放在一个 Call 语句中，另一种是把子过程名作为一个语句来使用。

1. 用 Call 语句调用 Sub 过程

【格式】Call 子过程名(实参列表)

【说明】Call 语句把程序控制传送到一个 VB 的 Sub 过程。用 Call 语句调用一个过程时，如果过程本身没有参数，则"实参列表"和括号可以省略；否则应给出相应的实际参数，并把参数放在圆括号中。"实参列表"是传送给 Sub 过程的变量或常数。

2. 把 Sub 过程作为一个语句来使用

在调用 Sub 过程时，如果省略关键字 Call，就成为调用 Sub 过程的第二种方式。

【格式】子过程名 实参列表

【说明】在实参要获得子过程的返回值时，则实参只能是变量，不能是常量、表达式，也不能是控件名。

【例 6-5】编写一个计算圆形面积的 Sub 过程，调用该过程计算圆面积。

【程序】
```
Sub CircleArea(r As Single)
  Dim Area As Single
  Area=3.14*r^2
  MsgBox "圆面积是: " &Area
End Sub
Sub Form_Click()
    Dim x As String
    Dim y As Single
    x=InputBox("请输入半径: ")
    y=Val(x)
    CircleArea y
End Sub
```

【说明】通用过程 CircleArea 用来计算并输出圆形的面积，它有一个形参，是圆形的半径。在 Form_Click 事件过程中，从键盘输入圆形的半径，并用它作为实参调用 CircleArea 过程。在该实例中，使用的是第二种方式调用 Sub 过程。

程序运行时，当输入圆半径为 10 时，输入与输出界面如图 6-7 所示。

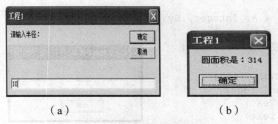

（a）　　　　　　　　　　（b）

图 6-7 【例 6-5】输入与输出界面

6.3 参数传递

在调用一个过程时，必须把实参传送给过程，完成形参与实参的结合，然后用实参执行调用过程。

6.3.1　形参与实参

1. 形参

形式参数（简称形参）是在 Sub 或 Function 过程定义中过程名后圆括号中出现的变量名，多个形参用逗号分隔。在过程被调用前，形参仅仅是一个记号并无实际的值，其作用是说明在过程体中需要用到一个什么类型的数据，需要对这个数据进行怎样的处理。

2. 实参

实际参数（简称实参）则是在调用 Sub 或 Function 过程时过程名后的参数。实参可以是常量、变量、表达式和数组名，实参必须是具体的值，其作用是向对应的形参传递数据。

例如，假如定义了下面的一个过程。

```
Sub Testsub(P1 As Integer, P2 As Single, P3 As String)
…
End Sub
```

可以用下面的语句调用该过程。

```
Call Testsub(A%,B!,"Test")
```

这样就完成了形参与实参的结合，其关系如下面所示。

过程调用：Call Testsub(A%,　　　　　　B!,　　"Test")

　　　　　　　　　↓　　　　　　　　↓　　　　↓

过程定义：Sub Testsub(P1 As Integer, P2 As Single, P3 As String)

【说明】

（1）在传送参数时，形参表与实参表中对应变量的名字不必相同，但是它们的参数个数必须相同；同时，所对应的类型必须相同。

（2）形参表中各个变量之间用逗号隔开，表中的变量可以是变量和带有括号的数组名。

（3）实参表中的各项用逗号隔开，实参可以是常数、表达式、变量和带有括号的数组名。

【例 6-6】编写一过程，求三个数的平方和。输入界面如图 6-8（a）所示。

【程序】

```
Sub add_num(ByVal a As Integer, ByVal b As Integer, ByVal c As Integer)
    d = a * a + b * b + c * c
    MsgBox "三个数的平方和是: " & d
End Sub
Private Sub Command1_Click()
    Dim x, y, z As Integer
    x = Val(Text1.Text)
    y = Val(Text2.Text)
    z = Val(Text3.Text)
    add_num x, y, z
End Sub
```

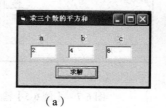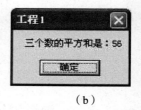

图 6-8　【例 6-6】输入与运行界面

【运行】运行结果界面如图 6-8（b）所示。

【说明】该例将参数"2，4，6"通过文本框依次赋值给"x, y, z"变量，然后"x, y, z"又作为实参依次传递给形参"a，b，c"变量。

6.3.2　传址与传值

在 VB 中，参数通过两种方式传递，即传地址（简称传址）和传值。

1. 传址

传址，就是按地址传递参数，在 VB 中是默认的传递方式。

在形参前加关键字 ByRef 或默认关键字，则指定该参数是传址方式。

按传址方式传递参数时，要求实参必须是变量名，此时实参与形参变量共用同一个存储单元。如果在过程中改变了形参的值，对应的实参也将发生改变。

【例 6-7】编写一个交换两个数的过程，用传址方式传送参数。界面如图 6-9 所示。

【程序】

```
Sub Swap(ByRef x As Integer, ByRef y As Integer)     'x 和 y 均为传址方式
   Dim t As Integer
   t = x: x = y: y = t
End Sub
Sub Command1_Click()
   Dim a As Integer, b As Integer
   a = Val(Text1.Text)
   b = Val(Text2.Text)
   Swap a, b                                          '过程调用
   Text3.Text = a
   Text4.Text = b
End Sub
```

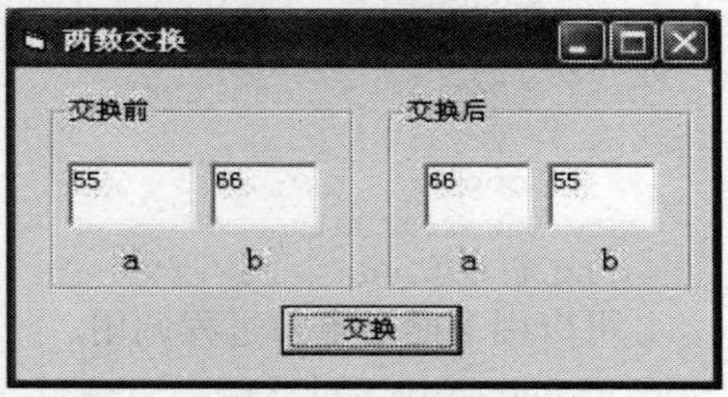

图 6-9 【例 6-7】数据交换前后的界面

【说明】在事件过程中，通过 "Swap a, b" 语句调用过程 Swap，由于是以传址的方式将实参 a 和 b 的地址分别传送给 x 和 y。所以，在 Sub 过程中 x 和 y 值交换后的结果直接改变了事件过程 a 和 b 的值。

【运行】运行上述程序后，输出结果如图 6-9 所示。

2. 传值

传值就是传实参的值而不是传送它的地址。

在 VB 中，传值方式通过关键字 ByVal 来实现。也就是说，在定义过程时，如果形参前面有关键字 ByVal，则该值用传值方式传送，否则用传地址方式传送。

例如，`Sub Czfu(ByVal x As Integer)`

```
       x=x*x
    End Sub
```

这里的形参 x 前有关键字 ByVal，调用时以传值方式传送实参。在传值方式下，VB 为形参分配新的内存空间，并将相应的实参值复制给各形参。

【例 6-8】在前面的【例 6-7】中，若用传值方式编写 Sub 过程，则运行结果是不一样的。x 和 y 均为传值方式调用 Sub 过程。

【程序】

```
Sub Swap(ByVal x As Integer, ByVal y As Integer)     'x 和 y 均为传值方式
   Dim t As Integer
   t = x: x = y: y = t
End Sub
Sub Command1_Click()
   Dim a As Integer, b As Integer
   a = Val(Text1.Text)
   b = Val(Text2.Text)
   Swap a, b                                          '过程调用
   Text3.Text = a
   Text4.Text = b
End Sub
```

【运行】结果如图 6-10 所示。

【说明】由于 x 和 y 均为传值方式传递参数，所以值的
变化对实参 a 和 b 没有影响。

【注意】在有些情况下，只有用传值方式才能得到正确
的结果。

【例 6-9】这是一个计算乘幂的过程，用来求 x 的 y 次
幂，其中 y>0（正指数）。该函数过程采用乘法求乘幂，例
如，x 的立方用 x*x*x 求解。

图 6-10 【例 6-8】数据交换前后的界面

【程序】

```
Function Power(x As Single,ByVal y As Integer)
    Dim Result As Single
    Result=1
    Do While y>0
      Result = Result*x
      y=y-1
    Loop
    Power=Result
End Function
```

可以用下面的事件过程调用。

```
Sub Form_Click()
    Print
    For i = 1 To 5
      r = Power(5, i)
      Print "      " & r
    Next i
  End Sub
```

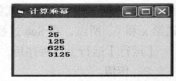

图 6-11 【例 6-9】运行结果

【运行】结果如图 6-11 所示。

【分析】

（1）过程 power 中的参数 y 前面使用了关键字 ByVal，是以传值方式传递参数，因而事件过
程中的实参 i 不会随着形参 y 的变化而改变，所以 5 次循环可分别打印出 5*5*5、5*5*5、……、
5*5*5*5*5 的值。

（2）如果去掉参数 y 前面的关键字 ByVal，则无法得到预期的结果。因为，第一次调用 power
后，i 被重新设置为 0，再开始循环。由于调用 power 时总是将循环变量 i 设置为 0，所以 For 循
环将不会停止，产生溢出。在这种情况下，ByVal 就不是可有可无的了。

【注意】究竟什么时候用传值方式，什么时候用传地址方式，没有硬性规定，下面几条可供参考。

（1）对于整型、长整型或单精度参数，如果不希望过程修改实参的值，则应加上关键字 ByVal
（值传送）。而为了提高效率，字符串和数组应通过地址传送。此外，用户定义的类型（记录）和
控件只能通过地址传送。

（2）对于其他数据类型，包括双精度型、货币型和变体数据类型，可以用两种方式传送。经
验证明，此类参数最好用传值方式传送，这样可以避免错用参数。

（3）如果没有把握，最好能用传值方式来传送所有变量（字符串、数组和记录类型除外），在
编写完程序并能正确运行后。再把部分参数改为传地址，以加快运行速度。这样，即使在删除一
些 ByVal 后程序不能正确运行，也很容易查出错在什么地方。

（4）用 Function 过程可以通过过程名返回值，但只能返回一个值；Sub 过程不能通过过程名
返回值，但可以通过参数返回值，并可以返回多个值。当需要用 Sub 过程返回值时，其相应的参

数要用传址方式。

6.3.3 数组参数的传递

在 VB 中允许参数是数组，数组只能通过传址方式进行传递。

【说明】

（1）在实参列表和形参列表中放入数组名，忽略维数的定义，但圆括号不能省略。

（2）如果被调过程不知道实参数组的上下界，可用 Lbound 和 Ubound 函数确定实参数组的下界和上界。

【例 6-10】编写一个 Function 过程，通过数组的传递，求该数组的最大值。

【程序】

```
Private Function FindMax(a() As Variant)
    Dim Start As Integer, Finish As Integer, I As Integer
    Start = LBound(a)                        '求数组的下界
    Finish = UBound(a)                       '求数组的上界
    Max = a(Start)
    Print
    For I = Start To Finish                         '求最大值
      Print "  数组的 第" & I + 1 & " 个元素是:"; a(I)      '输出数组中每个元素
      If a(I) > Max Then Max = a(I)
    Next I
    FindMax = Max
End Function
Sub Form_Click()
    Dim b() As Variant
    b = Array(1, 16, 55, 20, 34, 18)         '为数组 b 赋值
    c = FindMax(b())                         '求最大值
    Print
    Print "  数组的最大值是:"; c
End Sub
```

【运行】结果如图 6-12 所示。

图 6-12 【例 6-10】运行结果

6.4 过程的嵌套调用和递归调用

6.4.1 过程的嵌套调用

从前面函数过程和子过程的学习中我们可以看到，VB 的过程定义都是互相平行和相对独立

的。也就是说，在定义过程时，一个过程内不能包含另一个过程。然而，对过程调用就不同了，可以使用嵌套调用，也就是主过程（一般为事件过程）可以调用子过程（包括函数过程等），在子过程中可以调用另外的子过程，这种程序结构称为过程的嵌套调用。过程的嵌套调用执行过程如图 6-13 所示。

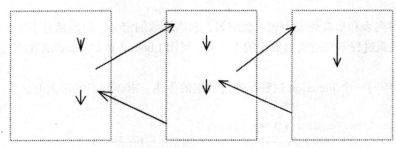

图 6-13　过程的嵌套调用执行过程

6.4.2　过程的递归调用

1. 递归概念

"递归"是过程直接或间接调用自身完成某任务的过程。递归分为两种：直接递归和间接递归。直接递归就是在过程中直接调用过程自身；间接递归就是间接地调用自身过程，如第一个过程调用了第二个过程，而第二个过程又调用了第一个过程。

2. 过程的递归调用

在 VB 中，允许一个子过程或函数过程在自身定义的内部调用自己，这样的子过程或函数过程称为递归子过程或递归函数。许多问题都具有递归的特性，用递归描述该类问题非常方便。

【例 6-11】求 fac(n)=n!的值。

根据求 n! 的定义可知：n!=n(n-1)!

【程序】

```
Function fac(n As Integer) As Integer
  If n<=1 Then
    fac=1
  Else
    fac=fac(n-1)*n
  End If
End Function
Private Sub Form_Click()
  Print
  Print "   fac(4)=";fac(4)
End Sub
```

【运行结果】如图 6-14 所示。

图 6-14　【例 6-11】运行结果

6.5　变量、过程的作用域

VB 的应用程序由若干个过程组成，这些过程一般保存在窗体文件（.frm）或标准模块文件（.bas）中。一个变量、过程随所处的位置不同，可被访问的范围就不同，变量、过程可被访问的范围称为变量、过程的作用域。

6.5.1　变量的作用域

变量的作用域指的是变量的有效范围。定义了一个变量后，为了能正确地使用变量的值，应当明确程序在什么地方可以访问该变量。

如前所述，VB 应用程序可由 3 种模块组成，即窗体模块（Form）、标准模块（Module）和类模块（Class）（本书不介绍类模块）。因此，应用程序通常由窗体模块和标准模块组成。窗体模块包括事件过程（Sub）、函数过程（Function）和子过程（Sub）；而标准模块由函数过程（Function）和子过程（Sub）组成。如图 6-15 所示。

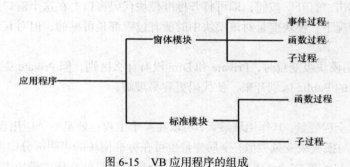

图 6-15　VB 应用程序的组成

根据变量定义的位置和所使用的变量定义语句的不同，VB 中的变量可以分为 3 类，即局部（Local）变量、模块（Module）变量及全局（Public）变量。其中，模块变量包括窗体模块变量和标准模块变量。

1. 局部变量

在过程内定义的变量叫做局部变量，只能在它所在的过程内使用，在其他过程中都不能使用。局部变量在过程内用 Dim 、Static 定义，例如：

```
Sub Command1_Click()
    Dim Tempnum As Integer
    Static Total As Double
End Sub
```

在上面的过程中，定义了两个局部变量，即整型变量 Tempnum 和双精度静态变量 Total，其有效范围仅在该过程内。

【说明】

● 在不同的过程中可以定义相同名字的局部变量，它们之间没有任何关系。如果需要，则可以用"过程名.变量名"的形式分别引用不同过程中相同名字的变量。

● 局部变量通常用来存放中间结果或用作临时变量。

2．模块级变量

在窗体模块（Form）的通用声明段或标准模块（Module）用 Private、Dim 关键字声明的变量都称为模块级变量或称私有的模块级变量。

例如，`Private intTemp As Integer` 或 `Dim intTemp As Integer`

【说明】该例分别用 Private 和 Dim 两种方式定义了 intTemp 模块变量，其有效范围是该模块内的所有过程。

模块级变量包括窗体变量和模块变量。

（1）窗体

在使用窗体级变量前，必须先声明，也就是说，窗体级变量不能默认声明。其方法是，在程序代码窗口的"对象"框中选择"通用"，并在"过程"框中选择"声明"，就可以在程序代码窗口中声明窗体级变量。

（2）模块

模块变量是指标准模块中的变量。模块变量的声明和使用与窗体模块中窗体级变量相似。标准模块是只含有程序代码的应用程序文件，其扩展名为.bas。为了建立一个新的标准模块，应执行"工程"菜单中的"添加模块"命令，在"添加模块"对话框中选择"新建"选项卡，单击"模块"图标，然后单击"打开"按钮，即可打开标准模块代码窗口，在这个窗口中可以输入标准模块代码。在默认情况下，模块变量对该模块中的所有过程都是可见的，但对其他模块中的代码不可见。

【说明】在声明模块级变量时，Private 和 Dim 没有什么区别，但 Private 更好些，因为可以把它和声明全局变量的 Public 区别开来，使代码更容易理解。

3．全局变量

全局变量也称全程变量，其作用域最大，可以在一个工程也就是一个应用程序中的每个模块、每个过程中使用。与模块级变量类似，全局变量也可在标准模块的声明部分中声明。所不同的是，全局变量必须用 Public 或 Global 语句声明；同时，全局变量只能在标准模块中声明，不能在过程或窗体模块中声明。

3 种变量的作用域见表 6-1。

表 6-1　变量的作用域

名　称	作 用 域	声明位置	使用语句
局部变量	过程	过程中	Dim 或 Static
模块变量	窗体模块或标准模块	模块的声明部分	Dim 或 Private
全局变量	整个应用程序	标准模块的声明部分	Public 或 Global

6.5.2　过程的作用域

一般 VB 的应用程序组成可用图 6-15 描述。过程的作用域分为：窗体/模块级和全局级。

1．窗体/模块级

该级别的过程是指在窗体或标准模块内定义的过程。在定义子过程或函数过程时，过程名前要加 Private 关键字，过程只能被本窗体（在本窗体内定义）或本标准模块（在本标准模块内定义）中的过程调用。

2. 全局级

全局级的过程是指在窗体或标准模块中定义的过程。在定义时默认（过程名前没有关键字）就是全局的，也可加 Public 进行说明。全局级过程可供该应用程序的所有窗体和所有标准模块中的过程调用。但根据过程所处的位置不同，其调用方式有所区别。

（1）在窗体定义的过程，外部过程要调用时，必须在过程名前加该过程所处的窗体名。

（2）在标准模块定义的过程，外部过程均可调用，但过程名必须唯一，否则要加标准模块名。有关规则见表 6-2。

表 6-2　不同作用范围的两种过程定义及调用规则

作 用 域		定 义 方 式	能否被本模块的其他过程调用	能否被本应用程序的其他过程调用
模块级	窗体	过程名前加 Private	能	不能
	标准模块		能	不能
全局级	窗体	过程名前加 Public 或默认	能	能，但必须在过程名前加窗体名
	标准模块		能	能，但过程名必须唯一，否则要加标准模块名

6.5.3　静态变量

从表 6-1 可知，局部变量除了用 Dim 语句声明外，还可用 Static 语句将变量声明为静态变量，它在程序运行过程中可保留变量的值。就是说，每次调用过程时，用 Static 声明的变量保持原来的值，而用 Dim 声明的变量，每次调用过程时，重新初始化。

【格式】Static 变量名 As 类型

　　　Static Function 函数过程名(参数列表) As 类型

　　　Static Sub 过程名 (参数列表)

【说明】若函数过程名、子过程名前加 Static，表示该函数过程、子过程内的局部变量都是静态变量。

【例 6-12】比较 Dim 和 Static 两种变量声明方式的区别。该程序通过窗体单击事件过程（Form_Click()）调用一个求和函数 Sum()，完成 5 个自然数累加的功能，即求 1+2+3+4+5 的和。

【分析】首先编写 Sum 函数，利用静态变量保存上次执行后的结果，完成两个数和的求解。然后通过 Form_Click()过程的循环语句，5 次调用函数 Sum，实现 5 个数求和的功能。

【程序】

```
Private Sub Form_Click()
    Dim i As Integer,S As Integer
    For i=1 to 5
      S=Sum( i )                    '调用 Sum 函数
      Print
      Print "   Sum=";S,
    Next i
End Sub
Private Function Sum(n As Integer)
    Static j As Integer              '静态变量的声明
    j=j+n
    Sum=j
```

```
End Function
```

【结果】当运行上述程序后，屏幕显示如图 6-16 所示。

思考：若将函数中的 Static j As Integer 说明改为 Dim j As Integer，则程序运行后，屏幕显示的值是什么？

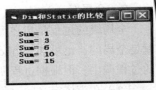

图 6-16 【例 6-12】运行结果

【例 6-13】编写一个验证密码的程序，要求每单击一次命令按钮就验证一次，用户在文本框 Text1 中输入密码，只允许输入三次密码，三次都错则自动退出。

【分析】初看似乎应该使用循环来处理，但在"循环体"中重复的操作时单击命令 Command1 按钮，而这本身是一个事件，无法出现在过程体中。因此，应该使用其他的方法来实现这种"循环"。

【程序】

```
Const Pwd = "ok"                      '预先设置密码
Private Sub Command1_Click()
  Static times As Integer             '定义静态变量统计验证次数
  If Text1.Text <> Pwd Then
    times = times + 1                 'times 的初始值是 0
    MsgBox "Invalid Password!"
    If times = 3 Then End
  Else
    MsgBox "Welcome"
    times = 0
  End If
End Sub
```

思考：

（1）如果使用 Dim 语句定义 times，则程序执行情况如何？

（2）为什么验证成功后，要把 times 赋值为 0？

6.6 应用举例

【例 6-14】随机输入 N 个 1~100（包括 1 和 100）的数，编写过程实现它们的最大值 Max、最小值 Min 和平均值 Avg 的求解。

【分析】在若干数中求最大值、最小值和平均值的方法前面已经介绍，在此不重复。但本题要求各值的求解用过程实现，则与以往的方法略有不同，需要将实现最大值 Max、最小值 Min 和平均值 Avg 求解的语句独立为过程。

【程序】

```
Dim n As Integer, i As Integer, Max As Integer, Min As Integer, Avg As Integer, s As Integer
Private Sub command1_click()
    n = Val(InputBox("输入个数: "))
    Max_Min_Avg(n)
    Print "Max="; Max; "Min="; Min; "Avg="; Avg
End Sub
Private Sub Max_Min_Avg(m As Integer)
Randomize                          '初始化随机生成器
s = Int(Rnd * 100) + 1             '产生 1~100 之间的随机数
Max = s
Min = s
```

```
Avg = s
Print "第1个数是: " & s
For i = 2 To m
    s = Int(Rnd * 100) + 1
    Print "第" & i & "个数是: " & s
    If s > Max Then Max = s
    If s < Min Then Min = s
    Avg = Avg + s
  Next i
  Avg = Avg / m
End Sub
```

【结果】当运行上述程序后，输入随机数的个数 5，屏幕显示如图 6-17（a）（b）所示。

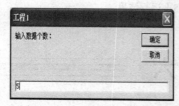

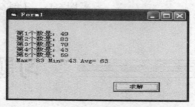

图 6-17 （a）【例 6-14】输入界面　　图 6-17 （b）【例 6-14】运行结果

【例 6-15】编写求解一元二次方程 $ax^2+bx+c=0$ 根的过程。要求 a、b、c 及解 x_1、x_2 都以参数传递的方式与主程序交换数据，输入 a、b、c 及输出 x_1、x_2 的操作都放在主程序中。

【分析】求解一元二次方程 $ax^2+bx+c=0$ 的根，首先要判断是否满足二次项系数 $a\neq0$ 和 $b^2-4ac\geq0$ 两个条件，如果 $a\neq0$ 满足，则判断 $b^2-4ac=0$。若满足，则有两相等的实数根，否则有两个不相等的实根。

【程序】
```
Dim x1 As Single
Dim x2 As Single
Private Sub Command1_Click()
    Dim x As Single
    Dim y As Single
    Dim z As Single
    x = Val(Text1.Text)
    y = Val(Text2.Text)
    z = Val(Text3.Text)
    Call Fangcheng(x, y, z)
    Text4.Text = Format(x1, "0.00")            '按指定格式输出
    Text5.Text = Format(x2, "0.00")
End Sub
Public Sub Fangcheng(a As Single, b As Single, c As Single)
    Dim f As Double
    Dim d
    d = b ^ 2 - 4 * a * c
    If a = 0 Then
          MsgBox ("二次项系数不得为零")
      ElseIf d < 0 Then                        '判断该方程有无解
          MsgBox ("无解")
      Else
      f = Sqr(d)
      x1 = (f - b) / (2 * a)
      x2 = (-b - f) / (2 * a)
    End If
```

```
End Sub
```

【结果】当运行上述程序后，屏幕显示如图 6-18 所示。

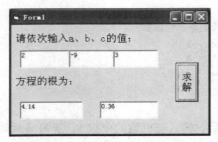

图 6-18 【例 6-15】运行结果

习题六

一、简答题

1. 写出过程的定义和调用形式，并比较两者不同点。

2. 简述什么是实际参数与形式参数。

3. 简述什么是按地址传递参数和按值传递参数。

4. 简述什么是传递数组参数。

5. 简述什么是动态变量和静态变量。

二、选择题

1. 在 VB 的应用程序中，以下正确的描述是_____。

    A. 过程的定义可以嵌套，但过程的调用不能嵌套

    B. 过程的定义不可以嵌套，但过程的调用可以嵌套

    C. 过程的定义和过程的调用均可以嵌套

    D. 过程的定义和过程的调用均不可以嵌套

2. Function 过程和 Sub 过程最本质的区别是_____。

    A. Sub 过程不可以有参数，Function 过程可以有参数

    B. Function 过程与 Sub 过程参数的传递方式不同

    C. Sub 过程不能返回值，而 Function 过程能够返回值

    D. Sub 过程可以使用 Call 语句或直接使用过程名调用，而 Function 过程还可以作为表达式的一部分放在一个 Visual Basic 语句中被调用

3. 如果一个 Visual Basic 程序由一个窗体模块和一个标准模块构成，为了保存该应用程序，以下正确的操作是_____。

    A. 只保存窗体模块文件   B. 只保存标准模块文件

    C. 只保存工程文件   D. 分别保存窗体模块文件、标准文件和工程文件

4. 如果在窗体 Form1 中定义一个整型变量 A，要让它能够在窗体 Form2 中使用，则该定义语句为_____。

    A. Dim A As Integer   B. Static A As Integer

C. Private A As Integer　　　　　　D. Public A As Integer

5. 在窗体模块的通用声明段中声明变量时，不能使用_____关键字。

A. Dim　　　　B. Public　　　　C. Private　　　　D. Static

6. 下面子过程语句说明合法的是_____。

A. Sub f1(ByVal n%())　　　　　　B. Sub f1(n%)　As Integer

C. Function f1%(f1%)　　　　　　D. Function f1(ByVal n%)

7. 如果主程序是通过调用过程来完成两个变量值的交换的操作，那么以下两个过程，说法正确的是_____。

```
Sub S1 (ByVal x As Integer, ByVal y As Integer)
    Dim t As Integer
    t = x
    x = y
    y = t
End Sub
Sub S2 (x As Integer, y As Integer)
    Dim t As Integer
    t = x
    x = y
    y = t
End Sub
```

A. 用过程 S1 可以实现两个变量值的交换的操作，过程 S2 不能实现

B. 用过程 S2 可以实现两个变量值的交换的操作，过程 S1 不能实现

C. 用过程 S1 和 S2 都可以实现两个变量值的交换的操作

D. 用过程 S1 和 S2 都不可以实现两个变量值的交换的操作

8. 下列程序段的运行结果为_____。

```
Private Sub Form_Click ( )
        Dim x As Integer, y As Integer
        x = 1234
        y = fun (fun (fun (x) ) )
        Print y
        End Sub
Private Function fun (n As Integer) As Integer
        Dim s As Integer
        s = n \ 3 + n mod 3
        fun = s
End Function
```

A. 48　　　　　B. 46　　　　　C. 45　　　　　D. 46

9. 下列程序运行后的结果为_____。

```
Private Sub Command1_Click ( )
    Dim x As Integer, y As Integer
    x = 1
    y = 2
    Call fun (x, y)
    Print "x=" ; x; "y=" ; y
End Sub
Sub fun (ByVal x As Integer, ByVal y As Integer)
    x = x + 1
    y = y + 1
End Sub
```

A. 1　2　　　　B. 1　3　　　　C. x = 1　y = 2　　　　D. x = 1　y = 3

10. 下列程序运行后的结果为_____。

```
Private  Sub F1(n%,ByVal m%)
   n=n mod 10
   m=m\10
End Sub
Private Sub Command1_Click()
   Dim x%,y%
   x=12:y=34
    Call F1(x,y)
    Print x,y
End Sub
```

  A. 2 34   B. 12 34   C. 2 3   D. 12 3

三、填空题

1. Visual Basic 的应用程序是由_____组成的。

2. Visual Basic 的过程可以分为两大类_____和_____。事件发生时，Visual Basic 会自动调用相应的_____。

3. Visual Basic 窗体模块文件的扩展名是_____，标准模块文件的扩展名是_____，类模块的文件扩展名为_____。

4. 在一个通用过程中，可以调用另一个通用过程，这种调用方式称为_____。在一个通用过程中，也可以调用通用过程自己，这种调用方式称为_____。

5. _____表示该参数按值传递，_____表示该参数按地址传递，_____是 Visual Basic 参数传递的默认选项。

6. 在过程中用_____关键字声明的过程级变量称为静态变量。

7. 当数组作为过程的参数时，规定_____的方式，因此对数组元素的修改将带回调用程序。

8. 在窗体上绘制一个命令按扭，然后编写以下程序。

```
Sub Inc(a As Integer)
   Static x As Integer
   x = x + a
   Print x;
End Sub
Private Sub Command1_Click ( )
   Inc 2
   Inc 3
   Inc 4
End Sub
```

程序运行后，单击命令按扭，输出结果：_____。

9.
```
Private Sub Form_Click()
   Dim a As Integer, b As Integer
   a=6
   b=8
   Call swap(a,b)
   Print a,b
   End Sub
   Private Sub swap (ByVal x As Integer, ByVal y As Integer)
   Dim t As Integer
   t=x
   x=y
   y=t
End Sub
```

运行结果：_____。

10.
```
Dim s As Integer
Private Sub Form_Click()
    Call fun(5)
    Print s
End Sub
Private Sub fun (j As Integer)
    Dim i,t As Integer
    t=1
    For i=0 To j
        s=s+t
        t=t*2
    Next i
End Sub
```

运行结果：_____。

四、编程题

1. 编写函数，计算 n!。

2. 编写子过程，统计某组成员(10 人)年龄的最大值与最小值，要求在事件过程中输出结果。

3. 编写程序，利用冒泡排序法对 n 个整数进行升序排序。

4. 斐波那契（Fibonacci）数列的第一项是 0，第二项是 1，其他各项都是前两项的和。编写程序，求斐波那契数列第 N 项的值。

5. 设 a 为一整数，如果能使 a^2=xxa 成立，则称 a 为"守形数"。例如 5^2=25，25^2=625，则 5 和 25 都是守形数。试编一个 Function 过程 automorphic，其形参为一正整数，判断其是否为守形数，然后用该过程查找 1~1000 内的所有守形数。

本章要点：

 ✧ 什么是通用对话框？如何使用通用对话框？
 ✧ 如何设计菜单？
 ✧ 多重窗体、多文档界面如何引用？
 ✧ 如何使用鼠标和键盘事件？
 ✧ 什么是工具栏和状态栏？如何应用？

漂亮、实用、方便的用户界面是一个应用系统中最重要的要素，前几章学到的控件远远不能达到实际编程中界面设计的要求，在这一章里将介绍在界面设计中几种非常有用的技术。最后，通过一个"简易文字处理系统"的应用实例，作为对所学知识的综合应用。

7.1 菜单设计

当进行一项复杂的程序设计时，程序的各方面的功能应以一种良好的方式展现给用户以方便其使用，而菜单就是表达这些功能的常用工具。在实际应用中，菜单有两种基本类型：一种是下拉式菜单，包括主菜单、菜单项、子菜单和分隔线等，就像 Office 软件中菜单一样；另一种是弹出式菜单，就像在 Windows 中单击右键时所弹出的菜单。

不管是下拉式菜单，还是弹出式菜单，菜单中的所有菜单项（包括分隔线）从本质上来说都是与命令按钮相似的控件，有属性、事件。它们仅有一个 Click 事件，为菜单项编写程序就是编写 Click 事件过程。

7.1.1 菜单编辑器的使用

为了便于设计菜单，VB 提供了"菜单编辑器"，用来设计下拉式菜单和弹出式菜单。在设计状态，单击"工具"菜单中的"菜单编辑器"命令或者在工具栏中单击 ▣ 图标，打开如图 7-1 所示的"菜单编辑器"对话框，输入相应的内容。

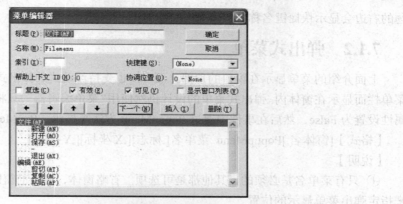

图 7-1　"菜单编辑器"对话框

1. "菜单编辑器"的属性

在这个窗口中可以指定菜单结构，设置菜单项的属性。每个菜单项都是一个控件对象，其常用的属性如下。

① "标题"（Caption）属性：用于设置菜单上出现的字符。

② "名称"（Name）属性：用于定义菜单项的控制名，这个属性不会出现在屏幕菜单上，仅用于程序代码中。

③ "有效"（Enable）属性：决定菜单项是否可用，默认值为 True，当此值为 False 时，菜单标题以灰色显示，不能被选择。

④ "复选"（Checked）属性：此属性为 True 时，菜单标题前面显示复选标记"√"。

⑤ "可见"（Visible）属性：此属性为 False 时，菜单项隐藏。若将此菜单作为弹出式菜单时，通常将此属性设置为不可见。

⑥ "索引"（Index）属性：菜单也可构建控件数组，Index 属性值即为菜单项控件数组元素的下标值。利用菜单控件数组，可在代码阶段使用 Load 和 Unload 方法动态增减菜单项。

当用户把一个菜单项的各个属性设置完成后，单击"下一个"或插入按钮，可继续设置下一个菜单项。当所有菜单项都设置完成后，单击"确定"按钮，结束菜单设计。

2. 设计子菜单或改变子菜单级别

每个菜单项可以有子菜单，子菜单为某菜单项的下一级菜单。使用"菜单编辑器"中的"←"和"→"按钮可以为菜单项选择层次。单击"←"按钮，菜单项上升一层；单击"→"按钮，该菜单项下降一层。在菜单列表框中，下一级菜单项标题比上一级菜单项多一个"…"标志。

3. 分隔菜单项

一个下拉菜单中通常包含多个菜单项，为便于用户查找，可将菜单按功能分组，组与组之间加上分隔线。在"菜单编辑器"中建立分隔线的步骤与建立菜单项的步骤相似，唯一的区别就是要在标题栏输入一个连字符"-"。必须注意，分隔线也要有 Name 属性。

4. 热键和快捷键

热键是指使用<Alt>键和菜单项标题中的一个字符来打开菜单。建立热键的方法是在菜单标题的某个字符前加上一个"&"符号，菜单项上会在这一个字符下面显示一个下划线。例如，在图 7-1 中的菜单中给文件指定一个热键 F，只要在标题栏中输入"文件（&F）"即可。

快捷键与热键类似，只是它不是用来打开菜单，而是直接执行相应的菜单项的操作。要为某菜单项指定快捷键，只要在"菜单编辑器"中打开快捷键下拉列表框并选择一个键，则菜单项标题的右边会显示快捷键名称。

7.1.2　弹出式菜单

上面介绍的菜单显示在窗口的顶部，而 VB 也支持浮动式的弹出式菜单，即菜单独立于窗体菜单栏而显示在窗体内。弹出式菜单的设计仍然使用"菜单编辑器"，只将菜单项的"可见"（Visible）属性设置为 False，然后在事件中通过 PopupMenu 方法来显示。PopMenu 方法的使用格式如下。

【格式】[窗体名.]PopupMenu 菜单名[,标志][,X 坐标][,Y 坐标]

【说明】

① 只有菜单名是必须的，其他都是可选项。省略窗体，在当前窗体弹出菜单。X，Y 参数用来指定弹出菜单显示的位置。

② 标志参数，用于进一步定义弹出菜单的位置和鼠标左、右键对某单项的相应性能。标志参数的功能见表 7-1。

表 7-1　标志参数的功能

分　类	参 数 值	常　　数	说　　明
位置	0	vbPopupMenuLeftAlign	弹出式菜单的左边与参数 X 对齐（默认）
	4	vbPopupMenuCenterAlign	弹出式菜单的中间与参数 X 对齐
	8	vbPopupMenuRightAlign	弹出式菜单的右边与参数 X 对齐
性能	0	vbPopupMenuLeftButton	只能用鼠标左键触发弹出菜单（默认）
	2	vbPopupMenuRightButton	能用鼠标左键和右键触发弹出菜单

例如，设计一个 Menu1 菜单，并用窗体的 Click 事件激活，则可编程如下。

```
Private Sub Form_Click()
    PopupMenu menu1, 0 Or 2
End Sub
```

7.2　对话框

VB 提供了 InputBox 函数和 MsgBox 函数，用这两个函数可以建立简单的对话框，即输入对话框和信息框。有些情况下，这样的对话框可能无法满足实际需要，为此，VB 提供了用户根据需要在窗体上设计较复杂的对话框的功能。

7.2.1　通用对话框

通用对话框（CommonDialog）控件为程序设计人员提供了一组基于 Windows 的标准对话框界面，分别为打开（Open）、另存为（SaveAs）、颜色（Color）、字体（Font）、打印机（Printer）和帮助（Help）。但这些对话框仅仅用于返回信息，不能真正实现文件打开、保存、颜色设置、字体设置和打印等操作，如果想要实现这些功能必须通过编程来解决。

通用对话框不是标准控件，是一种 ActiveX 控件。需要通过"工程"→"部件"→"Microsoft Common Dialog Control 6.0"命令添加到工具箱上。在设计状态，通用对话框以图标 　 形式显示，不能调整其大小（与计时器类似），程序运行时，控件本身被隐藏。

要在程序中显示不同类型的对话框，可以通过 Action 属性进行设置，也可以用相应的方法进行设置。表 7-2 列出了各类对话框所需要的 Action 属性值和方法。

表 7-2 对话框类型

对话框类型	Action 属性值	Show 方法
打开文件	1	ShowOpen
保存文件	2	ShowSave
颜色	3	ShowColor
字体	4	ShowFont
打印	5	ShowPrinter
Help 文件	6	ShowHelp

除了 Action 属性外，通用对话框具有的主要共同属性如下。

1. DialogTitle 属性

该属性用来设置对话框的标题。

2. CancelError 属性

通用对话框有一个"取消"按钮，用于表示用户想取消当前操作。如果该属性被设置为 True，当单击"取消"按钮关闭一个对话框时，通用对话框自动将错误对象 Err.Number 设置为 32755 以便程序判断。如果设置为 False（默认）时，则不产生出错信息。

【例 7-1】设计一个如图 7-2 所示的窗体，有一个文本框（Text1）和 6 个按钮，分别为"打开"（CmdOpen）、"另存为"（CmdSave）、"颜色"（CmdColor）、"字体"（CmdFont）、"打印"（CmdPrinter）和"帮助"（CmdHelp）。程序运行后，当用户单击"打开"按钮就弹出"打开"对话框，选择一个文本文件，再单击"打开"按钮，便可将该文件内容读入到文本框；当单击"另存为"按钮，就打开"另存为"对话框，用户输入文件名后，就可以用新的文件名保存文本框的内容。

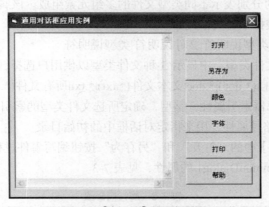

图 7-2 【例 7-1】的运行界面

【分析】题目中文本框的"MultiLine"属性设置为 True，"ScrollBars"设置为 2。若想完成按钮上的功能，最好（也是最简单）的方法是加入通用对话框（名字为 CommonDialog1），然后通过编程去实现。下面就介绍如何来完成这些功能。

7.2.2　文件对话框

文件对话框分为两种，即"打开"与"另存为"对话框。这两种对话框的功能都是用于从用户那里获得文件名信息。打开文件对话框可以让用户指定一个文件，由程序使用；而保存文件对话框可以指定一个文件，并以这个文件名保存指定的内容。

从结构上来说，"打开"和"保存"对话框是类似的。图 7-3 为"打开"对话框，图中"打开"按钮用"保存"按钮取代，就是"另存为"对话框，如图 7-4 所示。

图 7-3 "打开"对话框

图 7-4 "另存为"对话框

"打开"和"另存为"对话框并不能真正打开和存储一个文件，它仅仅提供一个打开和存储文件的用户界面，供用户选择所要打开和存储的文件，具体的工作还是要通过编程来实现。

"打开"与"另存为"对话框共同的属性如下。

① FileName：字符型，表示用户所要打开或存储的文件名（包含路径）。

② FileTitle：字符型，表示用户所要打开或存储的文件名（不包含路径）。

③ Filter：过滤器属性，用于确定文件列表框中所显示文件的类型。该属性值可以是由一组元素或用"|"符号分开的分别表示不同类型文件的多组元素组成。该属性的选项显示在"文件类型"或"保存类型"列表框中。其格式如下。

【格式】文件说明符|类型说明符|文件说明符|类型说明符

例如，如果要在"文件类型"中显示 3 种文件类型以供用户选择，那么 Filter 属性可设为：对话框.Filter= "Word 文档(*.doc)|*.doc|文本文件(*.txt)|*.txt|所有文件(*.*)|*.*"。

④ FilterIndex：过滤器索引属性，整型，确定所选文件类型的索引号，第一项为 1。

⑤ InitDir：初始化路径属性，用来指定对话框中的初始目录。

【例 7-2】对【例 7-1】中的"打开"和"另存为"按钮编写事件过程。

修改通用对话框 CommonDialog1 的属性，见表 7-3。

表 7-3 属性值修改

属　　性	值
FileName	*.txt
InitDir	c:\
Filter	文本文件(*.txt)|*.txt|所有文件(*.*)|*.*
FilterIndex	1

"打开"按钮的程序代码如下。

```
Private Sub CmdOpen_Click()
    CommonDialog1.ShowOpen                          '打开"打开"对话框
    Open CommonDialog1.FileName For Input As #1     '打开文件进行读操作
     Do While Not EOF(1)                            '相关操作查看第 9 章
       Line Input #1, data1                         '读一行数据
       Text1.Text = Text1.Text + data1 + Chr(13) + Chr(10)
     Loop
     Close #1                                        '关闭文件
End Sub
```

"另存为"按钮的程序代码如下。

```
Private Sub CmdSave_Click()
    CommonDialog1.ShowSave                          '打开"另存为"对话框
    Open CommonDialog1.FileName For Output As #1    '打开文件供写入数据
    Print #1, Text1.Text
    Close #1                                        '关闭文件
End Sub
```

7.2.3　其他对话框

1. 颜色对话框

"颜色"对话框如图 7-5 所示，供用户选择颜色。

Color 属性是"颜色"对话框最重要的属性，它返回或设置选定的颜色。调色板中提供了基本颜色和用户自定义颜色，当用户选定某颜色时，按"确定"按钮，该颜色值便赋给 Color 属性。

【例 7-3】对【例 7-1】中的"颜色"按钮编写程序，设置文本框的前景色，即文字颜色。

"颜色"按钮代码如下。

```
Private Sub CmdColor_Click()
    CommonDialog1.ShowColor                  '打开"颜色"对话框
    Text1.ForeColor = CommonDialog1.Color    '设置文本框的前景色
End Sub
```

2. 字体对话框

"字体"对话框如图 7-6 所示，通过"字体"对话框，用户可以选择字体、字体样式、字体大小、字体效果及字体颜色。

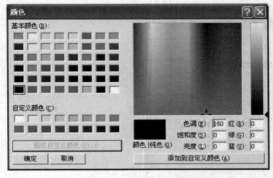

图 7-5　"颜色"对话框

图 7-6　"字体"对话框

"字体"对话框常用的属性如下。

① Flags 属性：在显示"字体"对话框之前必须设置 Flags 属性，否则将发生不存在字体的错误，如图 7-7 所示。常用设置见表 7-4。使用 Or 运算符可以为一个对话框设置多个标志。

图 7-7 没有设置 Flags 属性

表7-4 "字体"对话框 Flags 属性

系统常数	值	说 明
cdlCFScreenFonts	&H1	显示屏幕字体
cdlCFPrinterFonts	&H2	显示打印机字体
CdlCFBoth	&H3	显示打印机和屏幕字体
CdlCFEffects	&H100	指定对话框运行删除线、下划线以及颜色效果

② Font 属性集：它包括 FontName(字体名)、FontSize(字体大小)、FontBold(粗体)、FontItalic(斜体)、FontStrikethru(删除线)和 FontUnderline(下划线)。

③ Color 属性：确定字体颜色。

【例 7-4】对【例 7-1】中的"字体"按钮编写程序，设置文本框的字体样式。

"字体"按钮代码如下。

```
Private Sub CmdFont_Click()
    CommonDialog1.Flags = cdlCFBoth Or cdlCFEffects  '改变 Flags 属性
    CommonDialog1.ShowFont                           '打开"字体"对话框
    Text1.FontName = CommonDialog1.FontName
    Text1.FontSize = CommonDialog1.FontSize
    Text1.FontBold = CommonDialog1.FontBold
    Text1.FontItalic = CommonDialog1.FontItalic
    Text1.FontStrikethru = CommonDialog1.FontStrikethru
    Text1.FontUnderline = CommonDialog1.FontUnderline
    Text1.ForeColor = CommonDialog1.Color
End Sub
```

3. "打印"对话框

"打印"对话框如图 7-8 所示。"打印"不能直接处理打印工作，它仅仅为用户提供一个选择打印参数的界面，所选参数存于各属性中，再由编程来处理打印操作。

图 7-8 "打印"对话框

"打印"对话框常用的属性如下。

① Copies 属性：打印份数。

② FromPage 和 ToPage：用于确定打印的起始页号和终止页号。

【例 7-5】对【例 7-1】中的"打印"按钮编写程序，打印文本框中的内容。

"打印"按钮代码如下，代码中涉及的系统对象 Printer，它代表打印机。有关 Printer 的用法可参阅 VB 帮助系统。

```
Private Sub CmdPrinter_Click()
    Dim i As Integer
    CommonDialog1.ShowPrinter                '打开"打印"对话框
    For i = 1 To CommonDialog1.Copies
        Printer.Print Text1.Text             '打印文本框内容
    Next i
    Printer.EndDoc                           '结束打印
End Sub
```

4. "帮助"对话框

"帮助"对话框是一个标准的帮助窗口，可以用于制作应用程序的在线帮助。"帮助"对话框本身不能制作应用程序的帮助文件，它只是将已经制作好的帮助文件打开并与界面相连，从而达到显示并检索帮助信息的目的。

制作帮助文件需要使用 Help 文件编辑器，读者可参考相关资料。

"帮助"对话框常用的属性如下。

① HelpCommand 属性：设置需要的联机帮助的类型。可参阅 VB 的帮助系统。

② HelpFile 属性：确定帮助文件的路径和文件名。

【例 7-6】对【例 7-1】中的"帮助"按钮编写程序，通过"帮助"对话框来显示帮助文件。

"帮助"按钮的代码如下。

```
Private Sub CmdHelp_Click()
    CommonDialog1.HelpCommand = cdlHelpContents       '联机帮助的类型
    CommonDialog1.HelpFile = "c:\windows\help\note.hlp"  '确定帮助文件
    CommonDialog1.ShowHelp                            '打开"帮助"对话框
End Sub
```

7.3　多重窗体和多文档界面

在前面章节中，介绍的实例多数都只有一个窗体。实际上用 VB 开发的应用程序一般不会那么简单，通常由两个甚至更多的窗体组成。

VB 中的窗体有普通窗体和多文档窗体（MDI）。MDI（Multiple Document Interface）窗体是可以进行多个文档操作的界面，用户可以在应用程序中同时打开多个文档，这些文档分别以不同的窗口显示在程序画面中，让用户随意在各个文档间来回切换，并进行数据剪切、粘贴及连接工作，如 Office 系列软件，大多采用的是 MDI 窗体。

7.3.1　多重窗体的管理

1. 添加窗体

选择"工程"→"添加窗体"命令或单击工具栏上的添加窗体的命令　，再选择"新建"，可以新建一个窗体；或选择"现存"把一个已经建好的窗体添加到当前工程中，这是因为每个窗体都是以独立的.Frm 文件保存的。

在添加一个已有的窗体到当前工程中时，有两个问题要注意。

① 一个工程中所有窗体的名称（Name 属性）不能相同，添加已有窗体时不要与现有窗体的名称冲突。

② 添加的已有窗体在多个工程中共享，对该窗体所做的改变会影响到共享该窗体的所有工程。

2. 设置启动对象

一个应用程序若有多个窗体，在默认情况下，首先执行第一个创建的窗体。在程序运行过程中，首先执行的对象被称为启动对象。选择"工程"→"工程属性"→选择"启动对象"，可以改变启动对象，如图 7-9 所示。

图 7-9　改变启动对象

启动对象可以是窗体，也可是 Sub Main 子过程。如果启动对象是 Sub Main 子过程，则程序启动时不会加载任何窗体，以后由该过程根据情况决定是否加载或加载哪个窗体。Sub Main 子过程必须放在标准模块中，不能放在窗体模块内。

3. 窗体有关的语句和方法

当一个窗体要显示在屏幕上，该窗体必须先"建立"，接着被装入内存（Load），最后显示（Show）在屏幕上。同样，当窗体暂时不需要时，可以从屏幕上隐藏（Hide），直至从内存中删除（Unload）。

（1）装入或卸出窗体

要装入或卸出窗体，用 Load 或 Unload 语句。

装入窗体：Load 窗体名

卸出窗体：UnLoad 窗体名

【说明】

① Load 语句只是把窗体装入内存，并不显示出来，要显示窗体可以使用窗体的 Show 方法。在首次用 Load 语句将窗体调入内存时，依次触发 Initialize 和 Load 事件。

② Unload 的一种常见用法是 Unload Me，意义是关闭自身窗体。Me 代表当前的窗体。在用 Unload 语句将窗体从内存中卸载时，会触发 Unload 事件。

（2）显示或隐藏窗体

要显示或隐藏窗体，用 Show 或 Hide 方法。若尚未装入内存则先装入再显示。

显示窗体：[窗体名].show [模式]

隐藏窗体：[窗体名].hide

【说明】

① 省略窗体名，默认当前窗体。

② 模式为 0（缺省值）时窗体为非模态，为 1 时窗体为模态。模态窗体完全占有应用程序控制权，不允许切换到别的应用程序，除非关闭，而非模态窗体则相反。

③ 如果调用 Show 方法时指定的窗体没有装载，Visual Basic 将自动装载该窗体。

④ Hide 用来隐藏窗体，但不能使其卸载。如果调用 Hide 方法时窗体还没有加载，那么 Hide 方法将加载该窗体但不显示它。

4. 不同窗体间数据的访问

不同窗体间的数据的引用分为 3 种情况。

（1）一个窗体直接访问另一个窗体上的数据

在当前窗体中要引用另一个窗体中某个控件的属性，使用如下方法。

另一个窗体名.控件名.属性

例如，假定当前窗体 Form1,可以将 Form2 的窗体上 Text1 文本框中的数据直接赋给 Form1 中的 Label1,实现的语句如下。

```
Label1.Caption=Form2.Text1.Text
```

（2）一个窗体直接访问在另一个窗体中定义的全局变量

当某变量被声明为全局变量时，该变量可在不同窗体间引用，方法如下。

窗体名.全局变量名

（3）在模块定义公共变量，实现相互访问

为了方便起见，将要在多个窗体中使用的变量放在标准模块内声明，这样，可免写窗体名，而像在同一窗体中一样直接引用变量名或控件名。

【例 7-7】多重窗体应用示例。一个网店的设计，运行界面如图 7-10、图 7-11 和图 7-12 所示。

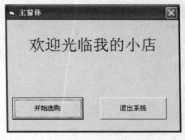 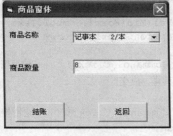

图 7-10　主窗体　　　　　　图 7-11　商品窗体

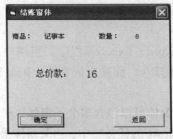

图 7-12　结账窗体与回执

【分析】本程序中使用了 3 个窗体 Form1、Form2 和 Form3,分别代表了主窗体、商品窗体和结账窗体，将 Form1 作为启动对象。在本程序中可以用标准模块设置全局变量，供不同窗体引用，也可直接调用窗体的控件来进行赋值，本例中采用了该方法。

主窗体 Form1 的代码如下。

```
Private Sub Command1_Click()    '开始选购按钮
    Form2.Show
    Form1.Hide
End Sub
Private Sub Command2_Click()    '退出按钮
    End
```

```
End Sub
```

商品窗体 Form2 的代码如下。

```
Private Sub Form_Load()              '初始化数据
    Combo1.AddItem "铅笔      0.5/支"
    Combo1.AddItem "橡皮      0.5/支"
    Combo1.AddItem "记事本    2/本"
End Sub
Private Sub Command1_Click()         '结账按钮
    Form2.Hide
    Form3.Show
End Sub
Private Sub Command2_Click()         '返回按钮
    Form2.Hide
    Form1.Show
End Sub
```

结账窗体 Form3 的代码如下。

```
Private Sub Form_Load()              '初始化数据
    Dim price As Single, num As Integer
    Label2.Caption = Left(Form2.Combo1.Text, 7)
    Label4.Caption = Form2.Text1
    num = Val(Form2.Text1)
    price = Val(Mid(Form2.Combo1.Text, 8))
    Label6.Caption = price * num
End Sub
Private Sub Command1_Click()         '确定按钮
    MsgBox "恭喜，成交"
End Sub
Private Sub Command2_Click()         '返回按钮
    Form3.Hide
    Form1.Show
End Sub
```

7.3.2　多文档界面

很多程序都有自己的子窗体，比如 Word、Excel 等程序。当用户打开这些有子窗体的程序时，新建的文档并不是以一个全新的窗体打开，而是内嵌在原有的父窗体中，我们称为多文档窗体。

一个程序只能有一个父窗体，一个父窗体可以包含多个子窗体，子窗体最小化后，将以图标形式出现在父窗体中，而不会出现在 Windows 的任务栏中。当父窗体最小化时，所有子窗体也被最小化，只有父窗体的图标出现在任务栏中。

1．MDI 窗体的创建

选择"工程"→"添加 MDI 窗体"将弹出"添加 MDI 窗体"对话框，选择"新建"或"现存"的 MDI 窗体，再选择"打开"即可。MDI 窗体是子窗体的容器，所以该窗体中一般有菜单栏、工具栏和状态栏。

2．MDI 子窗体的创建

如果普通窗体中 MDIchild 的项为 True，则该窗体就是 MDI 子窗体，运行时将在父窗体中显示。

3．MDI 窗体与其子窗体菜单的创建

在 MDI 应用程序中，MDI 窗体和子窗体上都可以建立菜单。在 MDI 窗体和子窗体上创建菜

单的方法与普通窗体相同，子窗体的菜单是子窗体所独有的，而 MDI 菜单是所有没有菜单的子窗体共有的。

程序运行后，每一个子窗体的菜单都显示在 MDI 窗体上，而不是子窗体本身。MDI 应用程序使用几套菜单的情况非常普遍。例如，Microsoft Excel 在运行时，当对工作表数据进行编辑时，则显示工作表菜单，而当选取图表时，则显示图表窗体的菜单。

7.4　鼠标与键盘

鼠标与键盘是计算机的最基本的输入设备，通过鼠标可以在屏幕上快速定位、选取和移动各种对象，通过键盘可以输入所需要的数据。VB 提供了一些与鼠标和键盘有关的事件可供我们制作鼠标和键盘的操作界面，因此对鼠标和键盘进行编程也是程序设计人员必须掌握的基本技术。

7.4.1　鼠标

所谓鼠标事件是由用户操作鼠标而引发的能被各种对象识别的事件，除了 Click 事件和 DbClick 事件之外，鼠标还有以下 3 个事件。

① MouseDown 事件：按下鼠标按钮时被触发。

② MouseUP 事件：释放鼠标按钮时被触发。

③ MouseMove 事件：移动鼠标时被触发。

与上述 3 个鼠标事件相对应的鼠标事件过程如下（以 Form 对象为例）。

```
Sub Form_MouseDown(Button As Integer, Shift As Integer, X As Single, Y As Single)
Sub Form_MouseUp(Button As Integer, Shift As Integer, X As Single, Y As Single)
Sub Form_MouseMove(Button As Integer, Shift As Integer, X As Single, Y As Single)
```

【说明】

① 当鼠标指针位于窗体中没有控件的区域时，窗体将识别鼠标事件。当鼠标指针位于某个控件上方时，该控件识别鼠标事件。

② Button 参数指示用户按下或释放了哪个鼠标按钮，其值见表 7-5。

表 7-5　Button 参数的取值与含义

值	VB 常 数	含　义
1	VbLeftButton	按下或释放了鼠标左键
2	VbRightButton	按下或释放了鼠标右键
3	VbMiddleButton	按下或释放了鼠标中键

例如，下面的事件过程完成在窗体按下鼠标右键，窗体显示"欢迎您"。

```
    Private Sub Form_MouseDown(Button As Integer, Shift As Integer, X As Single, Y As
Single)
    If Button = 2 Then
      Print "欢迎您"
    End If
End Sub
```

③ Shift 参数表示鼠标事件发生时，键盘上的<Shift>、<Ctrl>和<Alt>键是否被按下。各键状态与 Shift 值的对应关系见表 7-6。

表7-6　Shift 参数的取值及其意义

值	VB 常　数	含　义
0		Shift、Ctrl 和 Alt 键都没有被按下
1	VbShiftMask	只有 Shift 键被按下
2	VbCtrlMask	只有 Ctrl 键被按下
3	VbShiftMask+ VbCtrlMask	Shift 和 Ctrl 键被按下
4	VbAltMask	只有 Alt 键被按下
5	VbShiftMask+ VbAltMask	Shift 和 Alt 键被按下
6	VbCtrlMask +VbAltMask	Ctrl 和 Alt 键被按下
7	VbShiftMask +VbCtrlMask+ VbAltMask	Shift、Ctrl 和 Alt 键被按下

④ X，Y 表示当前鼠标的位置。

【例 7-8】显示鼠标指针所指的位置。

【分析】题目中需要显示位置，所以应当至少有两个标签显示 X 坐标和 Y 坐标。鼠标在窗体中不断移动才能改变位置，因此编写事件过程应当是 Form_MouseMove 事件。代码如下。

```
Private Sub Form_MouseMove(Button As Integer, Shift As Integer, X As Single, Y As Single)
Label1.Caption = X
Label2.Caption = Y
End Sub
```

7.4.2　键盘

对于接受文本输入的控件，如文本框，经常需要控制和处理输入的文本，这就要求对键盘事件进行编辑。

在 VB 中，重要的键盘事件有下列 3 个。

① KeyPress 事件：用户按下并且释放一个会产生 ASCII 码的键时被触发。

② KeyDown 事件：用户按下键盘上任意一个键时被触发。

③ KeyUp 事件：用户释放键盘上任意一个键时被触发。

与上述 3 个事件对应的 3 个事件过程如下（以 Text 对象为例）。

```
Sub Text1_KeyPress(KeyAscii As Integer)
Sub Text1_KeyDown(KeyCode As Integer, Shift As Integer)
Sub Text1_KeyUp(KeyCode As Integer, Shift As Integer)
```

【说明】

① 不是按下键盘上的任意一个键都会引发 KeyPress 事件，只有数字、大小写的字母、<Enter>、<BackSpace>、<Esc>、<Tab>、<Space>等键有反应。KeyAscii 为按键相对应的 ASCII 码。

② KeyUp 和 KeyDown 事件：当用户按下或释放键盘上的任一键，当前焦点的对象就会触发事件，可以通过 KeyCode 获取用户输入键的代码。

③ Shift 与鼠标事件过程中 Shift 参数一样。

④ 默认情况下，当用户对当前具有控制焦点的控件进行键盘操作时，控件的 KeyPress、KeyUp 和 KeyDown 事件被触发，但是窗体的 KeyPress、KeyUp 和 KeyDown 事件不会发生。为了启用窗体的这 3 个事件，必须将窗体的 KeyPreview 属性设置为 True，而默认值为 False。

【例 7-9】编写一个程序，当按下<Shift+F1>组合键时终止程序的运行。

【分析】因为只要按下<Shift+F1>组合键就要终止程序运行，所以应在窗体按键事件编写代码，因此需要将窗体的 KeyPreview 设置为 True，代码如下。

```
Private Sub Form_KeyDown(KeyCode As Integer, Shift As Integer)
If KeyCode = vbKeyF1 And Shift = 1 Then  'F1 键的 KeyCode 码为 vbKeyF1 或 112
    End
End If
End Sub
```

7.5　工具栏与状态栏

工具栏为用户提供了对应用程序中最常用的菜单命令的快速访问，进一步增强应用程序的菜单界面，现在已经成为 Windows 应用程序的标准功能。状态栏一般用来显示系统信息和对用户的提示。例如，软件版本、光标位置以及键盘状态等。

利用 VB 提供的 ActiveX 控件中 ToolBar、StatusBar 和 ImageList，可以方便地制作工具栏和状态栏。选择"工程"→"部件"→"Microsoft Windows Common Control 6.0"将控件添加到工具箱，如图 7-13 所示。

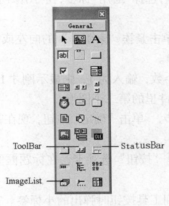

图 7-13　工具箱

7.5.1　工具栏

创建工具栏的过程如下。

1. 建立工具栏

（1）在工具箱里单击工具栏图标，拖到窗体的任何位置，VB 自动将 ToolBar 移到顶部。再右键单击该对象，从快捷菜单中选择"属性"，进入属性页设置窗口，如图 7-14 所示。

（2）选择"按钮"标签，单击插入按钮，VB 就会在工具栏上显示一个空按钮，重复此步插入多个按钮。

（3）单击"确定"按钮。

（4）如果想把按钮分组，首先插入一个分隔的按钮，再在对话框里将这个按钮的样式属性改为 3-Separator。

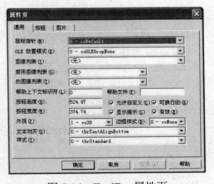

图 7-14　ToolBar 属性页

2. 为工具栏增加图画

（1）在 VB 工具箱里单击 ImageList 图标，并将它拖到窗体的任何位置（位置不重要，因为它总是不可见的），再右键单击该对象，从快捷菜单中选择"属性"，进入属性页设置窗口，如图 7-15 所示。

图 7-15　图像列表框 ImageList 属性页

（2）选择"图像"选项卡，单击"插入图片"，在选定图形对话框里选择想使用的位图或图标，然后单击打开按钮。为每个想添加图形的工具栏按钮重复此步。

（3）单击"确定"按钮。

（4）进入 ToolBar 属性对话框，选择"通用"标签，在"图像列表"框里选择刚才添加的 ImageList 控件。

（5）选择"按钮"选项卡，单击紧挨"索引框"的向左或向右箭头以选择一个按钮序号。出现在工具栏最左边的按钮序号为 1。

（6）在"图像"框里输入一个数，输入为 1，则显示刚才 ImageList 控件里的第一个图形，输入为 2，则显示刚才 ImageList 控件里的第二个图形。

（7）为每个按钮重复第（6）步，单击"确定"按钮，现在就会在工具栏上显示精美的图形了。

3. 为工具栏添加文本信息

在 ToolBar 属性对话框中选择"按钮"选项卡，在标题框里输入想显示在按钮上的文本。

4. 添加 ToolTips

ToolTips 是一种当将鼠标放到工具按钮时弹出的小标签。ToolTips 很方便，可以告诉那些新手每个按钮是干什么用的。在 ToolBar 属性对话框中选择"按钮"选项卡，在工具提示文本框里输入想作为 ToolTip 的文本。

5. 编写代码

双击工具栏，以下面的格式输入代码即可。

```
Private Sub Toolbar1_ButtonClick(ByVal Button As MSComctlLib.Button)
 Select Case Button.Index        '选择不同的按钮
     Case 1
         <要执行的代码>
                 Case 2
                     <要执行的代码>
 ......
    End Select
End Sub
```

7.5.2　状态栏

状态栏（StatusBar）为一个细长的长方形，通常显示在窗体的底部，也可通过 Align 属性决定状态栏出现的位置。状态栏控件由窗格（Panel）对象组成，最多能被分成 16 个窗格对象，每一个窗格对象能包含文本或图片。此外，能使用窗格的 Style 属性自动地显示公共数据，诸如日期、时间和键盘状态等。

　　状态栏创建过程如下。

　　先在窗体上画出一个 StatusBar 对象，再右键单击该对象，从快捷菜单中选择"属性"，进入属性页设置窗口如图 7-16 所示，进行下面的设置。

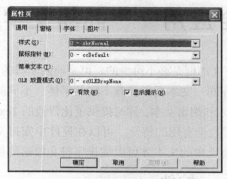

图 7-16　状态栏 StatusBar 属性页

1. 选择窗格形状

在属性窗口里选择"通用"选项卡，在样式列表框里选择多窗格（缺省形式）或单窗格简单文本形式。

2. 添加或删除状态栏窗格

在属性窗口里选择"窗格"选项卡，单击"插入窗格"按钮添加一个窗格，或单击"删除窗格"按钮删除一个窗格。

3. 在单窗格里显示文本

在属性窗口里选择"通用"标签，在简单文本框里输入想显示在状态栏窗格里的文本。用代码显示的方式是：

```
StatusBar1.SimpleText = "要显示的内容"
```

4. 在多窗格里显示文本或图形

（1）在属性窗口里选择"窗格"选项卡，用索引旁的按钮选择窗格序号。

（2）文本框里输入想显示在状态栏窗格里的文本。用代码显示的方式是：

```
StatusBar1.Panels(x).Text = "要显示的内容"
```

（3）如果想加入图形，单击"浏览"按钮打开一个图形选择对话框，选择想加入的图形，然后单击"打开"按钮。

5. 编写代码

如果是一个单窗格状态栏，当用户单击状态栏时，只需用下面的事件过程来响应即可。

```
Private Sub StatusBar1_Click()
    <要执行的代码>
End Sub
```

如果是一个多窗格状态栏，就需要鉴别用户单击的是哪一个窗格，可用下面的事件过程来识别用户所单击的窗格。

```
Private Sub StatusBar1_PanelClick(ByVal Panel As Panel)
    Select Case Panel.Index
```

```
Case 1
   <要执行的代码>
Case 2
   <要执行的代码>
   ……
End Select
End Sub
```

7.6 综合应用——简易文字编辑系统

编写一个文字编辑系统，文本框是必不可少的，可是前面学习的 TextBox，却只能进行单一的文字格式处理，而无法实现在同一文本框中拥有不同的字体、不同的字号、不同的文字效果等。RichTextBox 控件允许用户输入和编辑文本，同时提供了比普通的 TextBox 控件更高级的格式特征。

RichTextBox 控件提供了数个有用的特征，可以在控件中安排文本的格式。要改变文本的格式，必须先选中该文本，只有选中的文本才可以编排字符和段落的格式。

7.6.1 RichTextBox 控件

RichTextBox 控件是 Active 控件，选择"工程"→"部件"→"Microsoft Rich TextBox Controls 6.0"，将控件添加到工具箱。

1. 常用的属性

表 7-7 列出了 RichTextBox 常用的，而 TextBox 所没有的属性。

表 7-7 RichTextBox 常用属性

属　　　性	说　　　明
SelFontName\SelFontSize	选中文本的字体、字号
SelBold\SelItalic\SelUnderLine \SelStrikethru	选中文本的粗体、斜体、下划线、删除线，结果为逻辑型
SelColor	选中文本的字体颜色
SelIndent\SelRightIndent\SelHangingIndent	选中文本的左右及悬挂缩进量
SelAlignment	选中文本的对齐方式 0-左；1-右；2-中

2. 常用方法

用 LoadFile 和 SaveFile 方法可以方便地为 RichTextBox 控件打开或保存文件。

（1）LoadFile 方法：能够将 RTF 文件或文本文件装入控件，其形式如下。

【格式】对象.LoadFile 文件标识符[,文件类型]

【说明】

① 文件标识符是文件的名称（含路径）。

② 文件类型取值 0 或 rtfRTF 时为 RTF 文件（缺省）；取 1 或 rtfText 时为文本文件。

例如，下面语句将一个文本文件（如 E:\aa.txt）装入 RichTextBox 文本框中。

```
RichTextBox1.LoadFile "E:\aa.txt",rtfText
```

（2）SaveFile 方法：能够将控件中的文档保存为 RTF 文件或文本文件,其形式如下。

【格式】对象.SaveFile 文件标识符[,文件类型]

下面语句把文档以 RTF 格式保存在 C 盘 "My" 子目录中。

```
RichTextBox1.SaveFile "C:\My\Test1.txt" ,rtfText
```

3. 插入图像

在 RichTextBox 控件中可插入(*.bmp)的图像文件,形式如下。

【格式】对象.OLEObjects.Add[索引],[关键字],文件标识符

【说明】

① OLEObjects 是集合,包含一组添加到 RichTextBox 控件的对象。

② "索引" 和 "关键字" 表示添加的元素编号和标识,可省略,但逗号不能省。

例如, 下面语句在 RichText 中添加一个图片。

```
RichTextBox1.OLEObjects.Add,,"C:\Windows\circles.bmp"
```

下面程序段是菜单中 "插入图片"(菜单名 mnuPicture) 项的对应过程。

```
Private Sub mnuPicture_Click()
    With CommonDialog1
    .Filter = "*.bmp|*.bmp|*.ico|*.ico"
    .Action = 1
End With
    RichTextBox1.OLEObjects.Add , ,CommonDialog1.FileName
End Sub
```

7.6.2 简易的文字编辑系统

【例 7-10】设计一个简易文字处理系统。系统能够存取文件、有编辑功能、可以改变格式、可以插入图片、有工具栏和状态栏。程序界面如图 7-17 所示。

图 7-17 运行效果

1. 界面设计

系统由一个 MDI 窗体 MDIForm1、一个多文档子窗体 Form1 和一个标准模块 Module 1 组成。主要控件如下。

① MDI 窗体包含了 1 个常用工具栏 Toolbar1（包含新建、打开、保存、打印、剪切、复制、粘贴、帮助）；1 个格式工具栏 Toolbar2（包含 4 个组合框、加粗、斜体、下划线、左对齐、居中、右对齐）；1 个状态栏 StatusBar1；1 个图像列表框 ImageList1；1 个通用对话框 CommonDialog1；4 个组合框分别是设置字体的 Combo1、设置字号的 Combo2、字体颜色的 Combo3 和背景颜色的 Combo4。

② MDI 子窗体 Form1 只有一个 RichText 控件, 其 Name 设置为 Rtext。

2. 程序代码

（1）标准模块代码。

```
Public NO As Integer        '记录新建窗口总数
```

```
    Public OpenNO As Integer    '记录文件打开数量
    Public Same As Boolean      '记录查找窗体和替换窗体里组合框内是否有与所输入的字符相同的字符
    Public CopyFontName As String    '记录复制时选定文本的字体名称
    Public CopyFontSize As Single  :Public CopyBold As Boolean :Public CopyItalic As Boolean
    Public CopyUnderLine As Boolean :Public CopyColor As Long    '记录字体颜色
    Public Sub FileNew()              '新建文档
        Dim NewFrm As New Form1        '创建一个文档窗口 From1 的实例 NewFrm
        NO = NO + 1                    '记录新建窗口数
        NewFrm.Caption = "文档" & NO   : NewFrm.Show
    End Sub
    Public Sub FileOpen()          '打开文档
    Dim i As Integer
    With MDIForm1.CommonDialog1
      .DialogTitle = "打开"  :  .Filter = "RTF文件|*.Rtf|文本文件|*.Txt|所有文件|*.*"
      .FileName = ""    :  .CancelError = True        '通用对话框取消时出错
      .ShowOpen
    '如果活动窗体是一全新的窗体，则将新打开的文件加载到该窗体，否则，重新打开一窗体，用于加载
      If MDIForm1.ActiveForm.Change = True Then FileNew        '要打开的文件
        MDIForm1.ActiveForm.RText.LoadFile (.FileName)        '将文件载入到活动窗口的文本框里
        MDIForm1.ActiveForm.Caption = .FileName : MDIForm1.ActiveForm.BoolSave = True
        MDIForm1.ActiveForm.BoolSaveAs = True
        OpenNO = OpenNO + 1                            '记录已打开的文件数量
        If OpenNO <= 5 Then                            '如果已打开的文件数量<=5
          MDIForm1.Bar3.Visible = True                '显示分隔线
          Load MDIForm1.FileOpenHistory(OpenNO)        '加载已打开的文件到历史菜单项
          MDIForm1.FileOpenHistory(OpenNO).Caption = .FileName    '显示对应文件名
          MDIForm1.FileOpenHistory(OpenNO).Visible = True
        Else : i = OpenNO Mod 5        '打开的文件超过 5 个时，则用新文件刷新前面的记录
          If i = 0 Then i = 5  : MDIForm1.FileOpenHistory(i).Caption = .FileName
        End If
      Exit Sub  :End With
    End Sub
    Public Sub FileSave()            '保存文档
    With MDIForm1.ActiveForm
      If .BoolSaveAs = False Then        '当记录另存为的逻辑数为 False 时调用 FileSaveAs
        FileSaveAs
      Else
        If .Caption Like "*.Txt" Then    '当保存文件为 Txt 格式时以顺序文件方式保存,防止出现乱码
          .RText.SaveFile (.Caption), rtfText
        End If
        .RText.SaveFile (.Caption)        '保存当前活动窗口文档里的内容
      End If
      .BoolSave = True                '将记录保存的逻辑变量变为 True,记录文档已经保存
      Exit Sub  : End With
    End Sub
    Public Sub FileSaveAs()        '另存文档
    With MDIForm1.CommonDialog1
      .DialogTitle = "另存为" : .Filter = "RTF文件|*.Rtf|文本文件|*.Txt"
      .CancelError = True    .FileName = MDIForm1.ActiveForm.Caption:  .ShowSave
      If .FileTitle Like "*.Txt" Then
        MDIForm1.ActiveForm.RText.SaveFile (.FileName), rtfText
      Else
```

```
        MDIForm1.ActiveForm.RText.SaveFile (.FileName)        '另存到通用对话框中指定的路径里
      End If
      If   MDIForm1.ActiveForm.BoolSaveAs   =   True   And   MDIForm1.ActiveForm.Caption
<> .FileName Then        '当文档再次另存且改变文件保存路径时新建另一文档并将文档内容载入
        FileNew :   MDIForm1.ActiveForm.RText.LoadFile (.FileName)
        MDIForm1.ActiveForm.Caption = .FileName
      End If
      MDIForm1.ActiveForm.Caption = .FileName : MDIForm1.ActiveForm.BoolSave = True
      MDIForm1.ActiveForm.BoolSaveAs = True    '将记录另存为的变量变为True,记录文档已经另存为
      Exit Sub  :End With
    End Sub
    Public Sub FileClose()        '关闭文档
      Unload MDIForm1.ActiveForm
    End Sub
    Public Sub FileCloseAll()     '全部关闭文档
      Do While NO <> 0 : FileClose : Loop
    End Sub
    Public Sub FilePrinter()        '文件打印
    Dim i As Integer
    MDIForm1.CommonDialog1.ShowPrinter
    For i = 1 To CommonDialog1.Copies : Printer.Print MDIForm1.ActiveForm.RText
    Next i : Printer.EndDoc
    End Sub
    Public Sub EditCut()          '实现剪切功能
      EditCopy :   MDIForm1.ActiveForm.RText.SelText = ""
    End Sub
    Public Sub EditCopy()           '实现复制功能
      With MDIForm1.ActiveForm.RText :   Clipboard.Clear       '清除剪贴板中的内容
        Clipboard.SetText .SelText, vbCFText       '将文档内容赋给剪贴板
        CopyFontName = .SelFontName : CopyFontSize = .SelFontSize :   CopyBold = .SelBold
        CopyItalic = .SelItalic :   CopyUnderLine = .SelUnderline :   CopyColor = .SelColor
        MDIForm1.Paste.Enabled = True   : MDIForm1.Toolbar1.Buttons(9).Enabled = True
        MDIForm1.MenuPaste.Enabled = True :   End With
    End Sub
    Public Sub EditPaste()         '实现粘贴功能
      With MDIForm1.ActiveForm.RText
      .SelFontName = CopyFontName : .SelFontSize = CopyFontSize : .SelBold = CopyBold
      .SelItalic = CopyItalic : .SelUnderLine = CopyUnderLine :  .SelColor = CopyColor
      .SelText = Clipboard.GetText(vbCFText)       '将剪贴板内容复制到当前文档
      End With
    End Sub
    Public Sub EditDel()            '实现删除功能
      MDIForm1.ActiveForm.RText.SelText = ""
    End Sub
    Public Sub EditSelectAll()    '实现全选功能
    MDIForm1.ActiveForm.RText.SelStart = 0
    MDIForm1.ActiveForm.RText.SelLength = Len(MDIForm1.ActiveForm.RText)
    EditMenu True                 '调用EditMenu过程
    End Sub
    Public Sub InsertPic()        '实现插入图片功能
      With MDIForm1.CommonDialog1
        .DialogTitle = "插入图片" : .CancelError = True  : .Filter = "Bmp图象|*.Bmp"
        .ShowOpen : MDIForm1.ActiveForm.RText.OLEObjects.Add , , .FileName
      End With
      End Sub
```

```
      Public Sub FormatFont()      '实现设置字体功能
        MDIForm1.CommonDialog1.CancelError = True           '通用对话框取消时出错
        MDIForm1.CommonDialog1.Flags = cdlCFBoth Or cdlCFEffects       '设置 Flag
      With MDIForm1.ActiveForm.RText      '把当前选定的文本格式赋给字体对话框
        MDIForm1.CommonDialog1.FontName = MDIForm1.Combo1.Text
        If .SelFontSize <> Null Then MDIForm1.CommonDialog1.FontSize = .SelFontSize
        If .SelBold <> Null Then MDIForm1.CommonDialog1.FontBold = .SelBold
        If .SelItalic <> Null Then MDIForm1.CommonDialog1.FontItalic = .Selitlic
        If .SelStrikeThru <> Null Then MDIForm1.CommonDialog1.FontStrikethru = .SelStrikeThru
        If .SelUnderline <> Null Then MDIForm1.CommonDialog1.FontUnderline = .SelUnderline
        If .SelColor <> Null Then MDIForm1.CommonDialog1.Color = .SelColor
        MDIForm1.CommonDialog1.ShowFont
        .SelFontName = MDIForm1.CommonDialog1.FontName   '把字体对话框里的字体格式赋给选定的文本
        .SelFontSize = MDIForm1.CommonDialog1.FontSize
        .SelBold = MDIForm1.CommonDialog1.FontBold
        .SelItalic = MDIForm1.CommonDialog1.FontItalic
        .SelStrikeThru = MDIForm1.CommonDialog1.FontStrikethru
        .SelUnderline = MDIForm1.CommonDialog1.FontUnderline
        .SelColor = MDIForm1.CommonDialog1.Color  :End With
      End Sub
      Public Sub FormatBackColor()      '实现文本背景颜色功能
        MDIForm1.CommonDialog1.CancelError = True   : MDIForm1.CommonDialog1.ShowColor
        MDIForm1.ActiveForm.RText.BackColor = MDIForm1.CommonDialog1.Color
      End Sub
      Public Sub WordFormat()       '控制文本格式工具栏的按钮
      With MDIForm1.ActiveForm.RText       '根据活动窗体的文本的格式,对工具栏的按钮进行控制
        Select Case .SelAlignment
        Case 0 :    MDIForm1.Toolbar2.Buttons(6).Value = tbrPressed
        Case 1 :    MDIForm1.Toolbar2.Buttons(8).Value = tbrPressed
        Case 2 :    MDIForm1.Toolbar2.Buttons(7).Value = tbrPressed
        End Select
        If .SelBold = True Then : MDIForm1.Toolbar2.Buttons(2).Value = tbrPressed
        Else : MDIForm1.Toolbar2.Buttons(2).Value = tbrUnpressed
        End If
        If .SelItalic = True Then : MDIForm1.Toolbar2.Buttons(3).Value = tbrPressed
        Else : MDIForm1.Toolbar2.Buttons(3).Value = tbrUnpressed
        End If
        If .SelUnderline = True Then : MDIForm1.Toolbar2.Buttons(4).Value = tbrPressed
        Else: MDIForm1.Toolbar2.Buttons(4).Value = tbrUnpressed
        End If  :  End With
      End Sub
      Public Sub FileMenu(Enable As Boolean)     '控制编辑菜单、插入菜单、格式菜单、窗口菜单、保存
菜单项、另存为菜单项、关闭菜单项、全部关闭菜单项、打印菜单项和工具栏上对应的按钮的可用与否
      With MDIForm1
        .Edit.Enabled = Enable : .Insert.Enabled = Enable : .Format.Enabled = Enable
        .Save.Enabled = Enable : .SaveAs.Enabled = Enable : .Close.Enabled = Enable
        .CloseAll.Enabled = Enable : .Printer.Enabled = Enable
        .Toolbar1.Buttons(3).Enabled = Enable : .Toolbar1.Buttons(5).Enabled = Enable
        .Toolbar2.Buttons(2).Enabled = Enable : .Toolbar2.Buttons(3).Enabled = Enable
        .Toolbar2.Buttons(4).Enabled = Enable : .Toolbar2.Buttons(6).Enabled = Enable
        .Toolbar2.Buttons(7).Enabled = Enable : .Toolbar2.Buttons(8).Enabled = Enable
        .Combo1.Enabled = Enable : .Combo2.Enabled = Enable : .Combo3.Enabled = Enable
        .Combo4.Enabled = Enable  :End With
      End Sub
      Public Sub EditMenu(Enable As Boolean)      '控制剪切菜单项、复制菜单项、删除菜单项和工具栏上
对应的按钮可用与否
      With MDIForm1
```

```
        .Cut.Enabled = Enable :  .Copy.Enabled = Enable :  .Delete.Enabled = Enable
        .Toolbar1.Buttons(7).Enabled = Enable :  .Toolbar1.Buttons(8).Enabled = Enable
        .MenuCut.Enabled = Enable :  .MenuCopy.Enabled = Enable :  .MenuDelete.Enabled =
Enable
    End With
  End Sub
```

（2）MDIForm1 窗体的代码

```
    Private Sub Close_Click()
        FileClose            '调用 FlieClose 过程实现关闭当前文档
    End Sub
    Private Sub CloseAll_Click()
        FileCloseAll         '调用 FileCloseAll 过程实现关闭全部文档
    End Sub
    Private Sub BackColor_Click()
        FormatBackColor      '调用 FormatBackColor 过程实现文本背景颜色设置
    End Sub
    Private Sub Combo1_Click()          '实现字体的设置功能
        MDIForm1.ActiveForm.RText.SelFontName =
Combo1.Text :MDIForm1.ActiveForm.RText.SetFocus
    End Sub
    Private Sub Combo1_KeyPress(KeyAscii As Integer)   '实现字体的设置功能
        If KeyAscii = 13 Then : MDIForm1.ActiveForm.RText.SelFontName = Combo1.Text
            MDIForm1.ActiveForm.RText.SetFocus
        End If
    End Sub
    Private Sub Combo2_Click()      '实现字体大小的设置功能
        MDIForm1.ActiveForm.RText.SelFontSize=Combo2.Text:
MDIForm1.ActiveForm.RText.SetFocus
    End Sub
    Private Sub Combo2_KeyPress(KeyAscii As Integer)    '实现字体大小的设置功能
        If KeyAscii = 13 Then
            MDIForm1.ActiveForm.RText.SelFontSize =
Combo2.Text:MDIForm1.ActiveForm.RText.SetFocus
        End If
    End Sub
    Private Sub Combo3_Click()          '实现字体颜色设置功能
        With MDIForm1.ActiveForm.RText
        Select Case Combo3.Text
            Case "黑色" :            .SelColor = vbBlack
            Case "白色" :            .SelColor = vbWhite
            Case "红色" :            .SelColor = vbRed
            Case "黄色" :            .SelColor = vbYellow
            Case "蓝色" :            .SelColor = vbBlue
        End Select :  End With
    End Sub
    Private Sub Combo4_Click()          '实现字体背景颜色设置功能
        With MDIForm1.ActiveForm.RText
        Select Case Combo4.Text
            Case "白色" :            .BackColor = vbWhite
            Case "黑色" :            .BackColor = vbBlack
            Case "红色" :            .BackColor = vbRed
            Case "黄色" :            .BackColor = vbYellow
            Case "蓝色" :            .BackColor = vbBlue
        End Select :End With
```

```
           End Sub
     Private Sub Copy_Click()
         EditCopy        '调用 EditCopy 过程实现复制功能
     End Sub
     Private Sub Cut_Click()
         EditCut        '调用 EditCut 过程实现剪切功能
     End Sub
     Private Sub Delete_Click()
         EditDel        '调用 EditDel 实现删除功能
     End Sub
     Private Sub FileOpenHistory_Click(Index As Integer)        '打开"文件打开历史"菜单项里的文
件
         FileNew
         With MDIForm1.ActiveForm
           .Text.LoadFile (FileOpenHistory(Index).Caption)
           .Caption = FileOpenHistory(Index).Caption
          .BoolSave = True :        .BoolSaveAs = True :  End With
     End Sub
     Private Sub Font_Click()
         FormatFont          '调用 FormatFont 过程实现字体设置功能
     End Sub
     Private Sub MDIForm_Load()
         Dim i As Integer
         For i = 0 To (Screen.FontCount - 1)        '将字体名赋给字体组合框
          Combo1.AddItem Screen.Fonts(i), i
         Next i
         FileNew          '调用 FileNew 过程,新建一个文档
         Combo3.ListIndex = 0  :Combo4.ListIndex = 0
     End Sub
     Private Sub MDIForm_QueryUnload(Cancel As Integer, UnloadMode As Integer)
         Do Until NO = 0    '引用 Do Until 语句判断是否还有文档没有关闭
          Unload MDIForm1.ActiveForm
          If NO <> 0 Then        '当有文档没有关闭时,执行以下语句
            If  MDIForm1.ActiveForm.CancelNO = 1  Then  Cancel = 1          '当 活 动 窗 体
            Form_QueryUnload 事件中的 Cancel 值为 1 时,MDIForm 窗体 Cancel 的值也为 1
            If Cancel = 1 Then Exit Do   '当 Cancel=1 时跳出 Do Until 循环
          End If  :  Loop
     End Sub
     Private Sub MDIForm_Unload(Cancel As Integer)
         End        '结束所有已打开的窗体
     End Sub
     Private Sub MenuCopy_Click()
         EditCopy    '调用 EditCopy 过程实现复制功能
     End Sub
     Private Sub MenuCut_Click()
         EditCut        '调用 EditCut 过程实现剪切功能
     End Sub
     Private Sub MenuDelete_Click()
         EditDel    '调用 EditDel 实现删除功能
     End Sub
     Private Sub MenuFont_Click()
         FormatFont    '调用 FormatFont 过程实现字体设置功能
     End Sub
     Private Sub MenuPaste_Click()
         EditPaste    '调用 EditPaste 过程实现粘贴功能
```

```
End Sub
Private Sub MenuSelectAll_Click()
    EditSelectAll      '调用 EditSelectAll 过程实现全选功能
End Sub
Private Sub New_Click()
    FileNew          '调用 FileNew 过程,新建一个文档
End Sub
Private Sub Open_Click()
    FileOpen         '调用 FileOpen 过程,打开一个文档
End Sub
Private Sub Paste_Click()
    EditPaste        '调用 EditPaste 过程实现粘贴功能
End Sub
Private Sub Picture_Click()
    InsertPic        '调用 InsertPic 过程实现插入图片功能
End Sub
Private Sub Printer_Click()
    FilePrinter      '调用 FilePrinter 过程实现文件打印功能
End Sub
Private Sub Quit_Click()
    End              '结束所有已打开的窗体
End Sub
Private Sub Save_Click()
FileSave           '调用 FileSave 过程实现保存功能
    End Sub
Private Sub SaveAs_Click()
FileSaveAs           '调用 FileSaveAs 过程实现另存为功能
End Sub
Private Sub SelectAll_Click()
    EditSelectAll      '调用 EditSelectAll 过程实现全选功能
End Sub
Private Sub Tool_Click(Index As Integer)         '实现标准工具栏、格式工具栏、状态栏可见与否
    Tool(Index).Checked = Not Tool(Index).Checked
    Select Case Index
    Case 1 :        Toolbar1.Visible = Tool(1).Checked
    Case 2 :         If Toolbar1.Visible = True Then Toolbar2.Top = 360
                     Toolbar2.Visible = Tool(2).Checked
Case 3 :         StatusBar1.Visible = Tool(3).Checked
    End Select
End Sub
Private Sub Toolbar1_ButtonClick(ByVal Button As MSComctlLib.Button)         '响应标准工
具栏
Select Case Button.Key                                              的按钮
    Case "New"   :        FileNew
    Case "Open"  :        FileOpen
    Case "Save"  :        FileSave
    Case "Print" :        Printer.Print MDIForm1.ActiveForm.RText
    Case "Cut"   :        EditCut
    Case "Copy"  :        EditCopy
    Case "Paste" :        EditPaste
    End Select
End Sub
Private Sub Toolbar2_ButtonClick(ByVal Button As MSComctlLib.Button)
    Dim Color As Long
    With MDIForm1.ActiveForm.RText
    Select Case Button.Key
```

```
            Case "Bold"        :        .SelBold = Not .SelBold
            Case "Italic"      :        .SelItalic = Not .SelItalic
            Case "UnderLine" :          .SelUnderline = Not .SelUnderline
            Case "LeftAlign"  :         .SelAlignment = 0
            Case "CenterAlign":         .SelAlignment = 2
            Case "RightAlign" :         .SelAlignment = 1
        End Select  :   End With
        Err: Exit Sub
    End Sub
```

（3）MDI 子窗体 Form1 的程序代码

```
Public BoolSave As Boolean          '声明全局变量,记录是否有保存文件
Public BoolSaveAs As Boolean        '声明全局变量,记录是否有另存为文件
Public CancelNO As Integer          '记录活动窗体 Form_QuertUnload 事件中的 Cancel 值
Public Change As Boolean            '记录文档是否发生改变
Private Sub Form_Activate()             '当窗体成为活动窗体时,执行以下语句
    FindStart = RText.SelStart          '使变量 FindStart 等于当前文档的选定位置
    MDIForm1.StatusBar1.Panels(2).Text = RText.SelStart    '使状态栏显示当前光标所在位置
    MDIForm1.Combo1.Text = RText.SelFontName      '使字体组合框显示选定文本的字体
    MDIForm1.Combo2.Text = RText.SelFontSize      '使字体大小组合框显示选定文本的字体大小
End Sub
Private Sub Form_Initialize()       '使文本框的大小等于窗体初始化时的边界大小
    RText.Width = Me.ScaleWidth :    RText.Height = Me.ScaleHeight
End Sub
Private Sub Form_Load()
    FileMenu True       '调用 FileMenu 过程,使保存、另存为等功能可用
    BoolSave = True :    BoolSaveAs = False :    Change = False
End Sub
Private Sub Form_QueryUnload(Cancel As Integer, UnloadMode As Integer)
    Dim i As Integer
    If BoolSave = False Then         '当文本内容改变时,提示用户保存更改
        i = MsgBox(Me.Caption + "文字已发生更改。" + vbCrLf + vbCrLf + "要保存更改吗?", _
vbYesNoCancel + vbQuestion, "未保存")
        If i = 7 Then :     Exit Sub            '当按"否"时跳出过程
        ElseIf i = 6 Then :FileSave             '当按"是"时对文档进行保存
        Else :          Cancel = 1             '当按"取消"时,取消窗体卸载
          CancelNO = Cancel                    '将 Cancel 的值赋给 CancelNO
        End If  :   End If
End Sub
Private Sub Form_Resize()        '使文本框的大小随着窗体大小的改动而改动
    RText.Width = Me.ScaleWidth :    RText.Height = Me.ScaleHeight
End Sub
 Private Sub Form_Unload(Cancel As Integer)
    NO = NO - 1        '当窗体卸载时,使窗体总数减少一个
    If NO = 0 Then     '当窗体总数为 0 时,执行以下语句
     FileMenu False :      UndoMenu False
     MDIForm1.Combo1.Text = "" :       MDIForm1.Combo2.Text = "" :     End If
End Sub
Private Sub RText_Change()
    BoolSave = False     '当文档改变,将 BoolSave 赋值为未保存 :
    Change = True         '记录文档改变 :    UndoMenu True    '文档改变,使撤消功能变为可用
End Sub
Private Sub RText_KeyDown(KeyCode As Integer, Shift As Integer)
```

```
      If RText.SelText <> "" Then        '判断有否选定文本,控制复制、剪切等功能是否可用
        EditMenu True : Else :      EditMenu False
      End If
    End Sub
    Private Sub RText_KeyUp(KeyCode As Integer, Shift As Integer)
      FindStart = RText.SelStart        '使变量 FindStart 等于当前文档的选定位置
      MDIForm1.StatusBar1.Panels(2).Text = RText.SelStart        '使状态栏显示当前光标所在位置
      MDIForm1.Combo1.Text = RText.SelFontName        '使字体组合框显示当前选定文本的字体
      MDIForm1.Combo2.Text = RText.SelFontSize        '使字体大小组合框显示当前选定文本的字体大小
      WordFormat              '调用 WordFormat 过程
      If RText.SelText <> "" Then        '判断有否选定文本,控制复制、剪切等功能是否可用
        EditMenu True :     Else :      EditMenu False
      End If
    End Sub
    Private Sub RText_MouseDown(Button As Integer, Shift As Integer, X As Single, Y As
Single)
      If RText.SelText <> "" Then            '判断有否选定文本,控制复制、剪切等功能是否可用
        EditMenu True : Else :   EditMenu False
      End If
      If Button = vbRightButton Then      '实现右键快捷菜单的弹出
        PopupMenu MDIForm1.Menu, 0, X, Y
      End If
    End Sub
    Private Sub RText_MouseUp(Button As Integer, Shift As Integer, X As Single, Y As Single)
      FindStart = RText.SelStart         '使变量 FindStart 等于当前文档的选定位置
      MDIForm1.StatusBar1.Panels(2).Text = RText.SelStart         '使状态栏显示当前光标所在位置
      MDIForm1.Combo1.Text = RText.SelFontName         '使字体组合框显示当前选定文本的字体
      MDIForm1.Combo2.Text = RText.SelFontSize         '使字体大小组合框显示选定文本的字体大小
      WordFormat           '调用 WordFormat 过程
      If RText.SelText <> "" Then        '判断有否选定文本,控制复制、剪切等功能是否可用
        EditMenu True : Else :        EditMenu False :        WordFormat
      End If
    End Sub
    Private Sub Form_Activate()          '当窗体成为活动窗体时,执行以下语句
    FindStart = RText.SelStart           '使变量 FindStart 等于当前文档的选定位置
    MDIForm1.StatusBar1.Panels(2).Text = RText.SelStart          '使状态栏显示当前光标所在位置
    MDIForm1.Combo1.Text = RText.SelFontName          '使字体组合框显示当前选定文本的字体
    MDIForm1.Combo2.Text = RText.SelFontSize          '使字体大小组合框显示选定文本的字体大小
    End Sub
    Private Sub Form_Initialize()      '使文本框的大小等于窗体初始化时的边界大小
    RText.Width = Me.ScaleWidth  :RText.Height = Me.ScaleHeight
    End Sub
    Private Sub Form_Load()
    FileMenu True      '调用 FileMenu 过程,使保存、另存为等功能可用
    BoolSave = True  :BoolSaveAs = False : Change = False
    End Sub
    Private Sub Form_QueryUnload(Cancel As Integer, UnloadMode As Integer)
    Dim i As Integer
    If BoolSave = False Then          '当文本内容改变时,提示用户保存更改
      i = MsgBox(Me.Caption + "文字已发生更改。" + vbCrLf + vbCrLf + "要保存更改吗?",
    vbYesNoCancel + vbQuestion, "未保存")
      If i = 7 Then :    Exit Sub           '当按"否"时跳出过程
```

```
        ElseIf i = 6 Then :      FileSave                '当按"是"时对文档进行保存
        Else :      Cancel = 1                           '当按"取消"时,取消窗体卸载
          CancelNO = Cancel        '将 Cancel 的值赋给 CancelNO
      End If :End If
    End Sub
    Private Sub Form_Resize()        '使文本框的大小随着窗体大小的改动而改动
     RText.Width = Me.ScaleWidth :RText.Height = Me.ScaleHeight
    End Sub
    Private Sub Form_Unload(Cancel As Integer)
    NO = NO - 1        '当窗体卸载时,使窗体总数减少一个
    If NO = 0 Then     '当窗体总数为 0 时,执行以下语句
      FileMenu False :  UndoMenu False : MDIForm1.Combo1.Text = "" : MDIForm1.Combo2.Text
= ""
    End If
    End Sub
    Private Sub RText_Change()
     BoolSave = False        '当文档改变,将 BoolSave 赋值为未保存
    Change = True          '记录文档改变 :  UndoMenu True        '文档改变,使撤销功能变为可用
    End Sub
    Private Sub RText_KeyDown(KeyCode As Integer, Shift As Integer)
     If RText.SelText <> "" Then        '判断有否选定文本,控制复制、剪切等功能是否可用
      EditMenu True : Else : EditMenu False
       End If
    End Sub
    Private Sub RText_KeyUp(KeyCode As Integer, Shift As Integer)
    On Error GoTo Combo        '出错跳到 Combo 语句
    FindStart = RText.SelStart        '使变量 FindStart 等于当前文档的选定位置
    MDIForm1.StatusBar1.Panels(2).Text = RText.SelStart        '使状态栏显示当前光标所在位置
    MDIForm1.Combo1.Text = RText.SelFontName        '使字体组合框显示当前选定文本的字体
    MDIForm1.Combo2.Text = RText.SelFontSize        '使字体大小组合框显示当前选定文本的字体大小
    WordFormat              '调用 WordFormat 过程
    If RText.SelText <> "" Then        '判断有否选定文本,控制复制、剪切等功能是否可用
      EditMenu True : Else : EditMenu False
    End If
    Combo:  If Err.Number = 94 Then
          MDIForm1.Combo1.Text = "" :    MDIForm1.Combo2.Text = ""
       End If
    End Sub
    Private Sub RText_MouseDown(Button As Integer, Shift As Integer, X As Single, Y As
Single)
    If RText.SelText <> "" Then          '判断有否选定文本,控制复制、剪切等功能是否可用
      EditMenu True : Else : EditMenu False
    End If
    If Button = vbRightButton Then        '实现右键快捷菜单的弹出
      PopupMenu MDIForm1.Menu, 0, X, Y
    End If
    End Sub
    Private Sub RText_MouseUp(Button As Integer, Shift As Integer, X As Single, Y As Single)
     FindStart = RText.SelStart        '使变量 FindStart 等于当前文档的选定位置
    MDIForm1.StatusBar1.Panels(2).Text = RText.SelStart        '使状态栏显示当前光标所在位置
    MDIForm1.Combo1.Text = RText.SelFontName        '使字体组合框显示当前选定文本的字体
    MDIForm1.Combo2.Text = RText.SelFontSize        '使字体大小组合框显示选定文本的字体大小
    WordFormat        '调用 WordFormat 过程
```

```
If RText.SelText <> "" Then          '判断有否选定文本,控制复制、剪切等功能是否可用
  EditMenu True : Else  : EditMenu False : WordFormat
End If
End Sub
```

习题七

一、选择题

1. 在用菜单编辑器设计菜单时，必须输入的项有_____。

　　A. 快捷键　　　　　B. 索引　　　　　C. 标题　　　　　D. 名称

2. 以下关于菜单的叙述中，错误的是_____。

　　A. 在程序运行过程中可以增加或减少菜单项

　　B. 如果把一个菜单的 Enable 属性设置为 False，则可删除该菜单项

　　C. 弹出式菜单在菜单编辑器中设计

　　D. 程序运行过程中，可以重新设置菜单的 Visible 属性

3. 设菜单中有一个菜单项为"Open"，若希望按下<Alt+O>时，能够执行此命令，在菜单编辑器中应该_____。

　　A. 把标题属性设置为&Open　　　　　B. 把标题属性设置为O&pen

　　C. 把名称属性设置为&Open　　　　　D. 把名称属性设置为O&pen

4. 要从 Form2 中退出，可以在该窗体的退出按钮的 Click 事件中使用_____语句。

　　A. Form2.Unload　　　　　　　　　B. Hide Form2

　　C. Unload.Form2　　　　　　　　　D. Unload Form2

5. 使用通用对话框打开"字体"对话框，要想正确出现对话框，而不是出现没有字体的错误，必须修改_____属性。

　　A. FontName　　　B. Flages　　　C. Font　　　　D. Visible

6. 在 VB 中，要将窗体加载到内存进行预处理但不显示，应使用_____语句或方法。

　　A. Show　　　　　B. Hide　　　　　C. Load　　　　　D. Unload

7. 在 VB 中，要将一个窗体不显示但不在内存中释放，应使用_____语句或方法。

　　A. Show　　　　　B. Hide　　　　　C. Load　　　　　D. Unload

8. 以下说法错误的是_____。

　　A. 一个窗体只能有一个 Sub Main 过程

　　B. 一个工程可以包含多个窗体文件

　　C. 窗体的 Show 方法的作用是将指定的窗体调入内存并显示该窗体

　　D. 窗体的 Hide 方法和 Unload 方法的作用相同

9. 在 Visual Basic 工程中，可以作为"启动对象"的程序是_____。

　　A. 任何窗体或标准模块　　　　　　B. 任何窗体或过程

　　C. Sub Main 过程或其他任何模块　　D. Sub Main 过程或任何窗体

10. 如果一个工程含有多个窗体及标准模块，则以下叙述中错误的是_____。

　　A. 任何时刻最多只有一个窗体是活动窗体

　　B. 不能把标准模块设置为启动模块

  C. 用 Hide 方法只是隐藏一个窗体，不能从内存中清除该窗体

  D. 如果工程中含有 Sub Main 过程，则程序一定首先执行该过程

11. 以下说法正确的是_____。

  A. 任何时候都可通过执行"工具"菜单中的"菜单编辑器"命令打开菜单编辑器

  B. 只有当某个非代码窗体为当前活动窗体时，才能打开菜单编辑器

  C. 任何时候都可以通过单击标准工具栏上的"菜单编辑器"按钮打开菜单编辑器

  D. 只有当代码窗体为当前活动窗口时，才能打开菜单编辑器

12. 以下叙述错误的是_____。

  A. 一个工程中可以包含多个窗体文件

  B. 在一个窗体文件中用 Public 定义的通用过程不能被其他窗体调用

  C. 窗体和标准模块需要分别保存为不同类型的磁盘文件

  D. 用 Dim 定义的窗体级变量只能在该窗体中使用

13. 在窗体上画一个通用对话框，其名称为 CommonDialog1，然后画一个命令按钮，并编写如下事件过程。

```
Private Sub Command1_Click()
CommonDialog1. Filter=" All Files(*.*)|*.*|Text Files" &_
    "(*.txt)|*.txt| Executable Files(*.exe)|*.exe"
CommonDialog1. Filterindex=3
CommonDialog1. ShowOpen
MsgBox CommonDialog1. FileName
End Sub
```

程序运行后，单击命令按钮，将显示一个"打开"对话框，此时在"文件类型"框中显示的是_____。

  A. All Files(*.*)   B. Text files(*.txt)

  C. Executable Files(*.exe)   D. 不确定

14. 某人创建了一个工程，其中的窗体名称为 Form1;之后又添加了一个名为 Form2 的窗体，并希望程序执行时先显示 Form2 窗体，那么，他需要做的工作是_____。

  A. 在工程属性对话框中把"启动对象"设置为 Form2

  B. 在 Form1 的 Load 事件过程中加入语句 Load Form2

  C. 在 Form2 的 Load 事件过程中加入语句 Form2.Show

  D. 在 Form2 的 TabIndex 属性设置为 1，把 Form1 的 TabIndex 属性设置为 2

二、填空题

1. 如果要将某个菜单项设计为分隔线，则该菜单的标题应设置为_____。

2. 在菜单编辑器中，菜单项前面 4 个小点的含义是_____。

3. 打开弹出式菜单所使用的方法是_____。

4. 利用通用对话框控件来显示"保存文件"对话框，需要调用控件的_____方法。

5. 在多窗体程序中，经常要用到关键字"Me"，它代表的是_____。

6. 在 VB 中，窗体的 Show 方法有_____和_____功能。

7. "启动对象"的含义是_____。

8. ToolBar、ImageList、StatusBar 控件都属于_____控件。

三、编程题

1. 利用菜单和通用对话框编写一个文本编辑器。可以改变文本框的字体、颜色，可以进行复制、剪切、粘贴等编辑功能，如图 7-18 所示。

2. 编写一个计算总分和平均分的多窗体程序。要求如下。

（1）Form1 是主窗体，包含 3 个按钮，分别是输入成绩、计算成绩和结束。

（2）Form2 是输入成绩窗体，可输入 5 门成绩，单击"返回"按钮将回到主窗体。

（3）Form3 是计算成绩窗体，显示刚才输入的 5 门成绩的平均分和总分，单击"返回"按钮将回到主窗体。

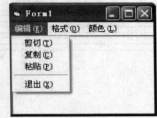

图 7-18　文本编辑器

第 8 章
图形处理

本章要点:

✧ 绘制基本形状的图形类控件:直线控件与形状控件。
✧ 动态加载图片的图像类控件:图片框与图像框。
✧ 绘图的基本概念:容器的坐标系统,绘图属性。
✧ 基本绘图方法:Pset 方法、Line 方法和 Circle 方法。

VB 作为 Windows 环境下的可视化开发工具,完全继承了 Windows 界面的风格,并且还为用户提供了定制自己特定应用界面的图形工具,使得应用程序的画面更加多姿多彩。

本章主要介绍直线、形状、图片和图像控件的使用方法,介绍 VB 提供的系统标准坐标系和自定义坐标系的基本概念以及绘图语句的基本操作,并通过几个例子说明 VB 图形功能的实际应用。

8.1　绘图控件

为了方便绘制简单图形,VB 提供了图形和图像类可视化绘图控件,图形类控件包括直线和形状控件;图像控件包括图片框和图像框。

8.1.1　图形类控件

1. 形状控件

形状控件(Shape)提供了显示一些规则图形的简易方法,可以显示矩形、正方形、椭圆形、圆形、圆角矩形和圆角正方形等图形。通过改变 Shape 属性值即可得到所需要的图形。Shape 控件只拥有少数的属性和方法,不具备任何事件。其主要属性见表 8-1。

表 8-1　形状(Shape)控件的主要属性

属　性	说　明
Name(名称)	Shape 控件的名称
Shape	设置形状控件的外形。0-矩形;1-正方形;2-椭圆形;3-圆形;4-圆角矩形;5-圆角正方形
FillStyle	设置不同的填充效果,取值范围 0~7
BorderStyle	设定外框的样式;0-无框线;1-实线;2-破折线;3-点线;4-点划线;5-双点划线;6-框线的外缘刚好和控件的外缘重叠

续表

属 性	说 明
BorderWidth	设定图形的外框宽度，取值范围 1～8192
FillColor	设置内部填充图案的颜色
BorderColor	设置外框的颜色

设置形状控件的 Shape 属性值后所对应的 6 种图形效果，如图 8-1 所示。

图 8-1 Shape 属性值的图形效果

设置形状控件的 FillStyle 属性值后的各种填充效果，如图 8-2 所示。

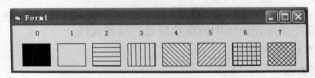

图 8-2 FillStyle 属性值的填充效果

形状控件的主要方法有 Move、Refresh 和 Zorder。

2. 直线控件

直线控件（Line）用于在界面上绘制线条，不响应任何事件，其属性和方法与形状控件类似。

8.1.2 图片框

图片框控件（Picture Box）的主要功能是显示图片，还可以当作"容器"来容纳其他控件。控件内部可以输出文字、绘图、放入其他控件或加载图片文件。图片框内部与窗体相同，也具有一个坐标系，坐标原点在图片框控件的左上角顶点，坐标轴的方向，X 轴正方向为向右，Y 轴正方向为向下。图片框的建立与内部坐标系，如图 8-3 所示。

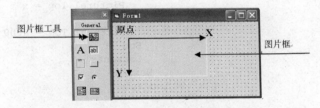

图 8-3 图片框的建立与内部坐标系

1. 图片框的属性

图片框的主要属性如下。

（1）CurrentX 和 CurrentY 属性

图片框与窗体相同，也具有 CurrentX 和 CurrentY 属性，用法也相同。

（2）Picture 属性

在程序设计时，可在属性窗口中通过 Picture 属性装入图片或图像文件。

（3）Autosize 属性

该属性用来调整图片框大小以适应图片尺寸。

True：图片框的大小根据图片的大小而变化，自动调整大小以适应图片尺寸。

False：图片框的大小不依据图片大小而调整（默认）。

【例8-1】建立一个图片框Picture1，并在Picture属性中装入小飞机图片。当单击图片框Picture1时，图片框的尺寸适应图片大小。效果如图 8-4 所示。

【程序】

```
Private Sub Form_Load()
    Picture1.AutoSize = False
End Sub
Private Sub Picture1_Click()
    Picture1.AutoSize = True
End Sub
```

单击图片框前　　单击图片框后

图 8-4　运行效果

（4）Alige 属性

Align 属性用来设定图片在窗体中的摆放位置。其他属性的用法与标准控件基本相同。

2. 图片框的重要方法

图片框的重要方法有 Print、Cls 和 Move 方法，以及 Pset、Circle 和 Line 等绘图方法。

3. 图片框常用的事件

常用的事件有鼠标的单击（Click）、鼠标经过（MouseOver）等，以及改变图片框大小的 Resize 事件。

【例8-2】创建一个图片框Picture1，并在Picture属性中装入小飞机图片。当单击图片框Picture1时，图片框会沿着 V 字线或直线移动一段距离，效果如图8-5 所示。

【程序】

```
        沿直线                              沿 V 字线
Private Sub Picture1_Click()        Private Sub Picture1_Click()
  For x = 10 To 4000 Step 0.01        For x = 10 To 4000 Step 0.01
    Picture1.Left = x                   Picture1.Left = x
    DoEvents                            If x < 2000 Then
  Next x                                  Picture1.Top = x
End Sub                                 Else
                                          Picture1.Top = 4000 - x
                                        End If
                                        DoEvents
                                      Next x
                                    End Sub
```

沿直线移动　　沿 V 字线移动

图 8-5　运行效果

【注意】要得到带有轨迹的小飞机移动线路图，应在程序中去掉"DoEvents"语句。请思考一下，若想得到小飞机重复飞行的效果，应当如何修改？

8.1.3　图像框

图像框控件（Image）用于显示图形，可显示的图形类型有位图文件、图标文件、Windows 图元文件、JPEG 和 GIF 文件。与图片框相比图像控件属性较少，占用内存空间也较小，因此加载图片的速度快于图片框。若程序中用多张图片快速显示动画，则最好用图像控件。图像框不能作为容器，也不支持绘图方法和 Print 方法，但图像框响应 Click 事件，可以用图像来代替命令按钮或作为工具栏中的按钮。

图像控件特殊的属性是 Stretch 属性，用来自动调整图像框或图像框中图片的大小。它既可以通过属性窗口设置，也可以通过程序代码设置。该属性可取值为 True 或 False。取值效果如图 8-6 所示。

（1）True：自动调整图像框中图片的大小以适应图像框尺寸。

（2）False：图像框自动调整大小以适应图片尺寸。

在装载图片时，图像框与图片框的用法相同，【例 8-2】也可用图像框加载图片。

原始图　　　　　Stretch 为 True　　　　　Stretch 为 False

图 8-6　Stretch 属性取值效果图

8.1.4　图形的动态加载

窗体、图像框与图片框加载图片的方法相同，都有两种方式：一为在设计阶段装入图片，其中包括在属性窗口通过 Pictrue 属性装入图片及利用剪贴板把图形粘贴到窗体、图片框或图像框中；二为在代码窗口用 LoadPicture 函数动态加载图片。下面，我们介绍动态加载图片函数、存储图片语句及可加载图片的类型。

1. 加载图片文件的格式

窗体、图片框与图像控件常用加载图片的格式如下。

（1）Bitmap 格式

非压缩点矩阵图形，其扩展名为.bmp。Windows 中"画图"所画图片，即是此类型。

（2）GIF 格式

压缩过的图形文件，其扩展名为.gif。多用于制作网页图形之用，文件较小。

（3）JPEG 格式

压缩过的图形文件，其扩展名为.jpg。多用于存放实物图片（照片、海报等）。

（4）CON 格式

压缩点矩阵图形，其扩展名为.ico。一般称此格式文件为图标文件。

（5）MetaFile 格式

向量图形，其扩展名为.wmf。此格式文件图形缩放不失真。

2. 动态加载图片函数

用 LoadPicture 函数加载图片的格式如下。

【格式】

```
[对象名.] Picture = LoadPicture ("文件名")
```

【功能】将文件名所标定的图形文件加载到对象名所代表的控件中。"文件名"为图片文件的完整路径。

例如，`Image1.Picture = LoadPicture("E:\aa\win.bmp")`

当加载图片文件名的路径较长时，可以用相对路径"App.Path"，当引用相对路径时，图形文件与所引用图形文件的程序文件必须在同一目录，同一文件夹下。例如，若有工程文件 P1.vbp、窗体文件 F1.frm 和图形文件 win.bmp 都存在路径 "E:\aa\" 下，则加载图形可用相对路径。其形式为：

`Image1.Picture = LoadPicture(App.Path+"\win.bmp")`

LoadPicture 函数也可以用来卸载窗体、图片框或图像控件中加载的图片。格式如下。

【格式】

[对象名.] Picture = LoadPicture ( )

或 [对象名.] Picture = LoadPicture ("")

【功能】卸载对象名所代表控件中的图形文件。

例如，`Image1.Picture = LoadPicture("")` 或 `Image1.Picture = LoadPicture()`。

3. 图片的存储

用 SavePicture 语句将窗体、图片框及图像框内的图形存储为图像文件。格式如下。

【格式】

SavePicture [对象名.]属性（Picture | Image），"图形文件名"

【功能】SavePicture 语句可以将图片对象中的图像数据存入某文件中。

【说明】

（1）对象名：可为窗体、图片框或图像框的名字，缺省为窗体。

（2）Picture 属性：若窗体、图片框或图像框中加载的图片是位图、图标和图元文件，则图形以与原文件同样的格式存盘；若加载的图片是.gif 或.jpg 文件，则保存为位图文件。

（3）Image 属性：无论窗体、图片框或图像框中加载的图片是何种格式的图片文件都以位图文件格式保存。

例如，`SavePicture Image1.Picture, "D:\kk.bmp"`，可以将 Image1 中的图像数据存储为 D 盘根目录下的位图文件 "kk.bmp" 中。

（4）"图形文件名"：要保存的图形文件名，需用双引号括上。

【例 8-3】建立一个图像框 Image1，当单击动画开始按钮时,在图像框中交替显示 4 个 jpg 图像文件 f1.jpg ~ f4.jpg。我们会得到一个娃娃旋转的动画。初始画面及运行效果如图 8-7 所示。

图 8-7　初始画面与运行效果

【程序】

```
Dim i As Integer
Dim FileName As String
Private Sub CMdStart_Click()    '动画开始
```

```
    Timer1.Interval = 100
    Image1.Stretch = True
    i = 1
End Sub
Private Sub Cmdstop_Click()    '动画结束
    Timer1.Interval = 0
End Sub
Private Sub Timer1_Timer()
    If i > 4 Then
      i = 1
    End If
    FileName = "F" & Right(Str(i), 1) & ".jpg"
    Image1.Picture = LoadPicture(App.Path & "\" & FileName)
    i = i + 1
End Sub
```

【注意】Str(i)转换后 i 前有一个空格，因此用 Right(Str(i), 1)取右边的 i 字符。

8.2　绘图基础知识

图形、图像控件放在窗体上，图形绘制在窗体上都要有一个确定的位置，而这个位置的确定，是由窗体容器内的坐标系统所决定的。

8.2.1　VB 坐标系

在 VB 中，能作为容器的对象有 4 个，即屏幕、窗体、图片框与打印机。每一个容器内都有属于自己的坐标系统，标定一个控件在容器中的位置，用 Left 和 Top 属性来表示。

构建一个坐标系，需要 3 个要素：坐标原点、坐标度量单位、坐标轴的长度与方向。

（1）坐标原点：默认的坐标原点（0,0）为容器对象内部的左上角。

（2）坐标度量单位：由容器对象的 ScaleMode 属性决定（有 8 种形式），见表 8-2。

表 8-2　ScaleMode 属性值与之对应的单位

属　性　值	单位说明
0-User	使用者自定
1-Twip	缇（Twip），默认刻度。1440 缇=1 英寸
2-Point	磅，72 磅=1 英寸
3-Pixel	像素，是显示器分辨率的最小单位
4-Character	字符，水平每个字符=120 缇；垂直每个字符=240 缇
5-Inch	英寸
6-Millimeter	毫米
7-Centimeter	厘米

（3）坐标轴的长度与方向：默认横向向右为 X 轴的正向，纵向向下为 Y 轴的正向。ScaleLeft 属性和 ScaleTop 属性用于设置和返回容器对象内部坐标平面左上角的坐标。对于默认的坐标系，二者的值为 0；ScaleHeight 属性与 ScaleWidth 属性用于确定坐标轴的长度（即容器内部坐标平面的宽和高）。对于默认的坐标系，坐标平面的坐标原点与各属性之间关系如图 8-8 所示。

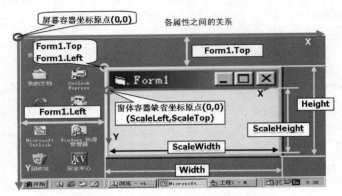

图 8-8　坐标系统与各属性之间的关系

8.2.2　自定义坐标系

容器内的坐标系不是固定不变的，有两种方法可以重新定义坐标系。

方法 1：通过对象的 ScaleTop、ScaleLeft、ScaleWidth 和 ScaleHeight 4 项属性来实现。

ScaleTop、ScaleLeft 的属性值用来设定容器对象内部相对于新的坐标系左上角坐标，右下角坐标值由 ScaleLeft+ScaleWidth 和 ScaleTop+ScaleHeight 来设置。根据左上角和右下角坐标值的大小，自动设置坐标轴的正方向和坐标原点。X 轴与 Y 轴的度量单位分别为 1/ScaleWidth 和 1/ScaleHeight。

方法 2：采用 Scale 方法来设置坐标系。其格式如下。

【格式】

```
[对象名.]Scale [(x1, y1) - (x2, y2)]
```

【说明】

（1）对象为窗体、图片框和打印机，对象名缺省则为窗体。

（2）(x1，y1) 为自定义坐标系左上角的 X 轴坐标和 Y 轴坐标。

（3）(x2，y2) 为自定义坐标系右下角的 X 轴坐标和 Y 轴坐标。

（4）当 Scale 方法不带任何参数时，则取消自定义的坐标系，还原成默认的坐标系。

【例 8-4】用自定义坐标系的两种方法定义一个坐标原点居中的坐标系。

【程序】

用方法 2 来实现。

```
Private Sub Form_Click()
Form1.Scale (-80, 40)-(-80, -40)
    Form1.Line (-80, 0)-(80, 0)          '用 Line 方法画 X 轴
    Form1.Line (0, 40)-(0, -40)          '用 Line 方法画 Y 轴
    FontSize = 12
    Form1.FontBold = True
    Form1.CurrentX = 0: Form1.CurrentY = 0: Print 0          '标记坐标原点 0
    Form1.CurrentX = 70: Form1.CurrentY = 10: Print "X"      '标记 X 坐标轴
    Form1.CurrentX = 4: Form1.CurrentY = 36: Print "Y"       '标记 Y 坐标轴
End Sub
```

若用方法 1 来实现，则需将 Form1.Scale (-80, 40)-(80, -40)语句改成以下 4 条语句。

```
    Form1.ScaleLeft = -80
    Form1.ScaleTop = 40
    Form1.ScaleWidth = 160
```

```
Form1.ScaleHeight = -80      '由于新坐标 Y 轴与原 Y 轴方向相反
```
窗体对象在新坐标系中右下角坐标用以下式子取得。

X 轴坐标为：　　Form1.ScaleLeft+ Form1.ScaleWidth=-80+160=80

Y 轴坐标为：　　Form1.ScaleTop+ Form1.ScaleHeight=40+(-80)=-40

【例 8-4】坐标系的运行结果及结果分析如图 8-9 所示。

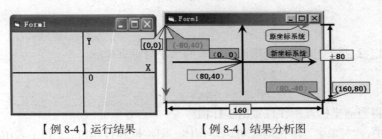

【例 8-4】运行结果　　　　　【例 8-4】结果分析图

图 8-9　坐标系的运行结果及结果分析

8.2.3　图形层

在 VB 中，在容器上放置控件及绘制图形，是有一定的层次顺序的，当图形或控件相互叠加时，我们只能看到最上层的控件。表 8-3 列出了图形层与其可放置的对象。

表 8-3　图层与其上可放置的对象类型

图 形 层	放置的对象类型
最上层	工具箱中除标签、直线和形状控件外的控件
中间层	标签、直线和形状控件
最下层	用图形方法绘制的图形

在同一图形层上，控件的叠放次序是按照放置的先后顺序决定的。若要调整同一图形层上所叠加的某个控件的放置顺序，可由两种方法来实现：其一，先选定需调整放置顺序的控件，然后单击"格式"菜单上的"顺序"命令的子命令"移至顶层"或"移至底层"即可；其二，可通过 Zorder 方法进行调整。Zorder 方法格式如下。

【格式】

[对象名.] Zorder [0|1]

【说明】

（1）对象为窗体及除菜单和时钟控件外的任何控件。

（2）0|1 表示移动的层次位置。0 或缺省表示移动到叠加顺序的顶层，1 表示移动到叠加顺序的底层。

8.3　绘图属性

8.2 节介绍了容器内的坐标系与图形层，这一节我们介绍在容器内绘图所涉及的一些属性。

8.3.1　当前坐标

对于能够作为容器的窗体、图片框及打印机对象，都可应用 CurrentX 和 CurrentY 属性。这两个属性给出这些对象在输出文字和绘图时的当前坐标（即当前光标点所在位置），且只能在代码窗口中引用。引用 CurrentX 和 CurrentY 属性的格式如下。

【格式】　　　　　　　　　　　[对象名.]CurrentX = x

　　　　　　　　　　　　　　　　[对象名.]CurrentY = y

【功能】设定欲显示文字或所画图形起始点的水平与垂直坐标。

【格式】　　　　　　　　　　　x = [对象名.]CurrentX

　　　　　　　　　　　　　　　y = [对象名.]CurrentY

【功能】取得当前坐标点所在位置的坐标值。

【说明】其中，"对象名"中的对象可以是窗体、图片框和打印机，x 和 y 表示 x 轴坐标值和 y 轴坐标值，默认时以 twip 为单位。如果省略"对象名"，则指的是当前窗体。

【例 8-5】在窗体与图片框上不同的位置输出文字。效果如图 8-10 所示。

【程序】

```
Private Sub Form_Click()
    FontSize = 12
    Print "引用窗体的 CurrentX 等属性时，可省略窗体名"  '光标点在第一行，第一列
    CurrentX = 2000                                    '默认坐标单位为 twip
    CurrentY = 1000
    Print "窗体可做为其他控件的容器"
End Sub
Private Sub Picture1_Click()
    Picture1.FontSize = 12
    Picture1.Print "引用图片框的 CurrentX 等属性时，不可省略对象名"
    Picture1.CurrentX = 2000
    Picture1.CurrentY = 1000
    Picture1.Print "图片框可做为其他控件的容器"
End Sub
```

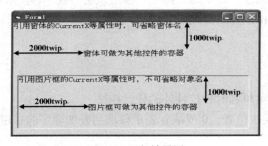

图 8-10　运行效果图

8.3.2　线宽和线型

在容器对象上绘制图形时，可以根据个人喜好选择不同的线宽与线型。下面介绍线宽与线型属性。

1. 线宽（DrawWidth 属性）

窗体、图形框或打印机的 DrawWidth 属性给出这些对象上所画线的宽度或点的大小。

DrawWidth 属性以像素为单位来度量，最小值为 1。

2. 线型（DrawStyle 属性）

窗体、图形框或打印机的 DrawStyle 属性给出这些对象上所画线的形状。DrawStyle 属性值与对应线型见表 8-4。

表 8-4　DrawStyle 属性值与对应线型

属 性 值	对应线型	图　　示
0	实线（缺省）	————————————
1	长划线	— — — — — — — —
2	点线	··················
3	点划线	—·—·—·—·—·
4	点点划线	—··—··—··—
5	透明线	
6	内实线	▬▬▬▬▬▬▬▬

【注意】若 DrawWidth 属性值大于 1，DrawStyle 属性值 1~4 之间的线型不显示，只显示实线。

【例 8-6】在窗体上不同的位置画出不同线型的直线。结果如图 8-11 所示。

【程序】

```
Private Sub Form_Click()
  Form1.ScaleHeight = 8 '将窗体内部高度分 8 等份
  For i = 0 To 6
    DrawStyle = i
    Line (0, i + 1)-(Form1.ScaleWidth, i + 1) '画线
  Next i
End Sub
```

图 8-11　不同线型的实例

8.3.3　填充和色彩

封闭图形的填充方式由 FillStyle 和 Fillcolor 属性决定。

1. 填充图案（FillStyle 属性）

FillStyle 属性可以指定封闭图形要填充的图案类型，其图案类型共有 8 种。属性值与填充图案的对应关系见图 8-2 所示。

2. 填充色彩（FillColor 属性）

VB 默认采用对象的前景色（ForeColor）属性绘图，即画图形的外框。用 FillColor 属性来设置封闭图形内部填充图案的颜色。若是形状控件（Shape），则用 BorderColor 设置外框色，同样用 FillColor 属性来设置图形内部填充图案的颜色。

色彩不仅可以在属性窗口选择，还可以用颜色函数、系统内部常量或十六进制常数由代码进行设置。下面详细介绍颜色设置。

（1）RGB 函数

RGB 函数采用红、绿、蓝三元色混合产生某种颜色，其语法格式如下。

【格式】RGB(红、绿、蓝)

【功能】给对象某个颜色属性或某绘制图形设定某颜色。

【说明】红、绿、蓝三元色使用 0~255 之间的整数。若设窗体背景为绿色，则语句为：

　Form1.BackColor = RGB(0,255,0)

（2）QBColor 函数

QBColor 采用 QuickBasic 所使用的 16 种颜色，其语法格式如下。

【格式】QBColor(颜色码)

【功能】给对象某个颜色属性或某绘制图形设定某颜色。

【说明】颜色码使用 1 ~ 15 之间的整数，每个颜色码代表一种颜色，其对应关系见表 8-5。

表 8-5　颜色码与颜色之间对应关系

颜色码	颜色	颜色码	颜色	颜色码	颜色	颜色码	颜色
0	黑	4	棕	8	深灰	12	红
1	蓝	5	紫	9	宝蓝	13	浅紫
2	绿	6	黄绿	10	浅绿	14	浅黄
3	青	7	灰	11	浅青	15	白

例如，画一边框为红色的圆，语句为：Circle(1000,1000),600, QBColor(12)

【例 8-7】在窗体上用条状图显示 QBColor 函数可表示的 16 种颜色。效果如图 8-12 所示。

【程序】

```
Private Sub Form_Click()
  Form1.ScaleHeight = 17  '将窗体内部高度分17等份
  DrawWidth = 5
  For i = 0 To 15
    ForeColor = QBColor(i)
    Line (0, i + 1)-(Form1.ScaleWidth, i + 1)  '画线
  Next i
End Sub
```

图 8-12　彩色条状图

（3）通过系统内部常量或十六进制常数设置颜色

常用的颜色与系统内部常量及十六进制常数对应关系表见表 8-6。

表 8-6　颜色码与颜色之间对应关系

系统内部常量	十六进制常数	颜色
VBBlack	&H0&	黑
VBRed	&HFF&	红
VBGreen	&HFF00&	绿
VBYellow	&HFFFF&	黄
VBBlue	&HFF0000&	蓝
VBMagenta	&HFF00FF&	红紫
VBCyan	&HFFFF00&	青
VBWhite	&HFFFFFF&	白

例如，设置窗体的背景色为红色，语句为：Form1.BackColor = &HFF& 或

Form1.BackColor = VBRed

8.4　绘图方法

上面介绍了坐标系、图形层以及与绘制图形有关的属性，这一节我们介绍绘图方法。

8.4.1　Pset 方法

Pset 方法用于在绘图对象指定的位置上用指定的颜色画点。其语法格式如下。

【格式】[对象名.]Pset [Step] (x, y) [, Color]

【说明】

（1）对象为窗体、图片框和打印机，对象名缺省则为窗体。

（2）(x,y) 是指画点的坐标，即绝对坐标；加 Step 后，指相对于当前坐标 CurrentX 和 CurrentY 的相对移动量。

（3）Color 为所画点的颜色。

【例 8-8】在窗体上用 Pset 方法显示 100 个不同颜色的小点，酷似"天女散花"。效果如图 8-13 所示。

【程序】

```
Private Sub Form_Click()
  DrawWidth = 5    '点的大小
  For i = 0 To 100
    ForeColor = QBColor(Int(16 * Rnd)) '随机取颜色
    x = Form1.ScaleWidth * Rnd
    y = Form1.ScaleHeight * Rnd
    PSet (x, y)            '画点
  Next i
End Sub
```

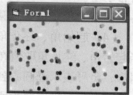

图 8-13　"天女散花"效果

8.4.2　Line 方法

Line 方法用于画直线或矩形，其语法格式如下。

【格式】[对象名.]Line [[Step] (x1, y1)]-[Step] (x2,y2) [, Color][, B[F]]

【说明】

（1）对象为窗体、图片框和打印机，对象名缺省则为窗体。

（2）(x1, y1) 是指画直线的起点坐标或矩形的左上角坐标，加 Step 后，指相对于当前坐标 CurrentX 和 CurrentY 的相对移动量。

（3）(x2, y2) 是指画直线的终点坐标或矩形的右下角坐标，加 Step 后，指相对于当前坐标 CurrentX 和 CurrentY 的相对移动量。

（4）B 表示 Line 方法所画图形为空心矩形。再加 F 为用画矩形颜色填充的实心矩形。

（5）Color 为所画直线或矩形的颜色。

【例 8-9】在窗体上用 Line 方法显示 4 个不同颜色的同心矩形，效果如图 8-14 所示。

【程序】

```
Private Sub Form_Click()
  DrawWidth = 5    '点的大小
  x = Form1.ScaleWidth / 2
  y = Form1.ScaleHeight / 2
  For i = 1 To 4 Step 1
    Cor = QBColor(16 * Rnd) '随机取颜色
    Line (x - i * 150, y - i * 150)-(x + 150 * i, y + 150 * i), Cor, BF
  Next i
End Sub
```

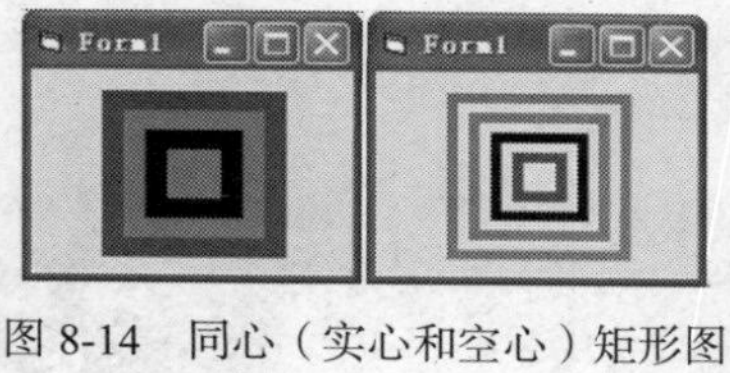

图 8-14　同心（实心和空心）矩形图

【注意】Line 语句 BF 去掉 F 即得空心矩形。请读者把此段程序放在时钟控件 timer1.timer 事件中，并设 Interval 属性值不为 0，观察效果。

8.4.3　Circle 方法

Circle 方法用于画圆、椭圆、圆弧和扇形，其语法格式如下。

【格式】

[对象名.] Circle [[Step](x, y)],半径 [,Color][,起始角][,终止角][,长短轴比率]]

【说明】

（1）对象为窗体、图片框和打印机，对象名缺省则为窗体。

（2）(x, y) 是指画圆的圆心坐标，加 Step 后，指相对于当前坐标 CurrentX 和 CurrentY 的相对移动量。

（3）半径是指所画圆的半径，Color 为所画圆的颜色。

（4）起始角、终止角是指所画圆弧或扇形的起始点角度与终止点角度，角度的单位为弧度。当起始角、终止角取值在 0～2π 之间时为圆弧，当在起始角、终止角取值前加一负号，则画的是扇形，负号表示画圆心到圆弧的径向线。

（5）长短轴比率为所画椭圆的长短轴之比，比值为 1 时为圆。

【例 8-10】在窗体上用 Circle 方法显示画圆、椭圆、圆弧和扇形等 4 个图形，效果如图 8-15 所示。

【程序】

图 8-15　Circle 方法示例

```
Private Sub Form_Click()
  Form1.DrawWidth = 2
  Circle (1000, 700), 500  '圆
  Circle (1000, 1700), 500, , , , 0.6'椭圆
  Circle (2500, 700), 500, , -2, -4  '扇形
  Circle (2500, 1700), 500, , 0.1, 3'圆弧
End Sub
```

8.5　应用举例

前面介绍了图形处理的基本方式和方法，下面介绍几个例子，体会一下如何利用这些知识来完成所要达到的效果。

【例 8-11】设计具有简单动画和图像的画面。运行界面如图 8-16 所示。

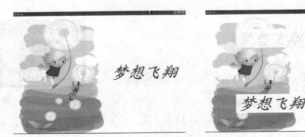

原始运行界面　　　　　　　　　　运行后动画界面

图 8-16　运行界面效果

【说明】

当程序运行后，Image1 中加载一幅卡通图片；Picture1、Picture2、Picture3 中各加载了一幅不同颜色"梦想飞翔"的图片，时钟控件 Timer1 每隔 0.1 秒触发 Timer 事件，使 Picture2、Picture3 沿不同的方向移动，并在左侧显示两张人脸。

【界面设计】

建立如图 8-17 所示的窗体界面。

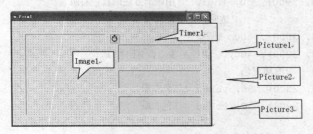

图 8-17　设计界面

控件属性见表 8-7。

表 8-7　控件属性设置表

窗体属性	属 性 值	图像框属性	属 性 值
控件名称(Name)	Form1	控件名称(Name)	Image1
背景色 (BackColor)	白色	stretch	true
窗体显示模式（WindowState）	2（maximized）	Height、width Left 、Top	与显示效果相似即可
图片框属性	属性值	图片框属性	属性值
控件名称(Name)	Picture1	Height、width Left 、Top	与显示效果相似即可
控件名称(Name)	Picture2	Height、width Left 、Top	与显示效果相似即可
控件名称(Name)	Picture3	Height、width Left 、Top	与显示效果相似即可
时钟控件所有属性值默认即可			

【程序】

```
Dim x As Boolean
Private Sub Form_Load()            'Load过程给所有控件设初值
Show '显示窗体上所画人脸
Picture2.Visible = False
Picture3.Visible = False
x = True
Timer1.Interval = 100
Picture2.Move Picture1.Left, Picture1.Top
Picture3.Move Picture1.Left, Picture1.Top
Image1.Picture = LoadPicture(App.Path + "\m64.jpg")   '加载图片
Picture1.Picture = LoadPicture(App.Path + "\t1.bmp")  '加载图片
Picture2.Picture = LoadPicture(App.Path + "\t2.bmp")  '加载图片
Picture3.Picture = LoadPicture(App.Path + "\t3.bmp")  '加载图片
```

```vb
'画人脸
   Const Pi = 3.1415926
   FillStyle = 1                  '透明，无填充色
   Circle (10600, 3000), 600  '用画圆方法画圆脸
   Circle (10600, 3000), 400, , Pi * 1.2, Pi * 1.8  '用画圆方法画嘴
   FillStyle = 0      '有填充色
   Circle (10400, 2900), 50, vbBlue  '用画圆方法画蓝色左眼
   Circle (10800, 2900), 50, vbBlue  '用画圆方法画蓝色右眼
   FillStyle = 1                  '透明，无填充色
   Circle (12600, 3000), 600  '圆脸
   Circle (12600, 3000), 400, , Pi * 1.2, Pi * 1.8  '嘴
   FillStyle = 0      '有填充色
   Circle (12400, 2900), 50, vbRed  '红色左眼
   Circle (12800, 2900), 50, vbRed  '红色右眼
End Sub
Private Sub Timer1_Timer()
   If x = True Then    'Picture2与Picture3向左上、左下移动
     Picture2.Visible = True
     Picture3.Visible = True
     For i = 1 To Form1.ScaleWidth Step 0.02
        If Picture2.Top < Form1.ScaleHeight Then  '判断Picture2是否移出窗体
           Picture2.Move Picture2.Left - 20, Picture2.Top + 10
           Picture3.Move Picture3.Left - 20, Picture3.Top - 10
        Else
           Exit For
        End If
        DoEvents      '释放CPU控制权，避免图像出现闪烁，多用于重复的循环语句
     Next i
     x = False
     Picture2.Visible = False
     Picture3.Visible = False
     Picture2.Move Picture1.Left, Picture1.Top  '使Picture2与Picture1位置相同
     Picture3.Move Picture1.Left, Picture1.Top
   Else  'Picture2与Picture3向右上、右下移动
     Picture2.Visible = True
     Picture3.Visible = True
     For i = 1 To Form1.ScaleWidth Step 0.02
        If Picture2.Top < Form1.ScaleHeight Then  '判断Picture2是否移出窗体
           Picture2.Move Picture2.Left + 10, Picture2.Top + 10
           Picture3.Move Picture3.Left + 10, Picture3.Top - 10
        Else
           Exit For
        End If
        DoEvents
     Next i
     x = True
     Picture2.Visible = False
     Picture3.Visible = False
     Picture2.Move Picture1.Left, Picture1.Top
     Picture3.Move Picture1.Left, Picture1.Top
   End If
End Sub
```

【注意】DoEvents 语句是释放 CPU 控制权，让电脑有空去进行其他工作，当程序中使用重复

的循环语句时，可在循环中插入 DoEvents 语句，以免过度占用 CPU。

【例 8-12】利用 Circle 方法绘制如图 8-18 所示的艺术图案。

【程序】

图 8-18　艺术图案

```
Private Sub Form_Click()
  Dim r, x, y, x0, y0 As Single
  Cls
  r = Form1.ScaleHeight / 4          '圆半径
  x0 = Form1.ScaleWidth / 2          '圆心（花心）
  y0 = Form1.ScaleHeight / 2
  For i = 0 To 6.283185 Step 3.1415926 / 10  '等分圆周20份，做步长
    x = r * Cos(i) + x0                       '在等分点上画圆
    y = r * Sin(i) + y0
    Circle (x, y), r * 0.9                    '以半径0.9*r绘制圆
  Next i
End Sub
```

本题中等分圆周的份数不同，所画圆的数量也不同，其份数与画圆图，如图 8-19 所示。在程序中加了语句 "Circle (x0, y0), r * 2"。在艺术图形外加了外圆，使大家更能看清等分圆周。

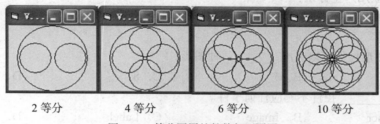

2 等分　　　4 等分　　　6 等分　　　10 等分

图 8-19　等分圆周的份数与画圆图

【例 8-13】利用 Line 和 Pset 方法绘制阿基米德螺线。并使一个"眼睛"图片沿阿基米德螺线运动，效果如图 8-20 所示。

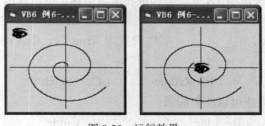

图 8-20　运行效果

【程序】

```
Private Sub Form_Click()
  Dim x As Single, y As Single, i As Single
  Image1.Picture = LoadPicture(App.Path + "\EYE.ICO")
  Scale (-15, 15)-(15, -15)    '重设坐标系
  Line (0, 14)-(0, -14)        '画坐标轴
  Line (14.5, 0)-(-14.5, 0)    '画坐标轴
  For i = 0 To 12 Step 0.01
    y = i * Sin(i)    '阿基米德螺线参数方程
    x = i * Cos(i)    '阿基米德螺线参数方程
```

```
        PSet (x, y)      ' 画螺线
   Next i
  For i = 0 To 12 Step 0.00001
      y = i * Sin(i)    ' 阿基米德螺线参数方程
      x = i * Cos(i)    ' 阿基米德螺线参数方程
      Image1.Move x, y ' 图片按阿基米德螺线移动
      DoEvents
   Next i
 End Sub
```

习题八

一、简答题

1. 图片框的 Autosize 属性和图像框的 Stretch 属性有什么作用?

2. PictureBox 控件和 Image 控件有何区别?

3. 怎样建立用户坐标系?

4. Visual Basic 在容器内放置控件、绘制图形时,有几个图形层次?

二、选择题

1. Shape 图形控件可以画出_____种图形。

   A. 6　　　　　　　　B. 7　　　　　　　　C. 8　　　　　　　　D. 9

2. 下面_____控件不响应任何事件。

   A. Timer　　　　　　B. Image　　　　　　C. Label　　　　　　D. Line

3. 将图片框(Picture Box)的_____属性设置为 True 后,控件的大小可以随图片的大小而调整。

   A. utoSize　　　　　B. AutoRedraw　　　　C. Stretch　　　　　D. Picture

4. 如果要在程序代码中为图片框动态加载和清除图像,可以利用_____函数。

   A. Picture　　　　　B. Input　　　　　　C. LoadPicture　　　D. PaintPicture

5. 将图像框(Image)的_____属性设置为 True 后,图片的大小可以随控件的大小而调整。

   A. AutoSize　　　　　B. AutoRedraw　　　　C. Stretch　　　　　D. Picture

6. 利用_____方法可以绘制椭圆。

   A. Pset　　　　　　　B. Line　　　　　　　C. Circle　　　　　　D. Print

7. 利用_____方法可以绘制矩形。

   A. Pset　　　　　　　B. Line　　　　　　　C. Circle　　　　　　D. Print

8. VB 默认的坐标单位是_____。

   A. 英寸　　　　　　　B. 厘米　　　　　　　C. 毫米　　　　　　　D. Twip

三、编程题

1. 用 Line 方法在窗体上以窗体中心为坐标原点,画出任意颜色、任意长度、任意位置的随机射线,射线都由坐标原点出发。

2. 请用 Shape 控件数组画出奥运标志"五环旗"。如图 8-21 所示。

图 8-21　五环旗

3. 请在窗体上画 1 个图片框，并加 2 个单选按钮，2 个单选按钮的标题设为"显示图片"和"隐藏图片"，当选中"显示图片"单选按钮时，在图片框中加载图片，反之隐藏图片。如图 8-22 所示。

图 8-22　窗体布局

4. 在窗体上绘制-2π 到 2π 之间的正弦曲线，如图 8-23 所示。

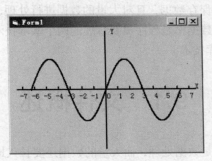

图 8-23　正弦曲线

第 9 章

数据文件

本章要点：

- ✧ 文件的结构与种类。
- ✧ 顺序文件的打开与关闭及其读写操作。
- ✧ 随机文件的记录类型，随机文件的打开与关闭及其读写操作。
- ✧ 二进制文件的打开与关闭及其读写操作。
- ✧ 几个与文件操作有关的控件。

在前面介绍的应用程序中，不管是输入的数据还是计算的结果，一旦应用程序运行结束，所有的数据都将消失。为了能长期保存数据，且对大量的数据进行处理，需要将数据保存在数据库或文件中。因此，处理数据文件和数据库是程序员要掌握的两个基本技术。本章将对数据文件的处理进行介绍，第 10 章将介绍数据库技术。

9.1　文件概述

计算机的主要功能之一就是数据处理，而大量的数据还要长久地存储起来以供使用。文件是指存储在外存储器上的用文件名标识的数据集合。许多程序都与外部数据进行交互，所以文件操作是软件开发中必不可少的任务。

9.1.1　文件的分类

在计算机系统中，文件种类繁多，处理方法和用途也各不相同，可以按不同的方式对文件进行分类。

1. 按照文件的内容分类

（1）程序文件

在 VB 集成环境下编写的程序，都是以文件的形式分块存放在磁盘上的。例如，工程文件（*.vbp）、工作区文件(*.vbw)、窗体文件(*.frm)或一般模块文件(*.bas)等。存放在这些文件中的是 VB 命令语句，VB 通过特定的方式可以运行它们。

（2）数据文件

数据是指由文字、数字或特殊符号组成的集合，它们不具有运行功能，而通常是供程序使用的。因为用计算机进行事务处理时，如银行账目管理、人口户籍管理中大量的表达信息的数据，需要对它们进行诸如计算、统计、汇总和查找等方面的处理，而这些处理一般是由程序文件完成的。把这种为程序文件提供大量输入数据或输出存储的、存放在磁盘上的数据集合称为数据文件。

2. 按照文件中数据的编码方式分类

（1）文本文件

文本文件称为 ASCII 码文件或纯文本文件。文件中的数据以字符的形式进行组织，英文、数字等字符存储的是 ASCII 码，而汉字存储的是机内码，可以直接用记事本打开。

（2）二进制文件

二进制文件是直接把二进制码存放在文件中，它没有固定的格式。二进制文件访问模式是以字节数来定位数据，允许程序按所需的任何方式组织和访问数据，也允许对文件中各字节数据进行存取访问和改变。

3. 按照文件的结构和访问方式分类

（1）顺序文件

顺序文件是指数据存储是按存入的先后有次序地排放，再从这类文件中读数据时必须按次序从前往后读取。也就是读取数据时，从第一条记录开始依次读到最后一条记录。写入时也是一样，不能随机读取数据（如读完第 1 条后直接读第 4 条）。

顺序文件的优点是结构简单，处理方便；缺点是必须按顺序访问，因此不能同时进行读、写这两种操作。文本文件就是一个典型的顺序文件。

（2）随机文件

在随机文件中，文件中的每条记录的长度都是相同的，记录与记录之间不需要特殊的分隔符号，如图 9-1 所示。用户只要给出记录号，就可以直接访问该记录号所对应的记录。因此，与顺序文件访问模式相比，它的优点是对数据存取灵活、快捷和方便，缺点是占用存储空间较大，数据组织结构复杂，编程的工作量大。

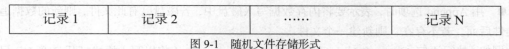

记录 1	记录 2	……	记录 N

图 9-1　随机文件存储形式

9.1.2　文件处理流程

一般来说，处理数据文件的程序包括 3 部分，如图 9-2 所示。首先打开文件，然后进行读/写等操作，最后关闭文件。

打开文件时，系统为文件在内存中开辟了一个专门的数据存储区域，称为文件缓冲区。每个文件缓冲区都有一个编号，称为文件号。文件号就代表文件，对文件的所有操作都是通过文件号进行的。文件号由程序员在程序中指定，也可以使用函数（VB 中使用 FreeFile 函数）自动获得。

对文件的操作主要有两类：一是读操作，也称为输入，即将数据从文件中（存放在外存上）读入到变量（内存）供程序使用；二是写操作，也称为输出，即将数据从变量（内存）写入文件（存放到外存）中。将数据写入文件时，先是将数据写入文件缓冲区暂存，等到文件缓冲区满了或文件关闭时才一次性输出到文件。反之，从文件读数据时，先是将数据送到文件缓冲区，然后再提交给变量。

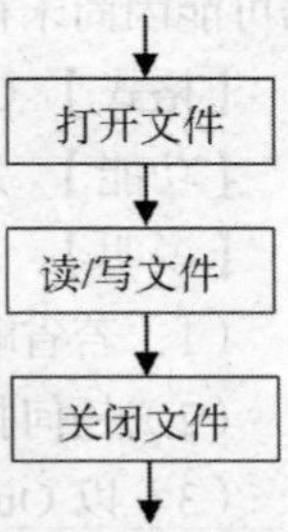

图 9-2　文件处理流程

文件操作结束后一定要关闭文件，因为有部分数据仍然在文件缓冲区，所以不关闭文件会有数据丢失的情况发生，尽管大多数情况下操作系统会自动关闭文件。

9.2 顺序文件

顺序文件是指数据存储是按存入的先后有次序地排放的，在从这类文件中读数据时也必须按次序从前往后读取。

9.2.1 打开和关闭文件

1. 顺序文件的打开

在进行文件操作前必须先打开文件，顺序文件的打开语句如下。

【格式】Open 文件名 For 模式 As #文件号

【功能】打开文件号对应的数据文件。

【说明】

（1）"文件名"：一项要用具体的名字代替，且名字用双引号包括。

（2）"文件号"：是一个介于 1~511 之间的整数。打开一个文件时为它指定一个文件号后，该文件号就代表该文件，直到文件被关闭后，该文件号才可以再被其他文件使用。

（3）"模式"：指定文件访问的方式，包括以下 3 种。

● 用 Output 选项时，表示要将内存的数据写入磁盘中。若磁盘中已有此文件，则该文件原有的数据全被删除变成一个空文件；若该文件不存在，则建立一个新文件。

● 用 Input 选项时，表示要从磁盘中读取文件的数据存入内存中，且从顺序文件的开头读取，若磁盘中无此文件，会出现错误信息。

● 用 Append 选项时，表示要将内存数据写入磁盘中，若磁盘已有此文件，则新的数据追加在该文件后面。若不存在，则新建一个文件。

例如，执行语句 Open "D:\vb\f1.txt" For Output As #1 将以写入模式打开 D 盘 VB 目录下的 "f1.txt" 文件，文件号为 1。

2. 顺序文件的关闭

在对文件操作完成后，要关闭文件。尤其是写入时，若没有关闭文件，暂时存放在内存中的数据可能因尚未存入磁盘而丢失。关闭文件的语句很简单，如下。

【格式】 Close [[#]文件号 1，[#]文件号 2，……]

【功能】 关闭文件号对应的数据文件。

【说明】

（1）若省略文件号，则会关闭所有打开的文件。

（2）任何打开的文件，若不再使用，最好马上关闭，以免占用内存空间。

（3）以 Output 或 Append 选项打开的文件，使用 Close 语句关闭时会将内存中的数据写入文件中，再关闭文件。

例如，执行语句 Close #1 将关闭文件号为 1 的文件。

9.2.2 数据的读写操作

1. 顺序文件的写入操作

在向顺序文件存入或写入数据时，除先用打开语句的写入选项打开文件外，还要配合相应的写入语句，写入语句有如下几种。

（1）Write 语句

【格式】　Write　#文件号，表达式表

【功能】　将表达式结果存入文件号对应的顺序文件中。

【说明】

① 文件号"必须与 Open 语句中的文件号一致。

② "表达式表"是具体的字符或数值表达式，有多个数据时用英文逗号分隔。

③ 省略表达式时，Write 语句将写入一空白数据到文件中。

【例 9-1】利用 Write 语句将 50 个自然数写入 data.txt 文件中。

程序代码如下。

```
Open  "d:\data.txt"  For  Output  As #1
For i=1 to 50
Write  #1, i
Next i
Close  #1
```

（2）Print 语句

【格式】　Print　#文件号，表达式表

【功能】　将表达式的结果写入文件号所对应的顺序文件中。

【说明】

① "文件号"必须与 Open 语句中的文件号一致。

② "表达式表"是具体的字符或数值表达式，多个时用英文逗号或英文分号分隔。

【例 9-2】利用 Print 语句将 50 个自然数写入 data.txt 文件中。

程序代码如下。

```
Open  "d:\data.txt"  For  Output  As  #1
For i=1 to 50
Print #1,i
Next i
Close  #1
```

（3）Write 语句和 Print 语句的区别

Write 语句和 Print 语句都可以向顺序文件中写入数据，但两者的存取方式有所区别。

① Write 语句在写入字符型数据时，自动在字符串前后加上双引号，且每个数据间用英文逗号分隔。

② Print 语句在写入数据时，若用英文逗号分隔，则每个数据占一定的长度；若用英文分号分隔时，则每个数据紧密相接。

③ Print 语句在写入数值数据时，该数据前会加一个空格，而 Write 语句不会。

2. 顺序文件的读取操作

数据存入磁盘文件后，目的是长久存放并根据需要进行处理，处理时要通过程序将文件中的数据取出，即进行读取操作。VB 顺序文件的读取操作是通过如下语句实现的（在此之前必须先用打开语句的读取选项打开文件）。

（1）Input 语句

【格式】　Input　# 文件号，变量 1[,变量 2]……

【功能】　将文件号对应的顺序文件中数据依次读到指定的变量中。

【说明】

① 变量可以为数值、字符串或数组，但不能是控件属性。

② 变量的数据类型必须和写文件时的数据类型相符，但可将数值数据读入字符串变量中，却不可将字符数据读入数值变量中。

③ 数据中若有文字及数值数据时，在写文件时最好不要用 Print 语句，以免读数据时发生错误。

【例 9-3】利用 Input 语句将上例 data.txt 文件中的 50 个数读出、求和并输出。

程序代码如下。

```
Dim num As Integer,sum As Integer
Open "d:\data.txt" For Input As #1
sum=0
For i=1 to 50
    Input #1,num
    Sum = sum + num
Next i
Print "sum",sum
Close #1
```

（2）Line Input 语句

【格式】 Line Input #文件号，字符串变量

【功能】 将文件号对应的顺序文件中的整行数据（即一条记录），一次读到指定的字符串变量中。

【说明】

① "字符串变量"只能有一项，且变量类型不能是数值型。

② 一行的概念是一个 Write 语句或 Print 语句一次写入的多个数据组成的一个整体，即一条记录。在读取时，即可用 Line Input 语句将它们作为一个整体取出，也可以用 Input 语句将它们分别取出。

（3）LOF 和 EOF 函数

LOF 函数和 EOF 函数是与读文件（包括随机文件和二进制文件）有关的两个重要函数。

① LOF 函数

【格式】LOF（文件号）

【功能】返回某文件的字节数。

例如，LOF（1）返回#1 文件的长度。如果返回 0 值，则表示该文件是一个空文件。

② EOF 函数

【格式】EOF（文件号）

【功能】返回一个表示文件指针是否到达文件末尾的值。如果指针到达文件末尾，EOF 函数返回 True，否则返回 False。

【说明】

● 顺序文件使用 EOF 函数，测试是否到达文件尾端。

● 随机文件和二进制文件使用 EOF 函数，当最近一个执行的 Get 语句无法读到一个完整记录时，函数返回 True，否则返回 False。

9.2.3 应用举例

【例 9-4】编写以顺序方式读写学生通信信息的程序，输入界面如图 9-3（a）所示。若单击"添加信息"按钮，则将一个学生的联系方式（包括姓名、学号、手机号码）添加到"lianxi.txt"文件中；单击"读取信息"按钮，则从文件读取信息并显示在文本框中。

（a）输入界面 （b）运行效果

图 9-3 程序界面

【程序】

```
Private Sub Command1_Click()                    '添加信息
    Open "D:\lianxi.txt" For Append As #1
    Text1.Text = ""
    Text2.Text = ""
    Text3.Text = ""
    Write #1, Text1.Text, Text2.Text, Text3.Text
    Close #1
End Sub
Private Sub Command2_Click()                    '显示信息
    Open "D:\lianxi.txt" For Input As #1
    Dim Num, Name, Mobile As String
    Text4.Text = ""
    Do While Not EOF(1)
        Input #1, Num, Name, Mobile
        Text4.Text = Text4.Text + Num + Space(2) & Name + Space(2) & Mobile +vbCrLf
    Loop
    Close #1
End Sub
```

【运行】单击"读取信息"按钮，运行效果如图 9-3（b）所示。

9.3 随机文件

访问顺序文件需要从头到尾按顺序进行访问，而在许多应用程序中往往需要能够直接、快速地访问文件中的数据，这就需要用随机文件来实现。

9.3.1 记录

在随机文件的操作语句中，其存取语句中的"变量"是一个记录变量，这是一个类似数组的整体变量名称，它的元素是字段，使用方法也有相应的语句。

在使用记录变量前要先定义。通常是在变量声明区定义，它分为记录类型定义和记录类型变量定义两种。

1. 记录类型定义

【格式】

Public/Private Type 记录类型名称

　　字段名称 1 As 数据类型

　　字段名称 2 As 数据类型

End Type

2. 记录类型变量定义

【格式】 Dim 记录类型变量 As 记录类型名称

3. 记录类型变量成员的引用

【格式】记录类型变量.字段变量

4. 记录长度计算

【格式】记录长度=Len（记录类型变量）

使用 Len 函数可以得到记录的实际长度。

9.3.2　打开文件

同顺序文件一样，随机文件在使用时必须先打开。其打开语句如下。

【格式】 Open 文件名 For Random As [#]文件号[len=记录长度]

【功能】 打开文件名对应的随机文件。

【说明】

如果省略 "len" 项，则记录长度默认为 128 字节。

例如，执行语句　Open "d:\vb\f2.txt" For Random As #2 将打开 D 盘 VB 目录下的 "f2.txt" 文件，文件号为 2。

9.3.3　文件的读写操作

1. 数据写入

【格式】 Put [#]文件号[，记录号]，变量

【功能】 该语句将变量的内容作为文件的一条记录，写到打开的随机文件中，并插入到由记录号所指定的文件位置。

【说明】

（1）"记录号" 的范围为 $1 \sim 2^{31}-1$，即 $1 \sim 2147483647$。若记录号是大于 1 的整数，则表示写入的是该号指定的记录。

（2）如果省略 "记录号"，则表示在上次写入的记录后插入一条记录，其记录号也顺序加 1。

（3）变量长度不能大于随机文件的记录长度。

（4）随机文件中每次记录存取时，所使用变量的数据类型都要和记录中各对应字段的数据类型一致。

2. 数据读取

【格式】 Get [#]文件号[，记录号]，变量

【功能】 该语句从打开的文件中，将记录号指定的记录内容读入到变量中。

【说明】 同 Put 语句。

例如，变量 m 和变量 n 都与文件中构成记录的各数据项的数据类型相同，可以用下列语句对随机文件进行读、写操作。

（1）Get #2，4，m　'读取 2 号随机文件中第 4 号记录到变量 m 中

（2）Put #1，2，n　'把变量 n 的数据插入到 1 号随机文件的 2 号记录处

9.3.4 应用举例

【例 9-5】编写程序实现职工信息添加和浏览的功能。当添加职工信息后，按"浏览"按钮，运行效果如图 9-4 所示。

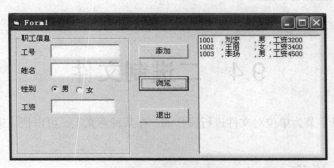

图 9-4 运行效果

【程序】

```
Private Type emp
    num As String * 6
    name As String * 6
    sex As String * 2
    score As Single
End Type
Dim r As emp, n As Integer
Private Sub Command1_Click()
    Open "d:\stu02.txt" For Random As #1 Len = Len(r)
    n = LOF(1) / Len(r)
    r.num = Val(Text2.Text)
    r.name = Text3.Text
    If Option1.Value = True Then
        r.sex = "男"
    Else
        r.sex = "女"
    End If
    r.score = Val(Text4.Text)
    n = n + 1
    Put #1, n, r
    Text2.Text = ""
    Text3.Text = ""
    Text4.Text = ""
    Text2.SetFocus
    Close #1
End Sub
Private Sub Command2_Click()
    Dim i As Integer
    Open "d:\stu02.txt" For Random As #1 Len = Len(r)
    n = LOF(1) / Len(r)
    If n = 0 Then
        MsgBox ("没有记录! ")
        Close #1
        Exit Sub
    End If
    For i = 1 To n
        Get #1, i, r
```

```
                Text1.Text = Text1.Text & r.num & "," & r.name & "," & r.sex
                Text1.Text = Text1.Text & ",工资" & r.score & vbCrLf
        Next i
        Close #1
    End Sub
    Private Sub Command3_Click()
        End
    End Sub
```

9.4 二进制文件

二进制文件是以字节为单位对文件进行操作的。在某种意义上，可以把二进制文件视为记录长度为 1 的随机文件。

9.4.1 文件操作

1. 二进制文件的打开

【格式】 Open 文件名 For Binary As #文件号

【功能】 打开以文件名命名的二进制文件。

【说明】 由于以二进制模式读、写文件的记录长度恒为 1，则无需指定记录长度。

2. 数据写入

【格式】 Put [#]文件号 字节号，变量

【功能】 该语句将变量中的数据写到打开的二进制文件中，并把数据插入到由字节号指定的位置。

【说明】

（1）在二进制模式下，使用字节号指定读、写操作的位置。

（2）语句中的"字节号"是对文件进行读、写操作的起始位置，结束位置取决于变量能容纳的字节数。

3. 数据读取

【格式 1】 Get [#]文件号，字节号，变量

【功能】 由指定的字节号开始，从打开的二进制文件中，读取若干个字节数据赋值给变量，读取的字节数取决于变量的数据类型。

【格式 2】 变量名=Input（字节数，文件号）

【功能】 从二进制文件中，由文件指针的当前位置开始，读取指定字节数的数据赋值给变量。

4. 文件定位

【格式】 Seek [#]文件号，字节号

【功能】 将文件号指定文件的读写指针的当前位置，移到字节号指定的位置。

9.4.2 应用举例

【例 9-6】编写一个复制文件的程序。

【程序】

```
Dim char As Byte
Open "C:\student.dat" For Binary As #1     '打开源文件
```

```
Open "C:\student.bak" For Binary As #2    '打开目标文件
Do While Not EOF(1)
    Get #1,,char                          '从源文件中读出一个字节
    Put #2,,char                          '将一个字节写入目标文件
Loop
Close #1
Close #2
```

9.5　文件系统控件

VB 除了在事件中提供了对文件进行操作的方法外，还提供了 3 种文件系统控件：驱动器列表框（DriveListBox）、目录列表框（DirListBox）和文件列表框（FileListbox）。利用它们可以为用户程序提供一个良好的文件管理界面。如图 9-5 所示。

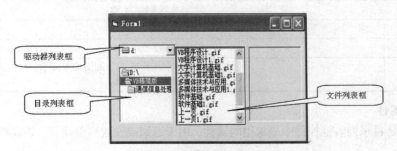

图 9-5　用文件系统控件建立的文件查找对话框

9.5.1　驱动器列表框

驱动器列表框（DriveListBox）控件，通常只显示当前驱动器名称，单击向下箭头，就会下拉显示计算机拥有的所有磁盘驱动器，供用户选择。

用工具箱中的 ▭ 图标工具可以建立驱动器列表框，操作方法同其他控件。它的常用属性见表 9-1。

表 9-1　驱动器列表框常用属性表

属　　性	说　　明
Name	驱动器列表框的名称
Height	驱动器列表框的高度
Width	驱动器列表框的宽度
Drive	目前的工作驱动器。Drive 只能在执行时使用，是驱动器列表框最重要的属性

1. 主要属性

驱动器列表框属性中 Drive 是一个重要属性，在运行时返回或设置所选定的驱动器名称。Drive 属性只能用程序代码设置，不能通过属性窗口设置。

【格式】[对象].Drive[=Drive]

其中，（1）"对象"为驱动器列表框名称。

（2）Drive 为驱动器名称。

例如，Drive1.Drive= "C:"。

2. 主要事件

在程序运行时,当选择一个新的驱动器或通过代码改变 Drive 属性的设置时都会触发驱动器列表框 Change 事件，即当选择某一驱动器名时触发该事件。

9.5.2 目录列表框

目录列表框（DirListBox）控件用来显示当前驱动器的目录结构及当前目录下的所有子目录，供用户选择其中的某个目录作为当前目录。

用工具箱中的 □ 图标工具可以建立目录列表框，该控件的常用属性见表 9-2。

表 9-2 目录列表框常用属性表

属　　性	说　　明
Name	目录列表框的名称
Height	目录列表框的高度
Width	目录列表框的宽度
Path	目前的工作目录。Path 只能在执行时使用,是目录列表框最重要的属性

1. 主要属性

Path 属性是目录列表框控件中最常用的属性，用于返回或设置当前路径。该属性在设计时是不用的。

【格式】[对象].Path [=<字符串表达式>]

其中，（1）"对象"的值是目录列表框的对象名。

（2）"字符串表达式"是用来表示路径名的字符串表达式。

例如，Dir1.Path= "D:VB"。

2. 主要事件

与驱动器列表框一样，在程序运行时,每当改变当前目录，即目录列表框的 Path 属性发生变化时，都要触发 Change 事件。

9.5.3 文件列表框

文件列表框（FileListBox）控件用来显示当前驱动器中当前目录下的文件清单。Path 属性指定的目录中的文件被定位并列举出来。该控件用来显示所选择文件类型的文件列表。

用工具箱中的 📄 图标工具可以建立文件列表框，该控件的常用属性见表 9-3。

表 9-3 文件列表框常用属性表

属　　性	说　　明
Archive	列出具有 "可备份" 特性的文件，默认值为 True
Hidden	列出具有 "隐藏" 特性的文件，默认值为 False
Normal	列出不含 "系统" 和 "隐藏" 特性的文件，默认值为 True
ReadOnly	列出具有 "只读" 特性的文件，默认值为 True

属　　性	说　　明
System	列出具有"系统"特性的文件，默认值为 False
Pattern	设定列出一组或多组具有指定文件名的文件，默认值为"*.*"
Path	在程序执行时，列出指定目录的文件
Filename	设定或返回被选中的文件名称，默认值为空字串。它只能在程序执行时使用

1．主要属性

Pattern 属性是文件列表框控件中最常用的属性，用于返回或设置文件列表框所显示的文件类型。可在设计状态设置或在程序运行时设置。默认值为所有文件。

【格式】[对象].Pattern[=Value]

其中，Value 是用来指定文件类型的字符串表达式，并可使用通配符（"*"和"?"）。

例如，File1.Pattern = "*.Txt"
File1.Pattern = "*.Txt;*.Doc"
File1.Pattern = "??.Txt"

2．主要事件

（1）Pathchange 事件

当文件列表框的 Path 属性值发生改变时会触发此事件。

（2）Patternchange 事件

当文件列表框的 Pattern 属性值改变时，此事件发生。

（3）Click/Dblclick 事件

当程序运行时，在文件列表框中单击鼠标时，Click 事件发生；双击鼠标时 Dblclick 事件发生。

9.6　综合应用

【例 9-7】统计顺序文件 data1.txt 中数字、字母以及其他字符的个数。

【分析】在窗体上分别创建 2 个命令按钮和 1 个文本框。文本框的 MultiLine 属性值设置为 True，ScrollBars 属性值设置为 2，使得文本框具有垂直滚动条，而且可以分多行显示文本。界面设计如图 9-6 所示。

【程序】

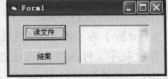

图 9-6　界面设计

```
Private Sub Command1_Click ( )
Dim s$, t$, i%, l%, k1%, k2%, k3%
Open "d:\data1.txt" For Input As #1
k1 = 0
k2 = 0
k3 = 0
Do While Not EOF (1)
   Line Input #1, s
   Text1.Text = Text1.Text + s + vbCrLf          'vbCrLf 回车符
   l = Len(s)
   For i = 1 To l
     t = Mid(s, i, 1)
     If t >= "A" And t <= "Z" Or t >= "a" And t <= "z" Then
```

```
        k1 = k1 + 1
        ElseIf t >= "0" And t <= "9" Then
            k2 = k2 + 1
        Else
            k3 = k3 + 1
        End If
        Next i
    Loop
    s = "文件 data1.txt 中有字母"
    s = s & k1 & "个,有数字" & k2
    s = s& "个,有其他字符" & k3 & "个"
    MsgBox(s)
    Close #1
End Sub
Private Sub Command2_Click()
    End
End Sub
```

【说明】在程序运行之前，先在 D 盘根目录下创建文件 "data1.txt"。然后用记事本打开该文件，在其中添加一些文本，再运行程序。当前 D 盘根目录下文件 data1.txt 内容如图 9-7 所示。

图 9-7　文件 data1.txt 中当前内容

【运行】单击 "读文件" 按钮，输出统计结果如图 9-8（a）所示，并将文件内容输出到文本框中，如图 9-8（b）所示。

（a）统计结果　　　　　　　　（b）文件内容显示结果

图 9-8　输出结果

【例 9-8】编写一个输入学生成绩的程序。要求将学生的学号、姓名、性别和各门功课的成绩分别保存到顺序文件和随机文件中。

【分析】为了便于保存数据，在窗体通用声明部分声明两个记录类型 data1 和 data2，data1 用于存放顺序文件的数据，data2 用于存放随机文件的数据；声明两个变量 student1 和 student2，student1 的数据类型为 data1，student2 的数据类型为 data2；声明一个 num 变量用于保存随机文件的记录个数。

【程序】

```
Private Type data1
    sno As String * 10
    sname As String * 9
    ssex As String * 4
    sx As Integer
    wy As Integer
```

```
      yw As Integer
    End Type
    Private student1 As data1
    Private Type data2
      sno As String * 10
      sname As String * 6
      ssex As String * 4
      sx As String * 4
      wy As String * 4
      yw As String * 4
    End Type
    Private student2 As data2
    Dim num As Integer                          '记录随机文件中的记录个数
    Private Sub Form_Load()
      Open "d:\1.txt" For Append As #1
      Open "d:\2.txt" For Append As #2 Len = Len(student2)
      num = LOF(2) / Len(student2)
    End Sub
    Private Sub Command1_Click()
      student1.sno = Text1.Text
      student1.sname = Text2.Text
      student1.ssex = Combo1.Text
      student1.sx = Val(Text3.Text)
      student1.wy = Val(Text4.Text)
      student1.yw = Val(Text5.Text)
      Write #1, student1.sno, student1.sname, student1.ssex, student1.sx, student1.wy,
student1.yw
      Text1.Text = ""
      Text2.Text = ""
      Text3.Text = ""
      Text4.Text = ""
      Text5.Text = ""
      Combo1.Text = ""
    End Sub
    Private Sub Command2_Click()
      student2.sno = Text1.Text
      student2.sname = Text2.Text
      student2.ssex = Combo1.Text
      student2.sx = Text3.Text
      student2.wy = Text4.Text
      student2.yw = Text5.Text
      Put #2, num + 1, student2
      Text1.Text = ""
      Text2.Text = ""
      Text3.Text = ""
      Text4.Text = ""
      Text5.Text = ""
      Combo1.Text = ""
    End Sub
    Private Sub Form_Unload(Cancel As Integer)
      Close
    End Sub
```

【运行】效果如图 9-9 所示。

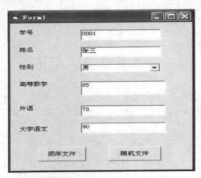

图 9-9　运行效果

将数据输入到文件中可以用记事本打开以查看数据，查看结果分别如图 9-10（a）和图 9-10（b）所示。

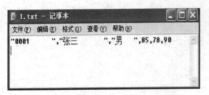
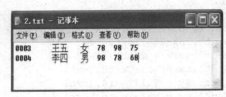

（a）顺序文件显示的结果　　　　　（b）随机文件显示的结果

图 9-10　文件显示结果

【例 9-9】设计一个图片浏览器程序，当用户在文件列表框中单击某个图片文件时，在图片框中显示图片。界面如图 9-11（a）所示。

【分析】设置驱动器、目录和文件列表框的名称分别为 Drive1、Dir1 和 File1，图片框名称为 Picture1。为了使 3 个文件系统控件协调工作，产生同步效果，需要编写如下事件过程。

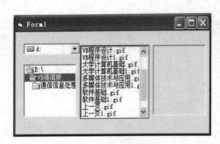

（a）显示界面　　　　　　　　　（b）运行效果

图 9-11　程序界面

【程序】

```
Private Sub Drive1_Change()
  Dir1.Path = Drive1.Drive
End Sub
```

'当用户在驱动器列表框中选择一个新的驱动器后，Drive1 的 Drive 属性改变，触发 Change 事件。

```
Private Sub Dir1_Change()
  File1.Path = Dir1.Path
End Sub
```

' 当目录列表框 Path 属性改变，触发 Change 事件。
```
Private Sub Form_Load()
  File1.Pattern = "*.bmp;*.jpg;*.gif"
End Sub
Private Sub File1_Click()
  Picture1.Picture = LoadPicture(File1.Path & "\" + File1.FileName)
End Sub
```

【说明】当窗体装入时，文件类型设置为图片文件；当用户在文件列表框中单击"VB 程序设计.gif"文件时，运行 File1_Click()事件过程，在图片框中显示图片。运行结果如图 9-11（b）所示。

习题九

一、简答题

1. 什么是文件？ASCII 文件与二进制文件有什么区别？

2. 文件的类型有几种？

3. Print 和 Write 语句的区别是什么？各有什么用途？

4. 试说明 EOF 函数的功能。

5. 处理数据文件的流程是什么？

二、选择题

1. 在下面关于顺序文件的描述中，正确的是＿＿＿＿＿＿。

　　A．顺序文件中每行的长度都是相同的

　　B．可以通过编程对文件中的某行方便地修改

　　C．数据以 ASCII 码的形式存放在文件中，可通过记事本打开

　　D．文件的组织结构复杂

2. 下列关于随机文件的描述中，错误的是＿＿＿＿＿＿。

　　A．随机文件由记录组成时，按照记录号来读、写各记录

　　B．可以按顺序访问随机文件中的记录

　　C．一个文件中记录号不必唯一

　　D．文件的组织结构比顺序文件复杂

3. 根据文件的内容分类，文件可以分为＿＿＿＿＿＿。

　　A．顺序文件和随机文件　　　　　　　B．ASCII 文件和二进制文件

　　C．程序文件和数据文件　　　　　　　D．磁盘文件和打印文件

4. 文件号是一个整形表达式，该参数选项最大可取的值为＿＿＿＿＿。

　　A．255　　　　　　B．511　　　　　　C．512　　　　　　D．32767

5. 如果要从某个文件的尾部追加数据，则打开该文件时的操作方式应设置为＿＿＿＿＿。

　　A．Input　　　　　　B．OutPut　　　　　C．Append　　　　　D．Random

6. 能返回指定文件长度的函数是＿＿＿＿＿＿。

　　A．EOF　　　　　　B．LOF　　　　　　C．Seek　　　　　　D．CurDir

7. 要在 C 盘当前文件夹下建立一个名为 Abc.txt 的顺序文件，应使用＿＿＿＿＿＿语句。

　　A．Open "Abc.txt"　For Input As #1

　　B．Open "C: Abc.txt"　For Output As #1

    C. Open "C:\Abc.txt" For Append As #1

    D. Open "C: Abc.txt" For Random As #1

8. 假设在 D 盘当前文件夹下已存在顺序文件 Abc.txt，执行 Open "D:\Abc.txt" For Append As #1 语句后将_____。

    A. 删除文件中原有内容   B. 保留文件中原有内容

    C. 保留文件中原有内容，可在文件头开始添加新内容   D. 在文件头开始读取数据

9. 以下关于文件操作的叙述中，正确的是_____。

    A. 使用 Open 语句只能打开一个已经存在的文件

    B. 使用 Input 语句可以从随机文件中读取数据

    C. 使用 Get 语句可以从顺序文件中读取数据

    D. 使用 Open 语句打开一个随机文件之后，对该文件既可以读，也可以写

10. 对文件列表框控件的_____属性进行设置，就可以规定文件列表框中所显示文件的类型。

    A. Pattern   B. Path   C. FileName   D. Drive

三、填空题

1. VB 文件一般可以分为_____、随机文件和二进制文件。

2. 顺序文件的记录是_____的；而且只提供第一条记录的存储位置。

3. 随机文件由_____相同的记录集合组成，每一条记录有一个唯一的记录号。

4. _____函数的作用是检测当前操作是否到达文件的尾部。

5. 以读方式打开一个顺序文件 test01.txt，文件号为 1，打开语句可以写成：_____。

6. VB 提供了不同的读写方法，其中二进制文件的读写方法与随机文件十分相似，只不过二进制文件的存储单位是_____，而随机文件的存储单位是_____。

7. 顺序文件的写操作可以用_____和_____语句实现，顺序文件的读操作可以用_____和_____语句实现。

8. 随机文件的写操作可以用_____实现，随机文件的读操作可以用_____语句实现。

9. VB 提供了文件系统控件，它包括_____、_____和_____。

10. 把字符串 "Visual Basic" 写到一个名为 test01.txt 的顺序文件中。

```
Private Sub Command1_Click()
    Open "d:\test01.txt" For_____As #1
    _____ #1,"Visual Basic"
    Close #1
End Sub
```

四、编程题

1. 文本文件合并。将文本文件 "t2.txt" 合并到 "t1.txt" 文件中。

2. 将 C 盘根目录下的一个旧的文本文件 "old.dat" 复制到新文件 "new.dat" 中。

3. 把 300 以内的素数输出到二进制文件中保存起来。通过单击窗体，能从文件中读出素数并显示在窗体上。

4. 将学生名单用随机文件来存储，并将学号和记录号等同，如图 9-12 所示。

图 9-12 运行效果

第 10 章
数据库技术

本章要点:

- ❖ 什么是关系型数据库? 如何建立关系型数据库?
- ❖ 如何使用结构化查询语言 SQL 的数据操纵语句?
- ❖ 如何建立 ODBC 数据源?
- ❖ 如何使用 ADO 对象模型和数据控件?

数据库技术是计算机应用技术中的一个重要组成部分, 开发数据库应用程序是 VB 6.0 的一个主要用途。目前, 大多数应用程序都与数据库相关联, VB 为使用本地和远程数据库提供了广泛的、多种多样的数据访问途径, 进一步增强了对数据库的访问。

本章主要介绍与关系型数据库相关的基本概念、结构化查询语言 SQL 和 VB 提供的数据库访问方式——ADO, 通过对 "船员管理信息系统" 的分析和设计, 让读者对 VB 数据库编程的方法有一个总体认识, 逐步掌握数据库程序开发的方法。

10.1　数据库的概念

10.1.1　基本概念

随着信息技术和市场的发展, 特别是 20 世纪 90 年代以后, 数据管理不再是存储和管理数据, 而转变成用户所需要的各种数据管理的方式。数据库有很多种类型, 从最简单的存储各种数据的表格到能够进行海量数据存储的大型数据库系统, 在各个方面都得到了广泛的应用。

(1) 数据 (Data): 数据指描述事物的符号记录。文字、图形、图像、声音、学生的档案记录、货物的运输情况等都是数据。

(2) 数据库 (Database, 简称 DB): 是一个长期存储在计算机内的、有组织的、有共享的、统一管理的数据集合。这些数据是结构化的, 无害的或不必要的冗余, 并为多种应用服务; 数据的存储独立于使用它的程序; 数据库插入新数据、修改和检索原有数据均能按一种公用的和可以控制的方式进行。

(3) 数据库管理系统 (Database Management System, DBMS): 是一组用于数据管理的通用化软件所组成的软件系统, 如 Access、SQL Server、Oracle 和 DB2 等, 它是数据库系统的核心, 负责数据库中的数据组织、数据操纵、数据维护和数据的控制等功能的实现。

DBMS 是借助于操作系统实现对数据的存储和管理。数据库中的数据是具有海量级的数据，并且其结构复杂，因此需要提供管理工具。DBMS 提供给用户可使用的数据库语言，并为用户或应用程序提供访问数据库的方法。

（4）数据库系统（Database System，DBS）：是由数据库、数据库管理系统、数据库管理员和用户等组成的计算机系统的总称。数据库系统不仅仅单指数据库和数据库管理系统，而是指使用数据库技术后组成的计算机系统。数据库管理员是专门从事数据库设计、管理和维护的工作人员。由于数据库的共享性，因此需要由专人进行管理。

（5）数据库应用系统(DataBase Application System，DBAS)：是由数据库系统、应用软件和应用界面三者组成，具体包括：数据库、数据库管理系统、数据库管理员、硬件平台、软件平台、应用软件、应用界面。其中，应用软件是由数据库系统所提供的数据库管理系统及数据库系统开发工具所书写而成，而应用界面大多由相关的可视化工具开发而成。

（6）数据模型：是数据库中数据的存储方式，是数据库系统的核心和基础。每一种数据库管理系统都是基于某种数据模型的，有层次模型、网状模型和关系模型。目前应用最广泛的是关系模型，它不仅功能强大，而且还提供了结构化查询语言（Structure Query Language，SQL）的标准接口，因而关系型数据库模型已成为数据库设计的标准。

（7）表（Table）：可以看作是一组相关的数据按行和列排列，类似于日常所用的表格。

作为一个关系的二维表，必须满足如下条件。

① 表中每一列必须是基本数据项（即不可再分解）。

② 表中每一列必须具有相同的数据类型。

③ 表中每一列的名字必须是唯一的。

④ 表中不应有内容完全相同的行。

⑤ 行的顺序与列的顺序不影响表格中信息的含义。

（8）索引（Index）：是一种快速检索表中数据的方法。数据库的索引类似于书籍的索引。在书籍中，索引允许用户不必翻阅整本书就能迅速地找到所需的信息。在数据库表中，索引也允许数据库程序迅速地找到表中的数据，而不必扫描整个数据库。在书籍中，索引就是内容和相应页号的清单。在数据库中，索引就是表中数据和相应存储位置的列表。索引可以大大减少数据库管理系统查找数据的时间。

10.1.2 关系型数据库

基于关系模型开发的数据库管理系统就是关系型数据库，也称为关系数据库。关系型数据库将数据用表的集合来表示。通过建立简单表之间的关系来定义结构，而不是根据数据的物理存储方式建立数据中的关系。

在关系型数据库中，行被称为记录（Record），列被称为字段（Field），字段和记录的集合称为表，如图 10-1 所示。

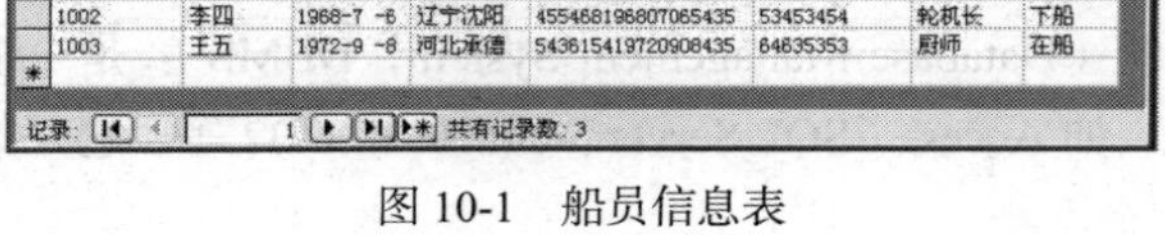
SeamanInfo : 表

船员编号	船员姓名	出生日期	籍贯	身份证号码	电话号码	现任职务	状态
1001	张三	1976-2 -3	辽宁大连	423419760203432098	13956334543	船长	在船
1002	李四	1968-7 -6	辽宁沈阳	455468196807065435	53453454	轮机长	下船
1003	王五	1972-9 -8	河北承德	543615419720908435	64635353	厨师	在船

记录: 1 共有记录数: 3

图 10-1 船员信息表

从图 10-1 中可以看出，表中的每一行是一个记录，它包含了某个船员的基本信息，而每条记录都包含相同类型和数量的字段。例如，船员编号、船员姓名、出生日期和籍贯等。每个表都应有一个主键，主键可以是表的一个字段或几个字段的组合，其目的是表中任意两条记录不能完全相同（即没有重行），可以用来快速检索。

关系数据库是由多个表组成的。在实际应用中，关系数据库由若干个表有机地组合在一起，以满足某类应用系统的需要。例如，船员数据库中还有一个管理费用表。其结构如图 10-2 所示。

当数据库包含多个表时，表与表之间可以用不同的方式相互关联。例如，在管理费用表中可以通过船员编号字段来引用基本信息表中对应船员编号的姓名、出生日期和职务等信息，而不必在管理费用表的每条记录上重复使用船员的个人信息。

图 10-2　管理费用表

10.1.3　关系型数据库的建立

一个关系型数据库由一张或多张表组成，所有数据分别存放在不同的表中，建立数据库实际上就是建立构成数据库的表。下面，以船员信息表为例说明如何在 Access 中建立数据表。

1. 确定表结构

确定表结构主要确定表中各字段的名称、类型和长度，同时还要给数据表起一个名字。表名是表的唯一标识，可以通过表名来访问表中数据。

设计表结构应以提供共享、减少冗余为目标。表名与字段名可以使用汉字，也可以用英文或汉语拼音。汉字可读性强，但在书写查询命令时不方便，用户可以根据具体情况确定。

船员信息表的表结构见表 10-1。字段类型用来说明该字段所放内容的数据类型，共有 12 种，分别是逻辑型（Boolean）、字节（Byte）、整型（Integer）、长整型（Long）、货币（Currency）、单精度（Single）、双精度（Double）、日期时间型（Date/Time）、文本（Text）、二进制（Binary）、备注型（Memo）。字段长度指的是该字段可以存放数据长度（除 Text 类型外，其他类型字段的长度是由系统指定的）。最后，还要在该表结构设置一个主键，即能唯一区分记录行的一个或多个字段组合。本表中将船员编号设置为主键。

表 10-1　船员信息表结构

字 段 名	字段类型	字段长度
船员编号	文本	8
船员姓名	文本	6
出生日期	日期/时间	默认值
籍贯	文本	16
身份证号	文本	18
电话号码	文本	20
现任职务	文本	6
状态	文本	2

2. 输入数据

表的结构设计好后，就可以输入记录了。选中要打开的数据表，在该表名称上双击，或单击工具栏上的"打开"按钮，即可进入数据表视图窗口。在数据表视图中，操作与 Excel 基本相同，可以添加、修改、删除和查看记录。

10.2   结构化查询语言

结构化查询语言（SQL）是用于数据库中的标准数据查询语言。它允许用户在高层数据结构上工作。它以记录集作为操纵对象，所有 SQL 语言接收记录作为输入，回送出的记录集作为输出。在多数情况下，在其他编程语言中需要用一大段程序才可实现一个单独事件，而在 SQL 上只需要一个语句就可以被表达出来。这也意味着用 SQL 可以写出非常复杂的语句。

SQL 由 DDL、DML 和 DCL 3 种语句组成。

（1）DDL：Data Definition Language（数据定义语言），用于定义和管理 SQL 数据库中的所有对象语言，包括 CREATE、DROP 和 ALTER 等。

（2）DML：Data Manipulation Language(数据操作语言)，SQL 中处理数据的操作统称为数据操作语言，包括 SELECT、INSERT、UPDATE 和 DELETE 等。

（3）DCL：Data Control Language（数据控制语言），用来授予或回收用户访问数据库的某种权限，如 GRANT、REVOKE 等。

本书将重点介绍 SQL 的数据操作语言。

10.2.1   SELECT 语句格式

SELECT 语句可以从一个或多个表中选取特定的行和列。因为查询和检索数据是数据库管理中最重要的功能，所以 SELECT 语句在 SQL 中是工作量最大的部分。它的语法包括 5 个主要子句，分别是 FORM、WHERE、GROUP BY、HAVING 和 ORDER BY 子句。

【格式】SELECT 〈字段列表〉 FROM 〈表名列表〉

　　　　　[WHERE 〈条件〉]

　　　　　[GROUP BY 〈字段〉][HAVING 〈条件〉]

　　　　　[ORDER BY 〈字段〉] [ASC|DESC];

1. 基本用法

（1）指定表中选取指定字段

例如，SELECT 船员姓名，职务 FROM 船员

功能：从船员表中选取所有船员姓名和职务的信息。

（2）用 "*" 表示表中所有的列

例如，SELECT * FROM 船员

功能：显示船员表中所有记录的所有内容。

（3）使用 DISTINCT 关键字

使用 DISTINCT 关键字就能够从返回的结果数据集合中删除重复的行，使返回的结果更简洁。

例如，SELECT DISTINCT 职务 FROM 船员

功能：显示船员表中职务列表，没有重复项。

（4）使用计算列

在进行数据查询时，经常需要对查询到的数据进行再次计算处理。SQL 允许直接在 SELECT 语句中使用计算列。计算列并不存在于表格所存储的数据中，它是将某些列的数据通过 SQL 提供

的函数或表达式进行演算得来的结果，表 10-2 是 SQL 提供的常用统计函数。

表 10-2　SQL 常用的统计函数

函 数 名	功　　能
sum()	对一个数字列计算列的总和
avg()	对一个数字列计算平均值
min()	返回一个数字列或数字表达式的最小值
max()	返回一个数字列或数字表达式的最大值
count()	返回满足 SELECT 语句中指定条件的记录和
count(*)	返回找到的行数和

例如，SELECT count（*）FROM 船员

功能：统计船员表的记录总数。

（5）用 AS 关键字来指定列名

用户可以根据实际需要对查询数据的列标题进行修改。

例如，SELECT count（*）AS 总人数 FROM 船员

2．WHERE 子句

WHERE 子句可以对表中的记录进行限制，可以选择满足条件的记录。WHERE 子句中关键字有下列几种形式。

（1）关系表达式和逻辑表达式

WHERE 子句中允许使用的操作符包括：=（等于）、<（小于）、>（大于）、<>（不等于）、!>（不大于）、!<（不小于）、>=（大于等于）、<=（小于等于）、!=（不等于）以及 NOT（非）、AND（与）、OR（或）。

例如，SELECT * FROM 船员 WHERE 状态="在船" AND 职务="船长"

功能：显示所有在船船长的信息。

（2）使用 BETWEEN 关键字

使用 BETWEEN 关键字可以更方便地限制查询数据的范围。

【格式】表达式[NOT] BETWEEN　表达式 1 AND 表达式 2

例如，SELECT * FROM 管理 WHERE 管理费 BETWEEN 300 AND 500

功能：显示所有管理费用在 300~500 之间的信息。

（3）使用 IN 关键字

同 BETWEEN 关键字一样，IN 的引入也是为了更方便地限制检索数据的范围，灵活使用 IN 关键字，可以用简洁的语句实现结构复杂的查询，可以进行多表间嵌套查询。

【格式】表达式 [NOT] IN （表达式 1，表达式 2 [，…表达式 n]）

例如，SELECT 姓名，电话号码 FROM 船员

WHERE 职务 IN （船长，轮机长）

功能：显示所有船长和轮机长的姓名和电话。

（4）使用 LIKE 子句进行模糊搜索

【格式】表达式 [NOT] LIKE 条件

条件通常与通配符配合使用。可使用以下通配符。

① 百分号%：可匹配任意类型和长度的字符。

② 下划线_：匹配单个任意字符，它常用来限制表达式的字符长度。

③ 方括号[]：指定一个字符、字符串或范围，要求所匹配对象为它们中的任一个。

④ [^]：取值与[] 相同，但它要求所匹配对象为指定字符以外的任一个字符。

例如，SELECT * FROM 船员

  WHERE 船员姓名 LIKE "刘%"

功能：显示所有名字以"刘"开头的船员信息。

（5）空值判断

可以用下面格式判断表达式是否为空。

【格式】表达式 [NOT] IS NULL

例如，SELECT * FROM 船员 WHERE 职务 IS NULL

功能：查找职务为空的船员信息。

3. ORDER BY 子句

使用 ORDER BY 子句对查询返回的结果按一列或多列排序，其中 ASC 表示升序，为默认值，DESC 为降序。

例如，SELECT * FROM 船员 WHERE 职务="船长"

  ORDER BY 船员编号

功能：显示所有船长的信息，并按船员编号升序排列。

4. GROUP BY 子句

利用 GROUP BY 子句对 SELECT 命令所选取的数据做分组；或者利用 SQL 提供的统计函数针对特定列的每组数据进行统计计算。当完成数据结果的查询和统计后，可以使用 HAVING 关键字来对查询和统计的结果进行进一步的筛选。

例如，SELECT 职务，COUNT(*) AS 人数 FROM 船员

  GROUP BY 职务

功能：统计各种职务的人数。

例如，SELECT 职务，COUNT(*) AS 人数 FROM 船员

  GROUP BY 职务 HAVING COUNT(*)>2

功能：统计各种职务超过 2 人的人数。

  使用分组子句时，SELECT 之后的字段列表只能是分组字段和 SQL 的统计函数，否则将出错。

5. 多表查询

若需要从多个相关的表中查询数据，要使用连接查询。最常用的连接方法就是自然连接。自然连接将两个表中的列进行比较，将两个表中满足连接条件的行组合起来作为结果。

【格式】SELECT 字段列表 FROM 表1，表2

WHERE 表1.字段=表2.字段

例如，SELECT 船员. 船员编号，船员姓名，管理费

  FROM 船员，管理

  WHERE 船员. 船员编号=管理. 船员编号

功能：显示船员编号，船员姓名和管理费的信息。

　　【分析】通过 WHERE 子句将船员表和管理表连接起来，相同的船员编号连接成一条记录，再选取其中的字段。其中，两个表中共有的字段一定要指明表名。

10.2.2　其他数据操纵语句

1. UPDATE 语句格式

　　UPDATE 语句用于创建一个更新查询，根据指定的条件更改指定表中的字段值，UPDATE 语句不生成结果集。

　　【格式】UPDATE　表名　SET　字段=表达式 [WHERE　条件]

　　例如，UPDATE　管理　SET　管理费=管理费+50

　　　　　　　WHERE　船员编号="1001"

　　功能：将船员编号为 1001 的船员管理费加 50 元。

2. INSERT INTO 语句格式

　　INSERT INTO 语句用于向表格中插入新的行。

　　【格式 1】INSERT INTO　表名称　VALUES (值 1，值 2，……)

　　【格式 2】INSERT INTO　表名称 (字段 1，字段 2，……) VALUES (值 1，值 2，……)

　　例如，INSERT INTO　船员（船员编号，船员姓名）

　　　　　　　VALUES("1101", "李明")

　　功能：在船员表中添加编号为 1101 的船员信息。

3. DELETE 语句

　　DELETE 语句用于删除表中的行。

　　【格式】DELETE FROM　表名 [WHERE　条件]

　　例如，　DELETE FROM　船员　WHERE 船员编号="1001"

　　功能：删除编号为 1001 的船员信息。

---

　　　　① DELETE 不能删除个别的字段，它对于给定表只能删除整个记录。

　　　　② 省略 WHERE 条件，将删除所有的行。

　　　　③ 与 INSERT 和 UPDATA 一样,删除一个表中的记录可能会导致与其他表的引用完整性问题。当对数据库进行修改时一定在头脑中有这个概念。

　　　　④ DELETE 语句只会删除记录,不会删除表。如果要删除表需使用 DROP TABLE 命令。

10.3　VB 数据库访问

　　ADO（ActiveX Data Object）数据访问技术，使应用程序能通过任何 OLE DB 提供者来访问和操作数据库中的数据，OLE DB 是 Microsoft 推出的一种数据访问模式。

　　ADO 实质上是一种提供访问各种数据类型的连接机制，它通过其内部的属性和方法提供统一的数据访问接口。适用于 SQL Server、Oracle 和 Access 等关系型数据库，也适合 Excel 表格、电子邮件系统、图形格式和文本文件等数据资源。

　　ADO 的主要优势是易于使用、高速、低内存开销和较小的磁盘占用。在使用 ADO 之前要先在 ODBC 中添加相应的数据库驱动程序，并创建相应的 DSN（数据源名）。

10.3.1   ODBC

1. 简介

开放数据库互连（Open Database Connectivity，ODBC）是微软公司开放服务结构中有关数据库的一个组成部分，它建立了一组规范，并提供了一组对数据库访问的标准 API（应用程序编程接口）。应用程序通过 ODBC 可以访问多操作系统平台上不同类型的数据库。

应用程序要访问一个数据库，首先必须用 ODBC 管理器注册一个数据源（Data Source Name，DSN），管理器根据数据源提供的数据库位置、数据库类型及 ODBC 驱动程序等信息，建立起 ODBC 与具体数据库的联系。这样，只要应用程序将数据源名提供给 ODBC，ODBC 就能建立起与相应数据库的连接。

2. 创建数据源（DSN）

创建数据源（DSN）有很多种方法，其中最简单的是使用 Windows 操作系统提供的 ODBC 管理器，进入"ODBC 数据源管理器"对话框进行设置。

用户所创建的每一个 DSN，都关联一个目的数据库和相应的 ODBC 驱动程序。当应用程序第一次连接到目的数据库时，就会把 DSN 传送到 ODBC 驱动程序管理器中，驱动程序管理器通过识别 DSN，就可以确定要加载哪一个驱动程序。

（1）DSN 的类型

① 用户 DSN：这个数据源对于创建它的计算机来说是局部的，并且只能被创建它的用户使用。

② 系统 DSN：这个数据源属于创建它的计算机并且是属于这台计算机而不是创建它的用户，任何用户只要拥有适当的权限都可以访问这个数据源。

③ 文件 DSN：这个数据源对底层的数据库文件来说是确定的。换句话说，这个数据源可以被任何安装了合适的驱动程序的用户使用。

（2）DSN 的创建

本节以创建一个系统 DSN 为例简述 DSN 创建过程。

【例 10-1】创建连接 Access 数据库 db1 的系统 DSN——"seaman"。

① 在 Windows XP 系统中，选择"开始"→"控制面板"→"性能和维护"→"管理工具"→"数据源 (ODBC)"，打开"ODBC 数据源管理器"对话框 。该对话框中有多个选项卡，这里选择"系统 DSN"选项卡，如图 10-3 所示。

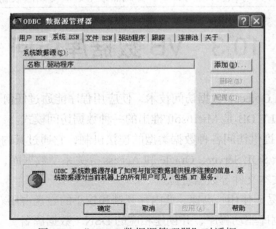

图 10-3 "ODBC 数据源管理器"对话框

② 单击"添加"按钮，向列表中添加新的 DSN。出现"创建新数据源"对话框，如图 10-4 所示，列出当前您的系统上载入的所有驱动程序。从该列表中选择一个驱动程序，因本例要连接的数据库是 Microsoft Access，选择 Microsoft Access Driver(*.mdb)。如果您所需要的数据库的驱动程序没有显示在列表中，则应从供应商的 Web 站点下载该驱动程序并安装它。

图 10-4 "创建新数据源"对话框

③ 单击"完成"按钮，系统打开"ODBC Microsoft Access 安装"对话框，如图 10-5 所示。该对话框内有多个选项和按钮。在数据源名内输入"seaman"，单击"选择"按钮，在硬盘上找到该数据库文件，然后单击"确定"按钮。

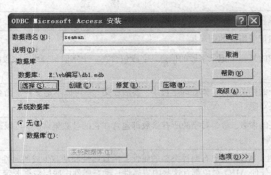

图 10-5 "ODBC Microsoft Access 安装"对话框

④ 最后，在"ODBC Microsoft Access 安装"对话框中单击"确定"按钮，将返回"ODBC 数据源管理器"对话框。这时可以看到新创建的 DSN 和相应的驱动程序名字已经出现在列表中。再次单击"确定"按钮，至此，创建（连接到 Access）系统 DSN 的配置操作全部完成。

10.3.2 ADO 对象模型访问数据库

ADO 对象模型是一种更加标准的高层次编程接口，ADO 可以通过 ODBC 驱动程序访问数据库。ADO 独立于具体的编程语言，可访问各种类型数据，它架起了不同数据库系统、文件系统和 E-mail 服务器之间的公用桥梁。在 VB 环境下可以使用 ADO 模型访问数据库，在 ASP 动态网页中也可以使用 ADO 模型访问数据库。无论从编程效率、存取速度和发展前景来看，ADO 都是比较好的。

1. ADO 对象的组成

ADO 对象由 ADO DB 对象库和 Connection、Recordset、Field、Command、Parameter、Property

和 Error7 个对象及 Parameters、Fileds、Properties 和 Errors4 个数据集合构成。图 10-6 显示了 ADO 对象结构中各个对象之间的关系。表 10-3 列出了 ADO 对象中的各个对象描述。最重要的 3 个 ADO 对象是 Connection、Recordset 和 Command，本节将重点介绍。

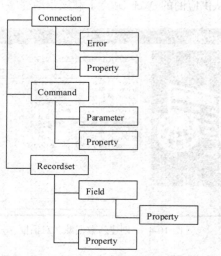

图 10-6　ADO 结构中各个对象之间的关系

表 10-3　ADO 模型中的各个对象描述

对　　象	描　　述
Connection	用来建立数据源和 ADO 程序之间的连接，它代表与一个数据源的唯一对话。包含了有关连接的信息
Recordset	查询得到的一组记录组成的记录集
Field	包含了记录集中的某一个记录字段的信息。字段包含在一个字段集合中。字段的信息包括数据类型、精确度和数据范围等
Command	包含了一个命令的相关信息，如查询字符串、参数定义等。可以不定义一个命令对象而直接在一个查询语句中打开一个记录集对象
Parameter	与命令对象相关的参数。命令对象的所有参数都包含在它的参数集合中，可以通过对数据库进行查询来自动创建 ADO 参数对象
Property	ADO 对象的属性。ADO 对象有两种类型的属性：内置属性和动态生成的属性。内置属性是指在 ADO 对象里面的那些属性，任何 ADO 对象都有这些内置属性；动态属性由底层数据源定义，并且每个 ADO 对象都有对应的属性集合
Error	包含了由数据源产生的 Errors 集合中的扩展的错误信息。由于一个单独的语句会产生一个或多个错误，因此 Errors 集合可以同时包括一个或多个 Error 对象

2．ADO 对象模型访问数据库步骤

ADO 通过以下步骤来完成对数据库的操作。

（1）创建一个到数据源的连接（Connection），连接到数据库。

（2）创建一个代表 SQL 的命令行（包括变量、参数、可选项等）。

（3）执行命令行。

（4）产生相应的数据集对象（Recordset），这样便于查找、操作数据。

（5）通过数据集对象进行各种操作，包括修改、增加和删除等。

（6）更新数据源。

（7）结束连接。

3．Connection 对象

使用 Connection 对象，可以建立应用程序与数据源之间的连接。

（1）常用属性

① ConnectionString：是一个包含连接信息的字符串，将一个"DSN 名"组成的字符串传递给 ConnectionString 属性，可以为 Connection 对象指定一个数据源。

② State：连接的当前状态，打开（值为 1）或关闭（值为 0）。

（2）常用方法

① Open：打开 Connection 对象同数据源之间的物理连接。

② Close：关闭一个已经打开的 Connection 对象。

③ Execute：根据已经打开的 Connection 对象执行 SQL 语句。语法格式如下。

【格式】[Connection 对象].Execute　(SQL 命令字符)

【例 10-2】在 VB 程序中使用 ADO 对象模型的 Connection 对象与船员数据库建立连接，连接之后删除一条记录。程序界面如图 10-7 所示。

图 10-7　运行界面

【分析】ADO 虽然集成在 VB 中，但只是可选项，因此在创建项目后，需要为项目添加 ADO。在 VB 中，选择工程菜单中"引用"命令。出现"引用-工程 1"列表框。选择"Microsoft ActiveX Data Objects 2.8 Library"选项，单击"确定"按钮。此时可以引用 ADO 的对象。

数据源是"seaman"，船员数据库船员信息表名为"seamaninfo"，程序代码如下。

```
Private Sub Command1_Click()
    Dim cnn As New ADODB.Connection            '创建 Connection 对象 cnn
    Dim sql1 As String
    cnn.ConnectionString = "Dsn=seaman"        '获取数据源
    cnn.Open                     '通过 DSN 建立 Connection 对象同数据库间的连接
    If cnn.State = 1 Then
      MsgBox "数据库已经连接", vbOKOnly + vbInformation, "提示"
      sql1 = "delete from seamaninfo where 船员编号=" + "'" + "1101" + "'"
      cnn.Execute (sql1)                '执行 SQL 语句
    Else
      MsgBox "数据库未连接", vbOKOnly + vbInformation, "提示"
    End If
    cnn.Close                          '关闭 Connection 对象
End Sub
```

4．Recordset 对象

Recordset 对象用于容纳一个来自数据库表的记录集。一个 Recordset 对象由记录和列（字段）组成。在 ADO 中，此对象是最重要的，且最常用于对数据库的数据进行操作。

（1）常用属性

表 10-4 列出了 Recordset 常用的属性。

表 10-4　Recordset 常用的属性

属　　性	描　　述
AbsolutePosition	设置或返回一个值，此值可指定 Recordset 对象中当前记录的顺序位置（序号位置）
ActiveCommand	返回与 Recordset 对象相关联的 Command 对象
ActiveConnection	设置或返回当前的 Connection 对象
BOF	如果当前的记录位置在第一条记录之前，则返回 True，否则返回 Fasle
CursorType	设置或返回一个 Recordset 对象的游标类型
EOF	如果当前记录的位置在最后的记录之后，则返回 True，否则返回 Fasle
LockType	设置或返回当编辑 Recordset 中的一条记录时，可指定锁定类型的值
MaxRecords	设置或返回从一个查询返回 Recordset 对象的的最大记录数目
RecordCount	返回一个 Recordset 对象中的记录数目
State	返回一个值，此值可描述是否 Recordset 对象是打开、关闭、正在连接、正在执行或正在取回数据

【说明】

① 游标类型有以下 4 种。

● 0 或 adOpenForwardOnly，默认值。表示只读方式，且只能下移记录指针。

● 1 或 adOpenKeyse，表示可读写方式，当前记录可自由上下移动，但不能及时看到其他用户建立的新记录，除非重新启动。

● 2 或 adOpenDynamic，表示可读写方式，当前记录可自由移动，而且可以及时看到其他用户增加的新记录。

● 3 或 adOpenStatic，表示只读方式，但当前记录可以自由移动。

② 为了避免多用户同时操作数据库出现错误，让同一时刻只可能有一个用户修改数据，就要用锁定功能，有 4 种可取值。

● 1 或 adLockReadOnly，默认值。表示只读方式锁定，用户不能更改数据。

● 2 或 adLockPrssimistic，表示悲观锁定，当一个用户开始修改数据时就锁定数据库，直到用户用 Update 更新记录后，才解除锁定。

● 3 或 adLockOptimistic，表示乐观锁定，只有在数据写入数据库中时才锁定，不保险，慎用。

● 4 或 adLockBatchOptimistic，表示批次乐观锁定，只有在成批更新数据时候才锁定数据记录。属于很少使用的。

③ 每个 RecordSet 对象实例都包含一个 Fields 集合，用来处理记录集中的字段。Fields 集合中的每个 Field 对象分别对应 Recordset 记录集中的每一列字段。通过 Field 对象来访问字段名、字段类型和字段值等信息。

（2）常用方法

Recordset 常用的方法见表 10-5。

表 10-5 Recordset 常用的方法

方 法	描 述
AddNew	创建一条新记录
CancelUpdate	撤销对 Recordset 对象的一条记录所做的更改
Close	关闭一个 Recordset
Delete	删除一条记录或一组记录
Find	搜索一个 Recordset 中满足指定条件的一条记录
Move	在 Recordset 对象中移动记录指针
MoveFirst	把记录指针移动到第一条记录
MoveLast	把记录指针移动到最后一条记录
MoveNext	把记录指针移动到下一条记录
MovePrevious	把记录指针移动到上一条记录
Open	打开一个数据库元素，此元素可提供对表的记录、查询的结果或保存的 Recordset 的访问
Update	保存所有对 Recordset 对象中的一条单一记录所做的更改

5. Command 对象

Command 对象用于执行面向数据库的一次简单查询。此查询可执行诸如创建、添加、取回、删除或更新记录等动作。

（1）常用属性

① ActiveConnection：设置或返回当前的 Connection 对象。

② CommandText：存放命令字符串，一般为 SQL 语句。

（2）常用方法

Execute：执行 SQL 命令。

6. ADO 模型应用举例

【例 10-3】编写一个登录程序。界面如图 10-8 所示。

题目要求：输入用户名和密码，若正确，提示"成功"；若用户名正确，密码不正确，提示"密码错误"；若用户名不正确，提示"用户不存在"。

图 10-8 程序运行界面

【分析】

① 用户名和密码保存在船员数据库中的 Login 表中，所以要进行数据库连接。

② 利用 SQL 语句判断用户输入的用户名是否存在；若不存在，提示"用户不存在"；若存在，则判断用户输入的密码是否与数据库中的数据相符。

程序代码如下。

```
Private Sub Command1_Click()    ' "确定" 按钮
    Dim txtuser As String, txtpassword As String
    Dim sql1 As String
    Dim cnn As New ADODB.Connection        '创建 cnn 为 Connection 对象
    Dim rs As New ADODB.Recordset          '创建 rs 为 Recordset 对象
    If Text1.Text = "" Or Text2.Text = "" Then
        MsgBox "用户名或密码不能为空", 16, "提示信息"
        Text1.SetFocus
    Else
    txtuser = Text1.Text
    txtpassword = Text2.Text
    cnn.ConnectionString = "dsn=seaman"    '获取数据源
    cnn.Open                    '通过 DSN 建立 Connection 对象同数据库间的连接
    rs.ActiveConnection = cnn              '设置连接 Connection 对象
    sql1 = "select * from login where 用户名=" + "'" + txtuser + "'"
    rs.CursorType = adOpenStatic           '获取游标类型
    rs.Open sql1                           '执行 SQL 语句
     If Not rs.EOF() Then                  '若用户名存在判断密码是否正确
         If rs.Fields(1) <> Trim(txtpassword) Then
             MsgBox "密码错误，请重新输入  ", 16, "提示信息"
             Text2.Text = "" :    Text2.SetFocus
         Else
             MsgBox " 恭喜你! 成功"
         End If
     Else
        MsgBox "用户不存在  ", 16, "提示信息"
        Text1.Text = "": Text2.Text = "" : Text1.SetFocus
    End If
  End If
End Sub
Private Sub Command2_Click()    ' "取消" 按钮
    End
End Sub
```

10.3.3　ADO 数据控件

为了便于用户使用 ADO 数据访问技术，Visual Basic 6.0 提供了一个图形控件 ADO Data Control，它有一个易于使用的界面，可以用最少的代码创建数据库应用程序。

1．添加 ADO 数据控件

从"工程"菜单中选择"部件"命令，在对话框中选中"Microsoft ADO Data Control 6.0（OLE DB）"，将其添加到工具箱，图标为 ⚋ 。

（1）常用属性

① ConnectionString：用来与数据库建立连接。

② RecordSource：确定具体可访问的数据，可以是数据库中的单个表名、一个存储查询或一个

SQL 查询字符串。

（2）常用方法

Refresh 方法：用于刷新 ADO 数据控件的连接属性，并能重建记录集对象。当在运行状态改变 ADO 数据控件的数据源连接属性后，必须使用 Refresh 方法激活这些变化。

2. 数据绑定

在 VB 中，ADO 数据控件不能直接显示记录集对象的数据，必须通过能与其绑定的控件来实现。绑定控件是指任何具有 DataSource 属性的控件。数据绑定是一个过程，即在运行时绑定控件自动连接到 ADO 数据控件生成的记录集中的某字段，从而允许绑定控件上的数据与记录集数据之间自动同步。

绑定控件通过 ADO 数据控件使用记录集内的数据，再由 ADO 控件将记录集连接到数据库中的数据表。要使绑定控件能自动连接到记录集的某个字段，通常需要对控件的两个属性进行设置。

① DataSource 属性：通过指定一个有效的 ADO 数据控件将绑定控件连接数据源。

② DataField 属性：设置记录集中有效的字段，使绑定控件与其建立联系。

Windows 系统可以进行两种类型的数据绑定：简单数据绑定和复杂数据绑定。

（1）简单数据绑定

简单数据绑定就是将控件绑定到单个数据字段。每个控件仅显示记录集中的一个字段值。在窗体上要显示 N 项数据，就需要使用 N 个绑定控件。最常用的数据绑定是使用文本框、标签和组合框。

（2）复杂数据绑定

复杂数据绑定允许将多个数据字段绑定到一个控件，同时显示记录集中的多行或多列。支持复杂数据绑定的控件包括数据网格控件 DataGrid、MSHFlexGrid、数据列表框 DataList 和数据组合框 DataCombo 等。

数据网格控件 DataGrid 控件可显示文本内容，并具有编辑操作功能，当把 DataGrid 的 DataSource 属性设置为一个 ADO 数据控件后，网格会被自动地填充，网格的列标题显示记录集内对应的字段名。

【例 10-4】本例是 ODBC 及 ADO 控件应用的一个实例。以表格的方式显示船员数据库中船员信息 seamaninfo 表的全部数据记录，可以直接在表格中浏览、添加、删除和修改记录。整个应用开发过程无需编写程序代码。

操作过程如下。

（1）执行"工程"菜单→"部件"，添加 ADO 控件和 DataGrid 控件到工具箱中。

（2）窗体设计：在窗体上引入 ADO 控件和 DataGrid 控件，属性设置如下。

① ADO 控件（默认控件名 Adodc1）属性设置如下。

● Caption 属性：船员基本信息。

● Connection 属性：选中第二种方式——使用 ODBC 数据资源名称，选择在【例 10-1】中已经设置好的系统 DSN=seaman。

● RecordSource 属性：在该属性对话框中的"命令类型"有如下列表。

8-adCmdUnknown，含义：命令类型未知；若选择，可在"命令文本"中进一步输入"select * from seamaninfo"SQL 语句。

1-adCmdText，含义：设置为命令文件；若选择，可在"命令文本"中进一步输入"select * from seamaninfo"。

2-adCmdTable，含义：设置为单个表名；若选择，可在"表或存储过程名称"中选择或输入

seamaninfo。

4-adCmdStoreProc，含义：设置为存储过程名；若选择，可在"表或存储过程名称"选择或输入存储过程名。

本例中可选择 8、1、2。

② 数据表格控件 DataGrid 控件（默认控件名 DataGrid1）属性设置如下。

● DataSourc 属性：设置为 Adodc1。因为 seamaninfo 表的内容要通过数据表格控件 DataGrid1 予以显示，所以数据表格控件 DataGrid1 必须要和 ADO 数据控件 Adodc1 绑定起来。

● AllowAddNew：设置为 True，允许增加新记录。运行后，数据表格的底部将出现（＊）行，每次可插入一行。

● AllowDelete：设置为 True，允许删除记录。删除记录时，先单击要删除的行，然后再按 <Delete> 键。

● AllowUpdate：设置为 True，允许修改记录。设置后可直接在数据表格控件中进行修改。

至此，整个应用开发已经完成，开发过程中无需编写程序代码。运行本工程，屏幕上显示的结果如图 10-9 所示。单击 Adodc1 上的按钮，数据表所显示的记录指针立即做出相应的移动。除了在表格中浏览记录外，还可添加、删除和修改记录，操作简单，界面漂亮美观。

图 10-9　程序运行界面

10.4　综合应用

本节将围绕"船员管理信息系统"实例，为读者介绍使用 VB 开发数据库应用程序的一般思路，同时对前面几节所学内容加以总结。

【例 10-5】设计一个"船员管理信息系统"，要求能编辑个人信息，能对管理费用进行编辑和统计。

1. 系统设计

系统设计包括模块设计、数据库设计和编码设计。

（1）模块设计

根据系统分析，船员管理信息系统模块结构如图 10-10 所示。

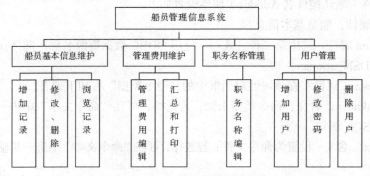

图 10-10　船员管理信息系统模块结构图

（2）数据库设计

船员管理信息系统使用 Access 数据库,包含了 4 个表。

① 船员基本信息表 seamaninfo 前文中已经介绍，这里不再赘述。

② 船员管理费用表 MangeFee 的结构是：船员编号（文本，10）、上船时间（Date/Time，默认）、下船时间（Date/Time，默认）、时间（文本，10）、管理费（整数型），主键是船员编号+时间。

③ 职务表 zhiwu 的结构是：职务（文本，10），说明（文本，20），主键是职务。

④ 用户表 Login 的结构是：用户名（文本，10），密码（文本，10），主键是用户名。为了防止其他用户通过数据库看到密码，应将密码字段设置输入掩码。

2. 设计实现

为了减少代码量，同时为了让读者更容易理解，在本例中采用 ADO 控件实现。

（1）主窗体 FrmMain 为 MDI 窗体，通过执行相应的菜单命令，打开 MDI 子窗体，实现相关功能。界面如图 10-11 所示。

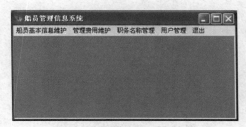

图 10-11　主窗体 FrmMain

程序代码如下。

```
Private Sub MDIForm_Load()
 FrmLogin.Show vbModal      '打开登录对话框
End Sub
Private Sub add_Click()              '增加记录
    Frmaddnew.Show
End Sub
Private Sub adduser_Click()          '增加用户
Frmadduser.Show
End Sub
Private Sub browse_Click()           '浏览数据
    FrmSeamaninfo.Show
End Sub
Private Sub deleuser_Click()         '删除用户
Frmdelete.Show
End Sub
Private Sub editfee_Click()          '管理费用编辑
    FrmMangefee.Show
End Sub
Private Sub editinfo_Click()         '基本信息编辑
    FrmEditinfo.Show
End Sub
Private Sub editpassword_Click()    '修改密码
Load FrmPassword
End Sub
Private Sub MDIForm_Unload(Cancel As Integer)      '退出系统
    Dim x As Integer
```

```
        x = MsgBox("真的要退出码", vbOKCancel + vbExclamation, "提示")
     If x = 1 Then
        Unload Me
     Else
        Cancel = 1
     End If
End Sub
Private Sub tc_Click()                 '退出系统
     Unload Me
End Sub
Private Sub totalprint_Click()     '管理费用汇总打印
     Frmtotalprint.Show
End Sub
Private Sub zhiwu_Click()          '职位名称管理
     Frmzhiwu.Show
End Sub
```

（2）用户登录窗体 FrmLogin，界面如图 10-12 所示。

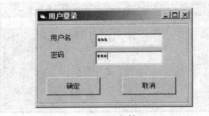

图 10-12   登录窗体 FrmLogin

程序代码如下。
```
Private Sub Form_Load()
Adodc1.Visible = False
End Sub
Private Sub Command1_Click()            '"确定"按钮
Dim txtuser As String, txtpassword As String
Dim sql1 As String
If Text1.Text = "" Or Text2.Text = "" Then
                    MsgBox "用户名或密码不能为空", 16, "提示信息"
     Text1.SetFocus
Else
 txtuser = Text1.Text:  txtpassword = Text2.Text
 sql1 = "select * from login where 用户名=" + "'" + txtuser + "'"
 Adodc1.ConnectionString = "dsn=seaman"
 Adodc1.RecordSource = sql1                '执行SQL语句
 Adodc1.Refresh
 If Not Adodc1.Recordset.EOF() Then        '若用户名存在判断密码是否正确
     If Adodc1.Recordset.Fields(1) <> Trim(txtpassword) Then
         MsgBox "密码错误, 请重新输入 ", 16, "提示信息"
         Text2.Text = "": Text2.SetFocus
     Else :     Unload FrmLogin
     End If
   Else
     MsgBox "用户不存在 ", 16, "提示信息"
     Text1.Text = "": Text2.Text = "": Text1.SetFocus
   End If
End If
```

```
End Sub
Private Sub Command2_Click()    '"取消"按钮
End
End Sub
```

（3）增加记录窗体 Frmaddnew，界面如图 10-13 所示。

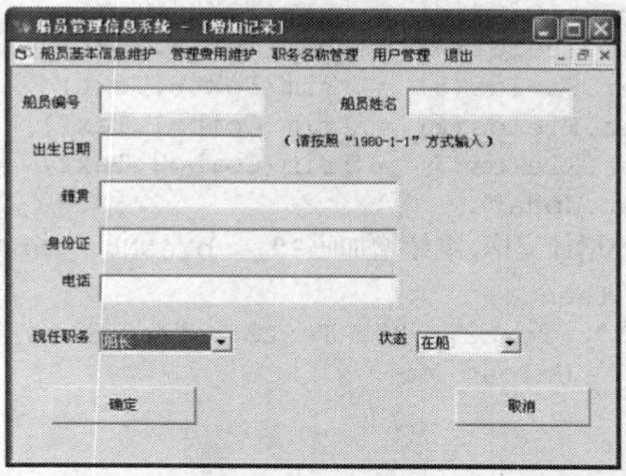

图 10-13 增加记录窗体 Frmaddnew

【分析】由于船员编号是主键，不允许出现相同的船员编号，所以在添加记录时一定要首先判断当前的船员编号在数据表中是否已经存在。

程序代码如下。

```
Private Sub Form_Load()
    Me.WindowState = 2
    Adodc1.Visible = False
 Adodc1.RecordSource = "select 职务 from zhiwu"          '"职务"可通过组合框选择
    Adodc1.Refresh
    Do While Not Adodc1.Recordset.EOF
         Combo1.AddItem Adodc1.Recordset.Fields(0)  :Adodc1.Recordset.MoveNext
    Loop
    Adodc1.Recordset.AbsolutePosition = 1
    Combo1.Text = Adodc1.Recordset.Fields(0)
    Combo2.AddItem "在船"  :  Combo2.AddItem "下船"       '状态可通过组合框选择
    Combo2.Text = "在船"
End Sub
Private Sub Command1_Click()                 '"确定"按钮
    If Text1 = "" Then
        MsgBox "员工编号不能为空", vbOKOnly + vbCritical, "提示信息"
        Text1.SetFocus
    Else
        Adodc1.RecordSource = "select 船员编号 from seamaninfo where 船员编号=" + "'" +
Trim(Text1.Text) + "'"   :   Adodc1.Refresh
        If Adodc1.Recordset.RecordCount <> 0 Then
          MsgBox "船员编号已经存在" + Chr(13) + Chr(10) + "不 能 添 加", vbOKOnly + vbCritical,
"提示信息"
          Text1.Text = ""   : Text1.SetFocus
        Else
        Adodc1.RecordSource = "select * from seamaninfo "  :    Adodc1.Refresh
        Adodc1.Recordset.AddNew                              '增加一个空白记录
        Adodc1.Recordset.Fields(0) = Trim(Text1.Text)                '修改空白记录的内容
        Adodc1.Recordset.Fields(1) = Trim(Text2.Text)
        If Text3 = "" Then
           Adodc1.Recordset.Fields(2) = "1980-1-1"
        Else
```

```
                    If    IsDate((Trim(Text3)))    Then    :    Adodc1.Recordset.Fields(2) =
Trim(Text3.Text)
                Else: MsgBox "不是正确的日期格式", vbOKOnly + vbCritical, "提示信息"
                    Text3.Text = ""    :          Exit Sub
                End If
            End If
            Adodc1.Recordset.Fields(3) = Trim(Text4.Text)
            Adodc1.Recordset.Fields(4) = Trim(Text5.Text)
            Adodc1.Recordset.Fields(5) = Trim(Text6.Text)
            Adodc1.Recordset.Fields(6) = Trim(Combo1.Text)
            Adodc1.Recordset.Fields(7) = Trim(Combo2.Text)
            Adodc1.Recordset.Update
            sele = MsgBox("增加完毕,继续增加吗?", vbYesNo + vbApplicationModal, "提示信息")
            If sele = 6 Then
                Text1 = "": Text2 = "": Text3 = "": Text4 = "": Text5 = "": Text6 = ""
            Else :          Unload Me
            End If
    End If : End If
End Sub
Private Sub Command2_Click()          ' "取消" 按钮
    Unload Me
End Sub
```

（4）修改、删除船员信息窗体 FrmEditinfo，界面如图 10-14 所示。

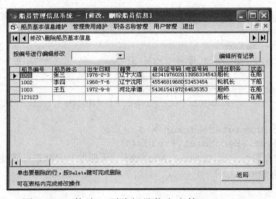

图 10-14 修改、删除船员信息窗体 FrmEditinfo

程序代码如下。

```
Private Sub Form_Load()          '完成所有记录的显示和组合框内容的添加
    Me.WindowState = 2
    Label1.Caption = "单击要删除的行, 按 Delete 键可完成删除"
    Label2.Caption = "可在表格内完成修改操作"
    Adodc1.ConnectionString = "dsn=seaman"
    Adodc1.RecordSource = "select * from seamaninfo order by 船员编号 "
    Adodc1.Refresh
    Set DataGrid1.DataSource = Adodc1          '数据绑定
    Adodc2.ConnectionString = "dsn=seaman"
    Adodc2.RecordSource = "select 船员编号 from seamaninfo order by 船员编号 "
    Adodc2.Visible = False          '隐藏 Adodc2
    Adodc2.Refresh
    Do While Not Adodc2.Recordset.EOF
        Combo1.AddItem Adodc2.Recordset.Fields(0)  :Adodc2.Recordset.MoveNext
    Loop
```

```
End Sub
Private Sub Combo1_Click()                        '选择编号
    Dim str1 As String
    str1 = "select * from seamaninfo where 船员编号=" + "'" + Combo1.Text + "'"
    Adodc1.RecordSource = str1 :Adodc1.Refresh
End Sub
Private Sub Command1_Click()                      ' "退出"按钮
    Unload Me
End Sub
Private Sub Command2_Click()                      '恢复所有记录
    Adodc1.RecordSource = "select * from seamaninfo order by 船员编号 "  :Adodc1.Refresh
End Sub
Private Sub DataGrid1_BeforeDelete(Cancel As Integer)  '在删除记录前的安全提示
    Dim x  As Integer
    x = MsgBox("真的要删除吗?", vbOKCancel + vbCritical, "提示")
    If x = 2 Then Cancel = 1
End Sub
```

（5）浏览记录窗体 FrmSeamaninfo，界面如图 10-15 所示。

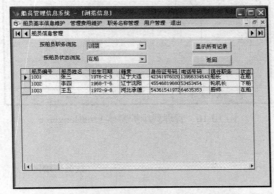

图 10-15　浏览记录窗体 FrmSeamaninfo

程序代码如下。

```
Private Sub Form_Load()                              '完成初始化工作
    Me.WindowState = 2
    Adodc2.ConnectionString = "dsn=seaman" : Adodc2.RecordSource = "select 职务 from
zhiwu"
    Adodc2.Visible = False :Adodc2.Refresh
    Do While Not Adodc2.Recordset.EOF                  '职务组合框
      Combo1.AddItem Adodc2.Recordset.Fields(0) :Adodc2.Recordset.MoveNext
    Loop
    Adodc2.Recordset.MoveFirst
    Combo1.Text = Adodc2.Recordset.Fields(0)
    Combo2.AddItem "在船" : Combo2.AddItem "下船" :Combo2.Text = "在船"  '状态组合框
    Adodc1.ConnectionString = "dsn=seaman"
    Adodc1.RecordSource = "select * from seamaninfo" :Adodc1.Refresh
    Set DataGrid1.DataSource = Adodc1
End Sub
Private Sub Combo1_Click()                            '按职务显示
  Adodc1.RecordSource = "select * from seamaninfo where 现任职务=" + "'" + Combo1.Text
+ "'"
  Adodc1.Refresh
```

```
End Sub
Private Sub Combo2_Click()                                    '按状态显示
    Adodc1.RecordSource = "select * from seamaninfo where 状态=" + "'" + Combo2.Text
+ "'"
    Adodc1.Refresh
End Sub
Private Sub Command1_Click()                                  '恢复所有记录
    Adodc1.RecordSource = "select * from seamaninfo"  :Adodc1.Refresh
End Sub
Private Sub Command2_Click()                      ' "返回" 按钮
    Unload Me
End Sub
```

（6）管理费维护窗体 FrmMangefee，界面如图 10-16 所示。

图 10-16　管理费维护窗体 FrmMangefee

程序代码如下。

```
Private Sub Form_Load()                                      '数据初始化
    Me.WindowState = 2
    Adodc1.ConnectionString = "dsn=seaman"  :
    Adodc1.RecordSource = "select * from mangefee order by 船员编号"  :Adodc1.Refresh
    Set DataGrid1.DataSource = Adodc1
End Sub
Private Sub Command1_Click()                                 '退出
    Unload Me
End Sub
Private Sub Command2_Click()                                 '按照编号重新排序
    Adodc1.RecordSource = "select * from mangefee order by 船员编号"
    Adodc1.Refresh
End Sub
Private Sub DataGrid1_BeforeDelete(Cancel As Integer)   '删除时安全提示
    Dim x As Integer
    x = MsgBox("真的要删除吗?", vbOKCancel + vbCritical, "提示")
    If x = 2 Then Cancel = 1
End Sub
```

（7）汇总打印窗体 Frmtotalprint，界面如图 10-17 所示。

【分析】VB 完成报表打印主要有 3 种方法：一是利用 VB 提供的 Printer 对象自己设计和编程完成报表打印输出，具有根据需要灵活应用的特点，但代码较为复杂。二是通过 MS OFFICE 实现报表打印输出，功能强大，本例采用此方法。三是应用数据报表设计器的报表打印输出，格式较呆板，代码也比较难。

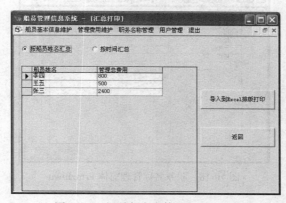

图 10-17　汇总打印窗体 Frmtotalprint

程序代码如下。

```
Private Sub Form_Load()                      '初始化数据
    Me.WindowState = 2
    Adodc1.Visible = False : Adodc1.ConnectionString = "dsn=seaman"
    Adodc1.RecordSource = "select *  From mangefee order by 船员编号 "
    Adodc1.Refresh  :Set DataGrid1.DataSource = Adodc1
End Sub
Private Sub Command1_Click()                 '导入 Excel
  Dim xlApp As New Excel.Application        '定义 Excel 对象
  Dim xlBook As Excel.Workbook :  Dim xlSheet As Excel.Worksheet
  Dim xlQuery As Excel.QueryTable  :  Set xlApp = CreateObject("Excel.Application")
  Set xlBook = xlApp.Workbooks().add :  Set xlSheet = xlBook.Worksheets("sheet1")
  xlApp.Visible = True
  Set xlQuery = xlSheet.QueryTables.add(Adodc1.Recordset,xlSheet.Range("a1"))
     '从 A1 单元格开始添加查询结果
  xlQuery.FieldNames = True                 '显示字段名
  xlQuery.Refresh :  xlApp.Application.Visible = True
  Set xlApp = Nothing                       '交还控制给 Excel
  Set xlBook = Nothing :  Set xlSheet = Nothing
End Sub
Private Sub Command2_Click()                 '退出
   Unload Me
End Sub
Private Sub Option1_Click()                  '按姓名汇总
   DataGrid1.DefColWidth = 2000             '定义表格列宽
   Adodc1.RecordSource = "select 船员姓名, sum(管理费) AS 管理总费用 From mangefee,
seamaninfo where mangefee.船员编号=seamaninfo.船员编号 Group BY 船员姓名"
   Adodc1.Refresh
End Sub
Private Sub Option2_Click()                  '按时间汇总
DataGrid1.DefColWidth = 2000
Adodc1.RecordSource = "select 时间, sum(管理费) AS 管理总费用 From mangefee Group BY 时间"
Adodc1.Refresh
End Sub
```

（8）职务名称管理窗体 Frmzhiwu，界面如图 10-18 所示。

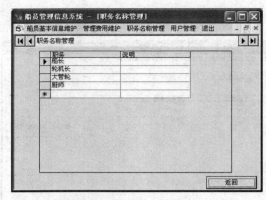

图 10-18　职务名称管理窗体 Frmzhiwu

程序代码如下。

```
Private Sub Form_Load()                                    '初始化数据
    Me.WindowState = 2
    Adodc1.ConnectionString = "dsn=seaman" :Adodc1.RecordSource = " select * from zhiwu"
    Adodc1.Refresh :Set DataGrid1.DataSource = Adodc1
End Sub
Private Sub DataGrid1_BeforeDelete(Cancel As Integer)     '删除时的安全提示
    Dim x  As Integer
    x = MsgBox("真的要删除吗?", vbOKCancel + vbCritical, "提示")
    If x = 2 Then Cancel = 1
End Sub
```

（9）增加用户窗体 Frmadduser，界面如图 10-19 所示。

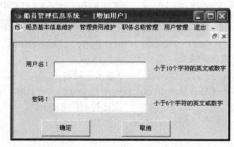

图 10-19　增加用户窗体 Frmadduser

程序代码如下。

```
Private Sub Command1_Click()                              ' "确定"按钮
    Dim sele As Integer
    If Text1.Text = "" Or Text2.Text = "" Then
        MsgBox "用户名、密码不能为空", vbOKOnly + vbCritical, "提示" :    Exit Sub
Else
    Adodc1.ConnectionString = "dsn=seaman"
    Adodc1.RecordSource = "select * from login where 用户名=" + "'" + Text1.Text + "'"
    Adodc1.Refresh
    If Adodc1.Recordset.RecordCount <> 0 Then
        MsgBox "已经存在该用户", vbOKOnly + vbCritical, "提示"
        Text1.Text = "": Text2.Text = "": Text1.SetFocus: Exit Sub
    Else
    Adodc1.Recordset.AddNew
    Adodc1.Recordset.Fields(0)  =  Trim(Text1)  :  Adodc1.Recordset.Fields(1)  =
```

```
Trim(Text2)
        Adodc1.Recordset.Update
    End If
      End If
      sele = MsgBox("继续添加? ", vbOKCancel + vbExclamation, "提示")
      If sele = 1 Then
  Text1.Text = "": Text2.Text = "":Text1.SetFocus
  Else :   Unload Me
  End If
End Sub
Private Sub Form_Load()
    Adodc1.Visible = False  :Me.WindowState = 2
End Sub
```

（10）修改密码窗体 Frmpassword，界面如图 10-20 所示。

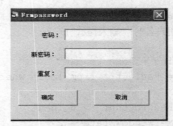

图 10-20　修改密码窗体

程序代码如下。

```
Private Sub Form_Activate()         '先输入用户名
    Dim user As String  :Me.Hide
    Adodc1.Visible = False
    user = InputBox("请输入用户名", "输入提示")
    If user <> "" Then
       Adodc1.ConnectionString = "dsn=seaman"
       Adodc1.RecordSource = "select * from login where 用户名=" + "'" + user + "'"
       Adodc1.Refresh
    If Adodc1.Recordset.RecordCount <> 0 Then
      FrmPassword.Show
    Else :  MsgBox "用户不存在", vbOKOnly + vbCritical, "提示" :      Unload Me
    End If
Else :  Unload Me
End If
Private Sub Command1_Click()                     ' "确定" 按钮
    If Adodc1.Recordset.Fields(1) <> Trim(Text1) Then
        MsgBox "密码错误,请重新输入", vbOKOnly + vbCritical, "提示"
        Text1 = "": Text2 = "": Text3 = "" : Text1.SetFocus
  Else
   If Text2 = "" Or Text3 = "" Or Trim(Text2) <> Trim(Text3) Then
     MsgBox "新密码错误,请重新输入", vbOKOnly + vbCritical, "提示"
     Text1 = "": Text2 = "": Text3 = "" : Text1.SetFocus : Exit Sub
   Else : Adodc1.Recordset.Fields(1) = Text2.Text  :  Adodc1.Recordset.Update
     MsgBox "密码修改成功", vbOKOnly + vbCritical, "提示"
   End If  :End If
End Sub
Private Sub Command2_Click()                        ' "取消" 按钮
    Unload Me
End Sub
```

（11）删除用户窗体 Frmdelete，界面如图 10-21 所示。

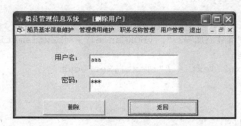

图 10-21　删除用户窗体 Frmdelete

程序代码如下：

```
Private Sub Form_Activate()                                     '输入用户名
    Dim user As String : Me.Hide : Adodc1.Visible = False
    user = InputBox("请输入用户名", "输入提示")
    If user <> "" Then
       Adodc1.ConnectionString = "dsn=seaman"
       Adodc1.RecordSource = "select * from login where 用户名=" + "'" + user + "'"
       Adodc1.Refresh
       If Adodc1.Recordset.RecordCount <> 0 Then          '判断是否存在
          Frmdelete.Show  : Me.WindowState = 2
          Text1.Text    =    Adodc1.Recordset.Fields(0):          Text2.Text    =
Adodc1.Recordset.Fields(1)
       Else : MsgBox "用户不存在", vbOKOnly + vbCritical, "提示"
       Unload Me :      End If
       Else  :  Unload Me  :End If
    End Sub
Private Sub Command2_Click()                                    '"确定"按钮
Dim sele As Integer :sele = MsgBox("真的要删除此用户？", vbOKCancel, "提示")
If sele = 1 Then
    Adodc1.Recordset.Delete :    Adodc1.Refresh: Text1.Text = "": Text2.Text = ""
 End If
End Sub
Private Sub Command1_Click()                                    '"返回"按钮
  Unload Me
End Sub
```

习题十

一、简答题

1．什么是关系型数据库？

2．作为关系的二维表需要满足什么条件？

3．简述 SQL 中常用的 Select 语句的基本格式。

4．索引有什么作用？

5．ADO 对象模型访问数据库的流程是什么？

二、选择题

1．数据库系统(DBS)、数据库(DB)和数据库管理系统(DBMS)之间的关系是_____。

　　A．DBS 包括 DB 和 DBMS　　　　　　　　　B．DBMS 包括 DB 和 DBS

C. DB 包括 DBS 和 DBMS   D. DBS 就是 DB,也是 DBMS

2. 下面为数据操作语句的是_____。

   A. CREATE   B. SELECT   C. GRANT   D. DROP

3. 下述关于数据库系统的叙述正确的是_____。

   A. 数据库系统减少了数据冗余

   B. 数据库系统避免了一切冗余

   C. 数据库系统中数据的一致性是指数据类型一致

   D. 数据库系统比文件系统能管理更多的数据

4. 数据库系统的核心是_____。

   A. 数据库   B. 数据库管理系统   C. 数据模型   D. 软件工具

5. SELECT 语句中可以进行模糊搜索的子句是_____。

   A. LIKE   B. BETWEEN   C. IN   D. AS

6. 关系表中的每一行称为一个_____。

   A. 记录   B. 字段   C. 属性   D. 码

7. 下列有关数据库的描述，正确的是_____。

   A. 数据库是一个 DBF 文件   B. 数据库是一个关系

   C. 数据库是一个结构化的数据集合   D. 数据库是一组文件

8. 数据库类型是按照_____来划分的。

   A. 文件形式   B. 数据模型   C. 记录形式   D. 数据存取方法

9. 下列四项中，不属于数据库特点的是_____。

   A. 数据共享   B. 数据完整性

   C. 数据冗余很高   D. 数据独立性高

10. 存储对一个学生的评价用到的数据类型是_____。

   A. Memo   B. Text   C. Byte   D. Integer

三、用 SQL 语言实现下列题目

表 1：学生(学号，姓名，性别，年龄，专业) 主键为：学号

表 2：课程(课程号，课程名，学时数) 主键为：课程号

表 3：选课(学号，课程号，成绩) 主键为：学号+课程号

1. 检索"英语"专业学生所学课程的信息，包括学号、姓名、课程名和成绩。

2. 检索"VB 程序设计"课程成绩高于 90 分的所有学生的学号、姓名、专业和成绩。

3. 检索没有任何一门课程成绩不及格的所有学生的信息，包括学号、姓名和专业。

4. 检索不学课程号为"C135"课程的学生信息、包括学号、姓名和专业。

5. 给出选择多门课程的学生的学号，姓名。

6. 从学生表中删除成绩出现过 0 分的所有学生信息。

7. 将所有信息系统的课程成绩加上 10 分。

8. 将选学"VB 程序设计"课程的学生成绩从高到低排列。

[1] 李延珩，张瑾等. Visual Basic 程序设计. 大连：大连理工大学出版社，2010

[2] 薛大伸，李延珩等. Visual Basic 程序设计基础. 大连：大连理工大学出版社，2002

[3] 李银龙，陈丹丹. Visual Basic 全能速查宝典. 北京：人民邮电出版社，2012

[4] 李良俊. Visual Basic 程序设计语言. 北京：科学出版社，2011

[5] 刘炳文. Visual Basic 程序设计教程. 第四版. 北京：清华大学出版社，2009

[6] 龚沛增，杨志强，等. Visual Basic 程序设计教程.第三版. 北京：清华大学出版社，2009

[7] 李春葆，刘圣才，张植民. Visual Basic 程序设计. 北京：清华大学出版社，2008

[8] 崔舒宁，冯博琴等. Visual Basic 2005 程序设计. 北京：清华大学出版社，2009

[9] 哈尔弗森等. Visual Basic2008 从入门到精通. 北京：清华大学出版社，2009

[10] 丁爱萍. Visual Basic 程序设计（第三版）. 北京：电子工业出版社，2008